JN314253

現代物理学［基礎シリーズ］
倉本義夫・江澤潤一 編集
8

原子核物理学

滝川　昇
［著］

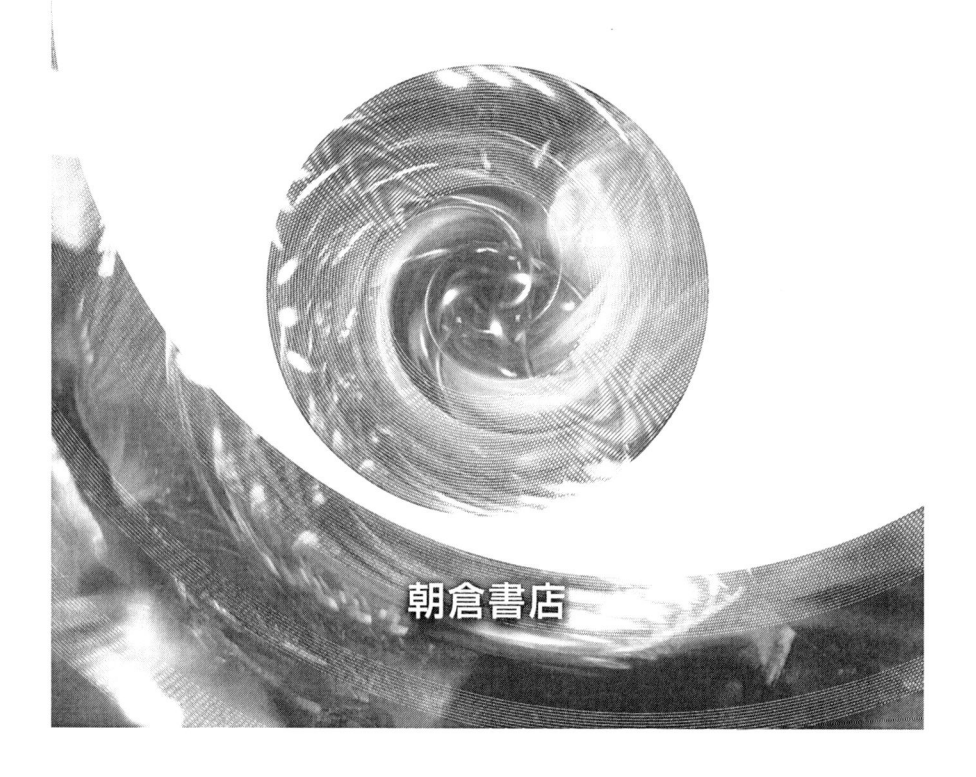

朝倉書店

編 集 委 員

倉本義夫　東北大学大学院理学研究科・教授
（くらもとよしお）

江澤潤一　東北大学名誉教授
（えざわじゅんいち）

まえがき

　本書は原子核物理学の入門書である．今日，原子核物理学の研究対象は，安定原子核や不安定原子核の構造と反応を始め，存在限界近傍や高スピン状態など極限状態の研究，高温，高密度状態の研究，ハイパー核の研究，中性子星の研究，元素合成の研究などなど広範に及んでいる．安定核や不安定原子核の構造に限っても，基底状態の構造や多様な励起運動に関する新たな発見があり話題がつきない．長い歴史をもつ核分裂の研究も新たな実験結果が加わり，理論的研究もさらに高度になり，研究はますます盛んである．重イオン核反応に関しても核融合反応や摩擦や散逸現象の研究，多核子移行反応の研究，液相・気相相転移や状態方程式の研究など活発な研究が展開されている．また，従来からの核子の量子多体系という視点と並んで，クォーク・グルーオン・プラズマや相転移の研究に代表されるように量子色力学 (QCD) に立脚した観点からの研究も一つの大きな流れをなしている．

　本書では，紙数の制限もあり，項目を大幅に絞って，原子核の構造に関する基礎的な事項のいくつかを比較的丁寧に記述することにする．特に励起運動やベータ崩壊については他の専門書にゆだねることとした．最近の発展についても簡単に触れることしかできなかったのは残念であるが，tea time のコラムを用意したり脚注で補足することによって，その一端を伝達できるように配慮した．本文と合わせて原子核の世界の描像や研究の動向がより広く読者に伝われば幸甚である．幸い，ハイパー核の物理や，不安定原子核の物理，QCDに立脚した物理については展開シリーズの中で最近の進展が語られるので，是非，合わせて学習してもらいたい．

　執筆に当たっては，原子核物理学の入門書であると同時に，量子力学や物理数学の応用書，副読本となることを意図した．そのため，原子核の世界の基本的な現象を伝えると同時に，量子力学や，統計物理学，物理数学 (複素関数論，…) など現代物理学の基礎をなす学問が，原子核という自然の一つの階層の記述や理解にいかに利用されているかを学べるようにした．また，学部 3, 4 年生の知識レベ

ルとの連続性を配慮し，丁寧に記述することによって，学生が式を逐次導出できるように努めたつもりである．その点，用意した付録の多くを紙数の関係で削除しなければならなかったのは残念である．

本書の内容は，著者が長年東北大学で行った学部3, 4年生および大学院マスターコース1年生向けの講義を土台としている．講義中に潤滑油的に話した話題もいくつかを残し，講義の雰囲気が出るように心がけた．講義を準備する際および本書の執筆に当たっては，巻末および本文中に引用した教科書をはじめ多くの文献を参考にし，また基本的な図を引用させて頂いた．これらの文献の著者の皆様に深く感謝したい．本文のところどころに引用した論文は決して完全なリストではなく，かつそれぞれの分野の仕事に対する個々の寄与を正当に反映するものではないことをお断りしておきたい．読者がより詳しい学習をするときの一助となれば幸いである．

本書は，当初，著者と橋本 治教授の共著で書く予定であったが，橋本教授が多忙のため第一稿を任された著者の執筆が大幅に遅れ，実験家の観点も入れた著書の実現に至らなかったのは痛恨の極みである．橋本先生に遅れを陳謝するとともに，この本を先生の霊にささげたい．この間，2011年3月11日には，大地震と津波が東日本を襲い，原発事故も発生した．著者の近辺でも被害は甚大である．それらの犠牲となられた方々や被災された方々にも，この本をささげたい．

最後に，D. M. Brink教授やA. B. Balantekin教授，阿部恭久教授をはじめとする国内外の共同研究者や研究者仲間，萩野浩一博士，小野 章博士ら東北大学原子核理論研究室の同僚，卒業生，院生，授業に出席していた学生，特に，本書の執筆に当たって図や文献を用意してくれた鷲山広平君，湊 太志君，遊佐秀作君，作図でお世話になった岩崎 信教授ご夫妻，田村裕和教授，梶野敏貴教授，tea timeや話題に関してお世話になった森田浩介博士，平野哲文博士，望月優子博士，小浦寛之博士，有友嘉浩博士，Peter Möller博士，原稿を通読して有意義なコメントをいただいた和田隆宏教授，松柳研一教授，玉江忠明教授，加藤幾芳教授に感謝したい．また，遅筆を辛抱強く待っていただいた編集者，出版社の方々に謝意を表したい．また，永く協力し支えてくれた家族にも感謝したい．

    2013年3月　仙台にて

滝川　昇

目　　次

1. 序　　論 ··· 1
   1.1 原子核の構成粒子および基本的構造 ······························ 1
   1.2 基本的粒子の属性 ··· 2
   1.3 相 互 作 用 ·· 5
   1.4 有用な物理量 ·· 6
   1.5 原子核の種類 ·· 8
   　tea time　相図 (核物質の QCD 相図)　10

2. 原子核の大まかな性質 ··· 12
   2.1 原子核の大きさ ·· 12
   　　2.1.1 ラザフォード散乱　12
   　　2.1.2 電 子 散 乱　15
   　　2.1.3 質 量 分 布　23
   2.2 核子数密度および核子のフェルミ運動量 ······················· 25
   　　2.2.1 核子数密度　25
   　　2.2.2 フェルミ運動量：フェルミ気体模型，トーマス・フェルミ近似　25
   2.3 質　　量 ··· 29
   　　2.3.1 結合エネルギー：実験データと特徴　29
   　　2.3.2 質量公式 (ワイツゼッカー・ベーテの質量公式)：液滴模型　37
   　　2.3.3 質量公式の応用 (1)：安定線，ハイゼンベルクの谷　39
   　　2.3.4 質量公式の応用 (2)：核分裂に対する安定性　41
   　　2.3.5 原子力発電への応用　51
   　　2.3.6 核分裂異性体 (核分裂アイソマー)　54

3. 核力と二体系 ··· 58
   3.1 核力の基礎 ·· 58
   　　3.1.1 到達距離：不確定性関係による単純な評価　58
   　　3.1.2 動径依存性　59
   　　3.1.3 核力の状態依存性　60

目次

- 3.2 対称性 (不変性) の考察による核力の一般的構造 63
  - 3.2.1 静的ポテンシャル　64
  - 3.2.2 速度に依存するポテンシャル　66
- 3.3 重陽子の特性と核力 66
  - 3.3.1 テンソル力の影響：アイソスピン・スピン空間の波動関数　66
  - 3.3.2 動径波動関数：陽子 - 中性子間力の大きさの目安　69
- 3.4 核子 - 核子散乱 70
  - 3.4.1 低エネルギー散乱：有効距離の理論　70
  - 3.4.2 高エネルギー散乱：交換力　73
  - 3.4.3 高エネルギー散乱：斥力芯　75
  - 3.4.4 スピン偏極の実験　77
- 3.5 微視的考察：中間子論，QCD 78
- 3.6 高精度で実用的な現象論的核力： 現実的ポテンシャル 81
- 3.7 自由空間での核力のまとめ 84
- 3.8 核内での有効相互作用 85
  - 3.8.1 G 行列[17]　85
  - 3.8.2 現象論的有効相互作用　87

4. 電磁場との相互作用：電磁多重極モーメント 89
- 4.1 電磁相互作用のハミルトニアンおよび電磁多重極モーメント 89
  - 4.1.1 双極子モーメントおよび四重極モーメントの演算子　90
  - 4.1.2 様々な補正　91
  - 4.1.3 磁気モーメントの測定：超微細構造　92
- 4.2 電磁多重極演算子 94
- 4.3 電磁多重極演算子の性質 95
  - 4.3.1 パリティ，テンソル性および選択則　95
  - 4.3.2 電磁モーメントの定義　96

5. 殻　構　造 99
- 5.1 魔法数の存在 99
- 5.2 平均場理論による魔法数の説明 100
  - 5.2.1 平　均　場　100
  - 5.2.2 無限に深い箱型井戸模型の場合のエネルギー準位　101
  - 5.2.3 調和振動子模型　102
  - 5.2.4 短距離力による静的ポテンシャルでの魔法数　103
  - 5.2.5 スピン軌道相互作用　105
- 5.3 二重魔法数 ± 1 核の基底状態および低励起状態のスピン・パリティ ・108

5.4 奇核の基底状態の磁気双極子モーメント：1粒子模型 110
    5.4.1 シュミット線　111
    5.4.2 配位混合および芯偏極　112
    5.4.3 補足：クォーク模型による核子の異常磁気能率の理解　114

5.5 準位間隔 $\hbar\omega$ の質量数依存性 115

5.6 スピン・軌道力の大きさと起源 116

5.7 陽子と中性子のポテンシャルの違い：レインポテンシャル 116

5.8 二重閉殻 ±2 核の低エネルギー状態のスピン・パリティと対相関 ... 117
    5.8.1 $^{210}_{82}$Pb の基底状態および低励起状態のスピン・パリティ　117
    5.8.2 δ 型残留相互作用の影響：対相関　119

tea time　超重元素　121

6. 微視的平均場理論 (ハートリー・フォック理論) 124

6.1 ハートリー・フォック方程式 124
    6.1.1 等価局所ポテンシャル，有効質量　125
    6.1.2 核物質および局所密度近似　126
    6.1.3 振る舞いの良いポテンシャルでの飽和性，交換特性への制約　129

6.2 有限核に対するスカーム・ハートリー・フォック計算 129
    6.2.1 スカーム力　129
    6.2.2 ハートリー・フォック方程式　132
    6.2.3 エネルギー密度およびパラメーターの決定　132
    6.2.4 実験データとの比較　135
    6.2.5 状態方程式，飽和性，スピノダル線，核表面の厚み　136
    6.2.6 ハートリー・フォックを越える：核子・振動運動相互作用, ω 質量　142

6.3 相対論的平均場理論 (σ, ω, ρ 模型) 143
    6.3.1 ラグランジアン　143
    6.3.2 場の方程式　144
    6.3.3 平均場理論　145
    6.3.4 解き方への序章　146
    6.3.5 非相対論的近似とスピン・軌道相互作用　147
    6.3.6 パラメーターセット　148

6.4 対　相　関 149
    6.4.1 概　観　149
    6.4.2 対相関の多重極展開表示，単極子対相関模型および擬スピン理論　150
    6.4.3 BCS 理論　151
    6.4.4 ギャップパラメーターの大きさ　155
    6.4.5 コヒーレンス長　156

7. 原子核の形 157
   7.1 形に関する観測量：多重極モーメントおよび励起スペクトル 157
   7.2 変形パラメター 159
   7.3 変形殻模型 163
   7.4 変形した一体場の中での核子のエネルギー準位：ニルソン準位 165
   7.5 変形した奇核の基底状態のスピン・パリティ 167
   7.6 形の理論的推定 168
      7.6.1 ストラチンスキーの処方箋：巨視的 - 微視的方法　168
      7.6.2 拘束条件付ハートリー・フォック計算　169
   tea time　超変形状態　172

8. 原子核の崩壊および放射能 174
   8.1 アルファ崩壊 174
      8.1.1 崩 壊 幅　175
      8.1.2 ガイガー・ヌッタル則　182
   8.2 核 分 裂 183
   8.3 ガンマ線放射による電磁遷移 185
      8.3.1 多重極遷移, 換算遷移確率　185
      8.3.2 選択則および大きさに関する一般的考察　187
      8.3.3 単粒子評価：ワイスコップ単位および実測値　188
      8.3.4 電磁遷移確率と原子核の形および集団運動との関連　191

9. 元素の誕生 194
   9.1 概　　観 194
   9.2 天体物理因子 (S 因子), ガモフ因子 194
   9.3 ガモフピーク 196
   9.4 中性子捕獲断面積 197
   9.5 重い元素の誕生：s 過程およびr 過程 198
   tea time　元素合成の概観　199

10. 付　　録 201
    10.1 散乱問題の基礎 201
       10.1.1 部分波展開　201
       10.1.2 ゾンマーフェルト・ワトソン変換　202
       10.1.3 ポアソンの和公式　203

10.2　半古典論の基礎 I：WKB 近似 ･････････････････････････････････ 204
　10.2.1　波動関数　205
10.3　半古典論の基礎 II：比較方程式法 ･･････････････････････････････ 206
　10.3.1　比較方程式法の原理　206
　10.3.2　WKB 波動関数の導出　208
10.4　アイコナール近似 ･･･ 209
　10.4.1　散乱振幅　209
　10.4.2　グラウバー理論　209
10.5　非局所ポテンシャル ･･･ 211
　10.5.1　微積分方程式　211
　10.5.2　等価な有効局所ポテンシャル：WKB 近似　211
10.6　テンソル代数[34] ･･･ 214
　10.6.1　テンソル演算子の定義　214
　10.6.2　既約テンソルの例　217
　10.6.3　ウィグナー・エッカートの定理　217
　10.6.4　射影定理　218
　10.6.5　スカラー積とランク 0 のテンソル積の関係　218
10.7　四重極モーメントと内部四重極モーメントの関係 ･･････････････ 219
10.8　ガモフ模型に基づくアルファ崩壊幅の公式の導出：直接法 ･･････ 220
10.9　電磁遷移の基礎 ･･･ 222
　10.9.1　全系のハミルトニアン　222
　10.9.2　光子の波動関数：ベクトル球面調和関数　224
　10.9.3　多重極展開と量子化　228
10.10　相対論的運動方程式およびディラック方程式の記号 ･･････････ 229

文　　献 ･･･ 231
索　　引 ･･･ 235

1 序　　　論

1.1　原子核の構成粒子および基本的構造

　原子核は，陽子 (proton) と中性子 (neutron) が強い相互作用を通して自己束縛した多体系である．$\Delta(1232)$ など他のバリオンも混在しているが，その割合は小さい．例えば，最も軽い複合核である重陽子 d 中に含まれる $\Delta(1232)\Delta(1232)$ の確率は約 1% である．また，仮想状態の π 中間子は，構成粒子間の力の伝達を担い，さらに，陽子や中性子の電磁気的性質に重要な影響を与える．陽子と中性子は，さらに 3 つのクォーク (quark) からできており，他のハドロンもクォークからできているので，原子核は，クォークの多体系ということもできる．

　原子核や原子核に関連する様々な現象がどのようにみえるか，したがってどのような記述が必要かは，観測の対象や，方法，関与するエネルギースケールによって変わる．本書では，対象を比較的低エネルギーの現象に限ることにし，基本的に原子核は陽子と中性子の多体系であるという視点から，原子核の構造を論じることにする．支配する法則は量子力学である．高エネルギー現象では，量子色力学 (quantum chromodynamics：QCD) に立脚した記述が行われる．量子多体系としては，構成粒子数が比較的少数であること，基本的な力が強い相互作用であることに特徴がある．

　個々の原子核は，例えば $^{16}_{8}$O のように表す．O は元素記号で，この例では酸素に対応し，陽子の数が 8 個である．この数は原子番号と呼ばれ，左下の数字で与えられるが，元素記号と 1 対 1 に対応するので省略する場合も多い．左肩の数字は質量数と呼ばれ，陽子数 (別名原子番号) と中性子数の和である．それらは，通常，A, Z, N で表され，A = Z + N である．

　図 1.1 に $^{45}_{21}$Sc に例をとって原子核の構造を概念的に示した．周辺の円は，有限

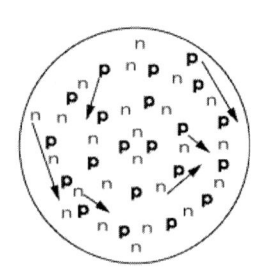

図 1.1 核構造の概念図. $^{45}_{21}\text{Sc}$ の例.

の大きさであることを示すために描いたものであり，自己束縛系なので実際に外部条件による明確な境界があるわけではない．矢印は，原子核の中で，陽子 p や中性子 n が固体中の原子のように格子点に整列しているのではなく，有限の運動量で動き回っていることを意味する．後で学ぶように，原子核は，現象 (物理量) に応じて，あるいは液体のように，あるいは気体のように振る舞う．

1.2 基本的粒子の属性

表 1.1 に，基本的粒子のうち本書と密接に関連した粒子の特性をまとめた．表が示すように，陽子と中性子は，電気的な属性を除けば，質量，スピンなど極めて似た性質をもち，総称して核子 (nucleon) と呼ばれる．それらを区別するために電荷に関連する荷電空間 (アイソスピン (isospin) 空間) という概念を導入し，陽子と中性子は荷電空間での 2 つの異なる状態と考える．荷電空間における演算子や状態は，角運動量と同じ法則に従い，アイソスピン演算子，アイソスピン状態と呼ばれる．

核子の場合は 2 つの状態しか存在しないので，電子のスピン演算子 $\hat{s}$ にならって，アイソスピン演算子 $\hat{t}$ を

$$\hat{t}_x = \frac{1}{2}\begin{pmatrix} 0 & 1 \\ 1 & 0 \end{pmatrix}, \quad \hat{t}_y = \frac{1}{2}\begin{pmatrix} 0 & -i \\ i & 0 \end{pmatrix}, \quad \hat{t}_z = \frac{1}{2}\begin{pmatrix} 1 & 0 \\ 0 & -1 \end{pmatrix} \quad (1.1)$$

または，パウリスピン演算子 $\hat{\sigma}$ にならって，$\hat{\tau} = 2\hat{t}$ を

$$\hat{\tau}_x = \begin{pmatrix} 0 & 1 \\ 1 & 0 \end{pmatrix}, \quad \hat{\tau}_y = \begin{pmatrix} 0 & -i \\ i & 0 \end{pmatrix}, \quad \hat{\tau}_z = \begin{pmatrix} 1 & 0 \\ 0 & -1 \end{pmatrix} \quad (1.2)$$

で定義し，陽子および中性子を $\hat{t}, \hat{t}_z$ の同時固有状態として

$$|n\rangle = \left|\frac{1}{2}, \frac{1}{2}\right\rangle = \begin{pmatrix} 1 \\ 0 \end{pmatrix}, \quad |p\rangle = \left|\frac{1}{2}, -\frac{1}{2}\right\rangle = \begin{pmatrix} 0 \\ 1 \end{pmatrix} \quad (1.3)$$

表 1.1 粒子の特性. I はアイソスピン, S はストレンジネス, R_c は電荷分布の半径, μ は磁気双極子モーメント, マグネトン $e\hbar/2mc$ 中の m は, 電子の時は m_e, μ 粒子では m_μ, 陽子と中性子に対しては m_p, Λ および Σ 粒子に対しては m_p. 誤差が書いてない場合は中心値. 陽子の寿命は評価法によって異なる. ν の質量は三重水素の崩壊から. ν 寿命は原子炉から, また, ν_e の寿命中の m_{ν_e} は eV 単位. $\rho^{\pm,0}$ のクォーク模型は $\pi^{\pm,0}$ のクォーク模型と同じ. ω のクォーク模型は $c_1(u\bar{u}+d\bar{d})+c_2 s\bar{s}$. Δ のクォーク構造は $\Delta^{++}=uuu$, $\Delta^+=uud$, $\Delta^0=udd$, $\Delta^-=ddd$. ☆:中性子の平均二乗荷電半径は $\langle r_n^2 \rangle = -0.1161 \pm 0.0022 \mathrm{fm}^2$. 文献[14] から引用.

名前	I	I_3	J^π	S	mc^2 (MeV)	R_c (fm)	μ $\frac{e\hbar}{2mc}$	τ (平均寿命) (sec)	クォーク模型
p	$\frac{1}{2}$	-$\frac{1}{2}$	$\frac{1}{2}^+$	0	938.3	0.88±0.01	2.79	$>1.9\times 10^{29}$y*	uud
n	$\frac{1}{2}$	$\frac{1}{2}$	$\frac{1}{2}^+$	0	939.6	0.34 ☆	-1.91	885.7±0.8	udd
γ			1^-		$<6\times 10^{-23}$			安定	
$W^\pm$			1		80.4×10^3			3.1×10^{-25}	
Z^0			1		91.2×10^3			2.7×10^{-25}	
ν_e			$\frac{1}{2}$		$<2\times 10^{-6}$*		1.00	$>300 m_{\nu_e}$s*	
e^-			$\frac{1}{2}$		0.511		1.00	$>4.6\times 10^{26}$y	
μ^-			$\frac{1}{2}$		105.7		1.00	2.2×10^{-6}	
π^+	1	1	0^-	0	139.6			2.6×10^{-8}	$u\bar{d}$
π^-	1	-1	0^-	0	139.6			2.6×10^{-8}	$d\bar{u}$
π^0	1	0	0^-	0	135.0			0.84×10^{-16}	$\frac{1}{\sqrt{2}}(u\bar{u}-d\bar{d})$
$\rho^{\pm,0}$	1		1^-		775.5			4.5×10^{-24}	$(u\bar{d},d\bar{u})$
ω	0		1^-		782.7			7.9×10^{-23}	
K^+	$\frac{1}{2}$	$\frac{1}{2}$	0^-	1	493.7			1.24×10^{-8}	$u\bar{s}$
K^-	$\frac{1}{2}$	-$\frac{1}{2}$	0^-	-1	493.7			1.24×10^{-8}	$s\bar{u}$
K^0	$\frac{1}{2}$	-$\frac{1}{2}$	0^-	1	497.6				$d\bar{s}$
$\bar{K}^0$	$\frac{1}{2}$	$\frac{1}{2}$	0^-	-1	497.6				$s\bar{d}$
Λ	0	0	$\frac{1}{2}^+$	-1	1115.7		-0.61	2.63×10^{-10}	uds
Σ^+	1	1	$\frac{1}{2}^+$	-1	1189.4		2.46	0.80×10^{-10}	uus
Σ^0	1	0	$\frac{1}{2}^+$	-1	1192.6			$(7.4\pm 0.7)\times 10^{-20}$	uds
Σ^-	1	-1	$\frac{1}{2}^+$	-1	1197.4			1.5×10^{-10}	dds
Ξ^0	$\frac{1}{2}$	$\frac{1}{2}$	$\frac{1}{2}^+$	-2	1314.8			2.9×10^{-10}	uss
Ξ^-	$\frac{1}{2}$	-$\frac{1}{2}$	$\frac{1}{2}^+$	-2	1321.3			1.6×10^{-10}	dss
Δ	$\frac{3}{2}$		$\frac{3}{2}^+$	0	~ 1232			$\sim 6\times 10^{-24}$	uuu

と考える[*1)].

　表1.1に示したように，アイソスピンは粒子の属性を表す重要な量子数の一つであり，荷電状態を異にし質量やスピンなど他の属性が同じ粒子が (2I+1) 個存在する場合，その粒子群の荷電スピンの大きさをIとする．例えば，π 中間子には電荷が異なる3つの粒子が存在するので，アイソスピンは1である．原子核においては，核力のアイソスピン対称性に起因して，個々の状態のアイソスピン量子数や，アイソスピンに関する対称性が重要な役割を演じる．

　粒子が構造をもたないフェルミ粒子である場合は，ディラック方程式から，磁気双極子モーメント (単に磁気モーメントまたは磁気能率ともいう) μ が粒子の質量 m を用いて $\mu = e\hbar/2mc$ で与えられることが導かれる．実際，電子の磁気モーメントはボーア磁子 (Bohr magneton) $\mu_B = e\hbar/2m_e c$ を単位として1である[*2)]．しかし，表1.1にみるように，陽子の磁気能率は**核磁子** (nuclear magneton) $\mu_N = e\hbar/2m_p c$ から著しくずれ，また，中性子の磁気能率も0ではなく，符号は逆ではぼ陽子の磁気能率に匹敵する大きさである．これらのことは，**異常磁気モーメント**と呼ばれ，陽子も中性子も構造をもつ粒子であることを示している[*3)]．

[課題] 電磁場中のディラック方程式から出発し，粒子の速さが光速に比べはるかに小さい ($v \ll c$) という仮定のもとに，大きな2成分 (4次元スピノル ψ の large components φ) に対する近似的な方程式を導き，有効ハミルトニアンの中で磁場との相互作用を表す項が $H = -\frac{e\hbar}{2mc}\sigma \cdot \mathbf{B}$ で与えられることを示せ．このことから，ディラック粒子の磁気モーメントが $e\hbar/2mc$ で与えられることが導かれる．

　陽子も中性子も構造をもつ粒子であることは，電荷分布に関するデータからも直接みることができる．陽子の電荷分布の半径は大体1 fm 程度である[*4)]．

　核子の異常磁気モーメントは，中間子論あるいはクォーク模型の観点から理解することができる．後者については5.4.3項で学ぶとして，ここでは，前者の観

[*1)] 陽子と中性子を逆にして，$|p\rangle = |\frac{1}{2}, \frac{1}{2}\rangle, |n\rangle = |\frac{1}{2}, -\frac{1}{2}\rangle$ とする流儀もある．安定な原子核では N≥Z のものが多いので，本書では，(1.3) 式に従って考えることにする．

[*2)] 正確には電子の磁気モーメントの実験値はディラック理論の予測値より約 0.1% 大きく，量子電磁力学によって説明される．

[*3)] 陽子の磁気能率を実験的に決定したのはシュテルン (Stern) であるが，その実験中にパウリ (Pauli) が訪れディラック理論を理由に実験の意義を否定した逸話は有名である．シュテルンは，その批判にもかかわらず実験を行い，陽子の異常磁気能率を発見し，1943年度のノーベル物理学賞を受賞した．

[*4)] 高エネルギー電子散乱や偏極電子を用いた最近の研究によって核子の内部構造に関する解明が進み，電荷分布と磁荷分布に違いがあることなどが分かってきた[7)]．

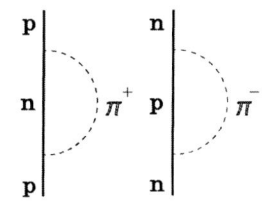

図 1.2 中間子の衣を着た物理的核子の概念図.

点から述べることにしよう.

今, 観測にかかる陽子は, 構造をもたないディラック粒子としての陽子と, ディラック粒子としての中性子の周りを π^+ 中間子が飛び回っている状態の重ね合わせであると考えてみよう (図 1.2 の左側の図).

$$|p\uparrow) = \sqrt{1-C_p}|p\uparrow\rangle + \sqrt{C_p}|(n\times\pi^+)\uparrow\rangle \tag{1.4}$$

π 中間子は擬スカラー粒子なので, 中性子の周りの π 中間子の軌道は $p-$ 軌道である. (1.4) 式に対応して, 陽子の磁気モーメントは

$$\mu_p = (1-C_p)\cdot\mu_N + C_p\cdot\frac{e\hbar}{2m_\pi c} \tag{1.5}$$

となるであろう. 右辺の一項目および二項目は, それぞれ, 電磁場が, 裸の陽子および π 中間子に作用するときの寄与を表す. 核子の質量と π 中間子の質量を用いると, 陽子における (中性子 $\times\pi^+$ 中間子) という成分の混合が約 30% と考えることによって陽子の異常磁気モーメントを説明することができる.

同様に, 中性子が割合にして C_n だけディラック粒子としての中性子ではなく, ディラック粒子としての陽子の周りに π^- 中間子が飛び回っている状態であると考えると (図 1.2 の右側の図), 中性子の磁気モーメントに対して

$$\mu_n = C_n\left\{\mu_N - \frac{e\hbar}{2m_\pi c}\right\} \tag{1.6}$$

が得られる. $C_p = C_n$ とすると

$$\mu_p + \mu_n = \mu_N \tag{1.7}$$

となり, 実験データ $(\mu_p+\mu_n)_{exp} \sim 0.88\mu_N$ とよく一致する.

1.3 相 互 作 用

自然界には 4 つの力が存在することが知られている. ここでは, 原子核における 4 つの力の働きを概観しておこう.

強い相互作用 (strong interaction) は，原子核の安定性 (存在) や構造を基本的に支配する．電磁相互作用 (electromagnetic interaction) は，その性質が良く理解され，また，力が弱いため，原子核による電子散乱や，電磁遷移，電磁モーメントを通して，原子核構造の良い探針になる．また，ガンマ線放出による電磁遷移を通して原子核の励起状態の寿命を支配する．弱い相互作用 (weak interaction) は，$\beta^{\pm}$ 崩壊を通して原子核の安定性を支配する．その代表的な例は中性子の崩壊 (図 1.3) であり，

$$n \to p + e^- + \bar{\nu}_e \tag{1.8}$$

で表される．表 1.1 に示したように，中性子の平均寿命は $\tau \sim 14.8$ 分，対応して半減期は $T_{1/2} \sim 10.2$ 分である．弱い相互作用は，Fe を越える元素の合成においても重要な役割を演じる．

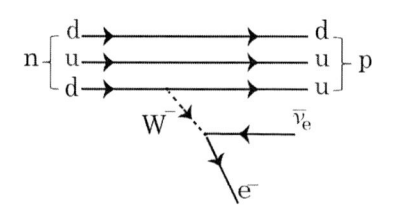

図 1.3 中性子のベータ崩壊．

[問題] 中性子のベータ崩壊の終状態に陽子と電子以外の第三の粒子が必要な理由と，その粒子の特性を述べよ．

強い相互作用も，電磁相互作用も，弱い相互作用も原子核の崩壊に関連するが，それらの時間尺度 (寿命) は，大まかに比較すれば，力の強さの違いを反映して 10^{-21} 秒，$1\,\mathrm{ps} = 10^{-12}$ 秒，1 分である．

重力 (gravitational force) は核構造の観点からはほとんど役割を演じないが元素の誕生には重要な役割を演じる．また，後で学ぶように安定な 2 中性子系は存在しないが，重力の働きによって中性子星 (neutron star) は存在する．

1.4 有用な物理量

様々な物理量の大きさを概算することは，現象を把握する上で極めて有効であ

る．その関連で，基本的な物理定数 c (真空中の光の速さ), $\hbar$ (プランク定数$/2\pi$), e (電気素量), k_B (ボルツマン定数) に関する以下の大まかな数値を記憶しておくと便利である．

$$c = 2.99792458 \times 10^8 \,\mathrm{m/s} \sim 3.00 \times 10^8 \,\mathrm{m/s}, \tag{1.9}$$

$$\hbar c = 197.326968 \,\mathrm{MeV \cdot fm} \sim 200 \,\mathrm{MeV \cdot fm}, \tag{1.10}$$

$$\frac{e^2}{\hbar c} \approx \frac{1}{137} \quad (\text{微細構造定数}), \tag{1.11}$$

$$k_B T(T = 288\,\mathrm{K}) = 0.02482 \,\mathrm{eV} \sim \frac{1}{40} \,\mathrm{eV}. \tag{1.12}$$

$e^2/\hbar c$ は微細構造定数と呼ばれ，(1.11) 式は，電荷 q_1, q_2 の 2 つの荷電粒子が距離 r だけ離れているときに両者の間に働く静電気力の大きさが $F(r) = q_1 q_2/r^2$ で与えられるとするように比例係数を決めたときの値である．(1.12) 式は，熱中性子のエネルギーで，ケルヴィン単位の温度を MeV 単位のエネルギーに換算するために役立つ式である．

[課題 1] 力の到達距離はゲージ粒子のコンプトン波長 (Compton wave length) $\hbar/mc$ で与えられる．強い相互作用と弱い相互作用の到達距離を概算せよ．

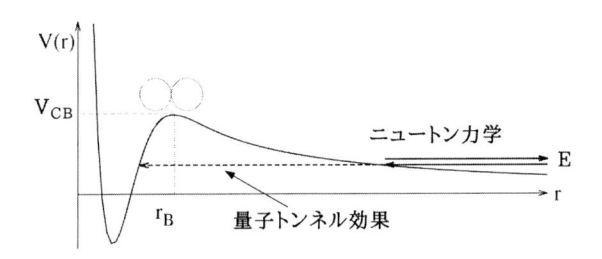

図 1.4 太陽中の陽子・陽子衝突の概念図．

[課題 2] 図 1.4 に示すように陽子間の力は遠方ではクーロン斥力が支配し，陽子同士が接触した内側では，核力の影響で引力に転じる．接触する距離を $r = r_B \sim 2 \times R_p \sim 2\,\mathrm{fm}$ (R_p は陽子の半径) として，クーロン障壁の高さ $V_{\mathrm{CB}}(r_B)$ の大きさを評価せよ．

[課題 3] 太陽の中心温度は約 1600 万度である．太陽中心での陽子衝突のエネルギー E を評価せよ．

太陽中で核反応がゆっくりとしか起こらないのは，課題 2, 3 が示すように，陽

子間の核反応が量子トンネル効果によって起こるためである．実際には，核力の特徴を反映したもう一つの抑制因子が働く．後で述べるように，2 つの陽子からなる安定系は存在せず，2 核子系として安定なのは，陽子 1 個と中性子 1 個からなる重陽子だけである．そのため，2 つの陽子の融合反応が起こるためには (1.8) 式で示した弱い相互作用の逆に対応する陽子が中性子へ転換する反応が付随する必要がある．トンネル効果と弱い相互作用のために，二重の意味で，陽子間の核反応は抑制される．このため，太陽はゆっくり燃え，すでに 46 億年輝き，さらに同じ程度輝き続けると考えられている．

1.5 原子核の種類

中性子数を一つの軸 (例えば横軸) にとり，陽子数をもう一つの軸にとって平面上に原子核を並べたものを**核図表** (Nuclear chart あるいは Segré chart) という．U など太陽と同じ程度の寿命の長い原子核も含めると，安定な原子核は 256 個あり，後でその理由を学ぶように，それらは核図表の対角線近傍に分布する．世の中に存在する安定な元素の数 (大雑把に言って 92) より安定な原子核が多いのは，各元素当たり約 3 個の安定な原子核 (同位体) が存在するためである．例えば，水素の原子核には，陽子 (proton, 記号 p) と重陽子 (deuteron, 記号 d) と呼ばれる 2 つの安定な同位体が存在する．

因みに，陽子数 (原子番号) が同じで中性子数したがって質量数が異なる原子核同士は同位核または同位体 (isotope)，中性子数が同じで陽子数が異なる原子核同士は同調核または同調体 (isotone), 質量数が同じものは同重核または同重体 (isobar) と呼ばれる．

最近は，安定な原子核の研究とともに，寿命が短い不安定原子核の研究が活発に行われている[7]．寿命が 100 万分の 1 秒程度の不安定原子核を含めると，理論的には約 7000 種の原子核が存在すると予測され，実験的には，すでに約 3000 種の原子核の存在が確認されている．また，U をはるかに越える領域にも殻効果 (第 5 章参照) で安定化された一群の原子核 (超重核：superheavy nuclei) または元素 (超重元素：superheavy elements) が存在すると予言され，活発な研究が展開されている．

本書では，クォーク構造の観点からいえば，質量の小さな第一世代の u, d クォークからなる核子の多体系としての原子核について論じる．しかし，第二世代の s クォークを構成粒子とする Λ 粒子や，Σ 粒子，Ξ 粒子を含む原子核の研究も盛ん

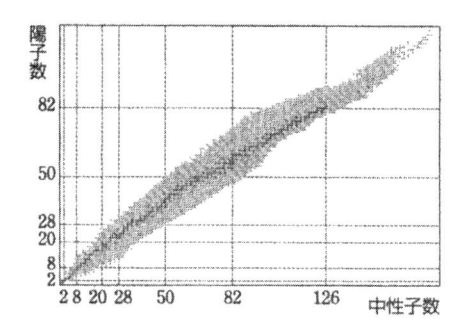

図 1.5 核図表. 2010 年原研版から作成.

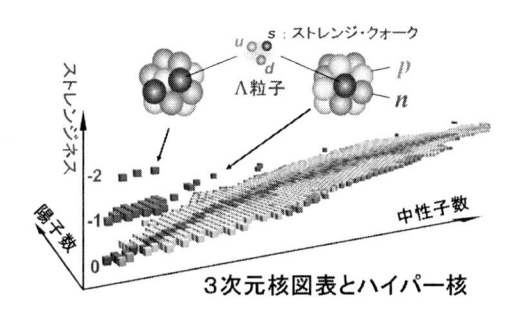

図 1.6 3 次元核図表. 東北大学理学研究科物理学専攻・原子核物理研究室提供.

である．これらの新しい原子核はハイパー核 (hypernuclei) と呼ばれ，その研究は，J-PARC 加速器施設の稼働を契機として，さらに大きな飛躍が期待されている[7]．図 1.5 には核図表を，また，図 1.6 には，縦軸にストレンジネス数をとって，多層核図表を示した．前者に示した特別な数は第 5 章で学ぶ魔法数である．

この章の最後に，元素の**存在量** (abundance) について述べておこう．圧倒的に多いのは水素であり，大まかにいえば，存在量は質量数の増加とともに急激に減少する．図 1.7 は，質量数 A が大きな領域での偶 - 偶核を原子核としてもつ元素の太陽系での存在量を Si の存在量を $H(\text{Si}) = 10^6$ として示したものである．Fe がたくさん存在すること，中性子数が特定の数をもつ原子核がたくさん存在すること，局所的に存在量が多い領域は近接した 2 つのピークをもつことなど局所的な構造は，原子核の安定性や魔法数，元素誕生の道筋に起因している．それらについては，徐々に本書で学んでいくことにする．

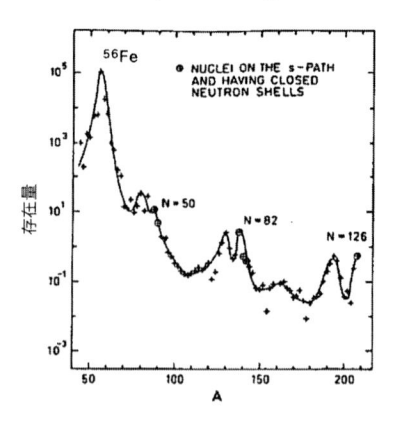

図 1.7　元素存在量. 文献[9] から引用.

---

tea time　　相図 (核物質の QCD 相図)

温度や圧力を変えると，水が，氷 (固体)，水 (液体)，水蒸気 (気体) と状態を変えるように，核物質も，温度や密度とともに状態を変える．
図 1.8 は，温度を縦軸にとり，化学ポテンシャル (バリオン密度に対応) を横軸にとって示した QCD の観点からの核物質の相図の概念図である．図で核物質と記したところが本書でくわしく取り扱う原子核の状態である．

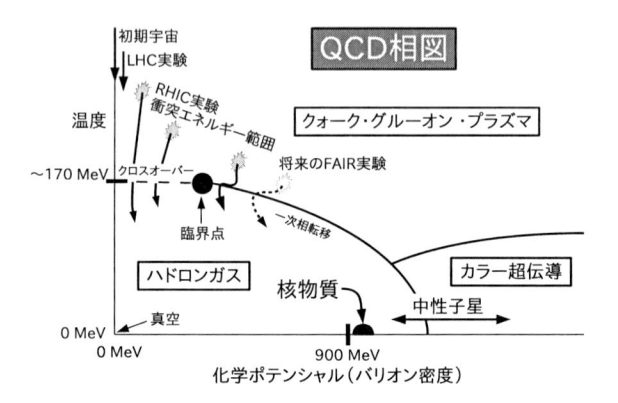

図 1.8　QCD 相図．The Frontiers of Nuclear Science, A Long Range Plan, The Nuclear Science Advisory Committee, 2007 より改変．

図が示すように温度が高くなると密度によらずクォーク・グルーオン・プラズマ (quark-gluon plasma) の状態が実現されると考えられ，アメリカのブルックヘブ

ン国立研究所 (BNL) での RHIC (Relativistic Heavy Ion Collider) を用いた高エネルギー重イオン衝突 (Au+Au) やヨーロッパ原子核共同研究機構 (CERN) の大型ハドロン衝突型加速器 LHC (Large Hadron Collider) での Pb+Pb の衝突実験を始め，実験理論両面から精力的な研究がすすめられている．図で星印と矢印付きの曲線は衝突で実現されると考えられている領域および予想される時間発展経路である．QCD 相図そのものに関しても不確定な点も多く，様々な角度からの研究が進展中である．

2 原子核の大まかな性質

この章では，原子核の大きさや，質量など，原子核の大まかな特性について学ぶことにしよう．

2.1 原子核の大きさ

2.1.1 ラザフォード散乱

量子力学が産声をあげた20世紀初頭には，原子の構造に関してJ. J. トムソン (Thomson) による raisin bread 模型または plum pudding 模型 (正電荷が電子とともに原子全体に分布しているとする模型) や長岡半太郎による土星型原子模型を含め様々な模型が提唱されていた．ラザフォード (Rutherford) は，アルファ粒子の原子による散乱の研究を通してそれらの論戦に決着をつけ，電子の全電荷を打ち消す正電荷のすべてと原子の質量の大部分を担う原子の中心部 (ラザフォードはこれを nucleus(原子核) と名付けた) の存在を提唱し，その大きさについて制限を与えた[*1]．ラザフォードは，当時，放射性物質から放出されるアルファ粒子の特性に関する詳しい研究に従事し，アルファ粒子がイオン化したヘリウムであることをつきとめていた．ラザフォードがマースデン (Marsden) の実験結果中で注目したのは，物質中を通過するアルファ粒子が大局的には直進するものの，ときどき大きな散乱角で散乱されることである．正電荷が原子全体に散在するとするトムソンの模型ではこの実験事実は説明できない[*2]．

[*1] ラザフォードが，原子模型に関する論文を科学雑誌に投稿したのは1911年である．ラザフォードの式および考えは，自然放射性元素から放出されるアルファ粒子の物質による散乱に取り組んでいた共同研究者であるマースデンの実験結果に刺激されて導かれ，さらに，その正しさは，共同研究者であるガイガー (Geiger) とマースデンによって実験的に確かめられた．

[*2] 19世紀後半から20世紀にかけての現代物理学の進歩や発見の歴史は，E. Segrè, "From X-rays to Quarks: Modern Physicists and Their Discoveries"(Dover, 2007) に生き生きと描かれている．

2.1 原子核の大きさ

今日,アルファ粒子はヘリウムの原子核であることが確立されているが,ここでは,アルファ粒子の散乱を通して,どのようにして原子に対するラザフォードの模型が生まれ,どのようにして,原子核の大きさの情報が得られるかをみてみよう.

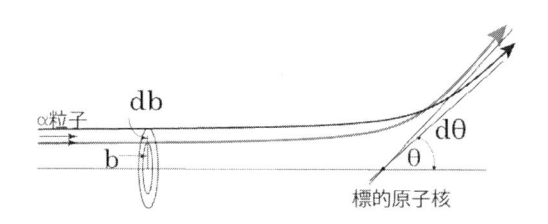

図 2.1 ラザフォード散乱の古典軌道と断面積の関係

今,構造を持たない荷電粒子同士のクーロン力による散乱 (クーロン散乱あるいはラザフォード散乱と呼ばれる) を考えてみよう.ここで,2つの荷電粒子とは,アルファ粒子および標的となる原子の原子核である.電子は質量がはるかに小さいので,電子による散乱は無視してよい.もちろん,正しくは量子力学で記述すべきであるが,クーロン散乱の場合は,古典論に基づいて微分断面積の正しい表式を得ることができる.その際重要なことの一つは,衝突係数 b と散乱角 θ の間に,1対1の対応関係が成り立つことである.図 2.1 で,衝突係数が b と $b+db$ の間の断面積 $2\pi b db$ の領域を通過するアルファ粒子が,散乱角 θ の周りの立体角 $d\Omega$ の領域に散乱される.一方,微分断面積は,単位時間に単位面積当たり 1 個の入射粒子があった場合に,立体角 Ω の領域に散乱される粒子の数で定義される.したがって,その定義から

$$\frac{d\sigma}{d\theta} = \frac{2\pi b}{\left|\frac{d\theta}{db}\right|} \tag{2.1}$$

となる.クーロン散乱の場合に衝突係数 b と散乱角 θ の間に成り立つ関係式

$$b = a\cot(\theta/2), \tag{2.2}$$

$$a = \frac{Z_1 Z_2 e^2}{\mu v^2} \tag{2.3}$$

を用いると,

$$\frac{d\sigma}{d\Omega} = \frac{d\sigma_R}{d\Omega} \equiv \frac{1}{2\pi \sin\theta} \frac{d\sigma}{d\theta} = \frac{a^2}{4} \frac{1}{\sin^4(\theta/2)} \tag{2.4}$$

が得られる.σ_R の添字 R はラザフォード散乱を意味する.(2.3) 式で,μ は換算

質量，v は無限遠での (衝突初期の) 相対運動の速さである．(2.4) 式は量子力学に基づいて導いたラザフォード散乱の微分断面積 $d\sigma_R/d\Omega$ の式と厳密に一致することに注意しよう．(2.4) 式で与えられるクーロン散乱の特徴は，前方散乱が強いこと，しかし，ある確率で後方散乱も起こることである．これらの事実は，マースデンの実験結果と一致する．

自然放射性元素 $^{210}_{84}\mathrm{Po}$ の基底状態は，半減期 138.4 日で，アルファ粒子を放出して崩壊する ($^{210}_{84}\mathrm{Po} \to {}^{206}_{82}\mathrm{Pb} + \alpha$)．崩壊の Q 値は 5.4 MeV なので，アルファ粒子のエネルギーは約 5.3 MeV である．このアルファ粒子を Au(原子番号 79) の標的にぶつけたときの微分断面積は，後方角 $\theta = \pi$ にいたるまで，ラザフォード散乱の微分断面積と一致している．このことは，Au とアルファ粒子の半径の和 ($R(\mathrm{Au}) + R(\alpha)$) が，ラザフォード散乱で後方散乱 $\theta = 180°$ を与える衝突係数 b が 0 のときの最近接距離 $d(\theta = \pi)$ より小さいことを示唆する．クーロン散乱の場合，最近接距離 d は散乱角 θ あるいは衝突係数 b と

$$d = a(1 + \csc(\theta/2)) = a + \sqrt{a^2 + b^2} \tag{2.5}$$

の関係にあるので，上の実験事実から，$R(\mathrm{Au}) + R(\alpha) < 4.3 \times 10^{-12}$ cm という制限が得られる．この値は，原子の大きさ約 10^{-8} cm よりはるかに小さな値である．ラザフォードは，このようにして，彼の原子模型にたどりついた．

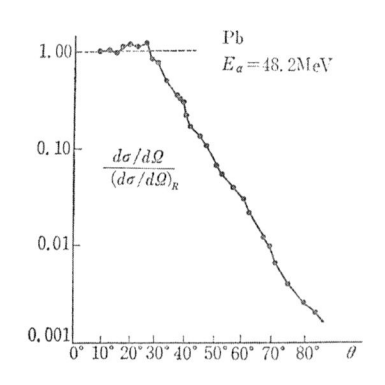

図 2.2 アルファ粒子の Pb による弾性散乱の微分断面積．

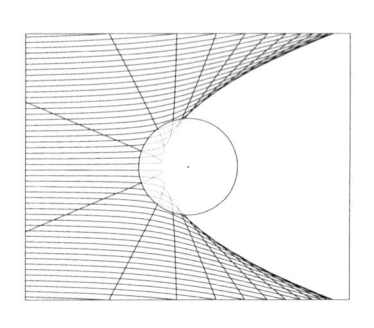

図 2.3 ラザフォード散乱の軌道．

図 2.2 は，48.2 MeV のアルファ粒子が鉛によって散乱されたときの微分断面積の実験値を，対応するラザフォード散乱の微分断面積 $(d\sigma/d\Omega)_R$ との比をとって，角度の関数として図示したものである (文献[2]から引用)．θ が 30° あたりから，

微分断面積がラザフォード散乱の予測値より急激に小さくなることが分かる．これは，より大きな散乱角に対応する散乱では，(2.5) 式が示すように最近接距離が小さく，アルファ粒子と鉛が重なることによって，クーロン散乱では除外されている非弾性散乱などの現象が起こるためと考えることができる．図 2.3 には，Pb を原点に固定し，アルファ粒子の入射エネルギーを図 2.2 に合わせて 48.2 MeV とした時の古典軌道を示した．円は，Pb とアルファ粒子の半径の和 (約 9.1 fm) に相当する領域を示している．図 2.3 は，大きな散乱角に対応する軌跡の最近接距離が，実際，アルファ粒子と Pb の半径の和より小さくなることを示している．

[演習]　上の考えに基づいて，図 2.2 の結果から，アルファ粒子と鉛の半径の和を評価せよ．

図 2.2 に示した微分断面積の比の形は，光学におけるフレネル散乱の回折模様に似ている．フレネル回折 (Fresnel diffraction) は，回折を起こす物体 (例えば吸収体) の近くに光源をおいた場合に観測されるが，原子番号の大きな原子核によるアルファ粒子の散乱がフレネル散乱と似た振る舞いをするのは，強いクーロン斥力のために散乱の軌道が強く曲げられ実効的に光源を近距離に置く働きをすること，また，最近接距離が小さい衝突係数に対応する部分波は，非弾性散乱などのため注目している弾性散乱からは失われ，弾性散乱からみれば，回折を起こす吸収体と実効的に同じ役割を演じることによる．

ただし，このような描像が有効なのは，クーロン力が散乱過程において支配的な役割を演じる場合である．クーロン力の強さは入射核および標的核の原子番号の積に比例して増加する．一方，核力は大まかに述べて換算質量 $\frac{A_1 A_2}{A_1 + A_2}$ に比例して増加するという特性をもっている．そのため標的核の原子番号が小さくなると，核力による散乱軌道の屈折効果が無視できなくなる．実際，回折効果ではなく屈折 (refraction) 効果によっても似たような微分断面積が現れ，解析は複雑になる．したがって，本節で述べたクーロン軌道と非弾性散乱による吸収効果による描像に基づいて原子核の大きさを評価することが安全に行えるのは，ある程度大きな原子番号の原子核の場合である．

2.1.2　電子散乱

アルファ粒子の原子核による散乱はラザフォードの原子模型に導き，また，原子核の大きさの評価を与えるなど歴史的に重要な役割を演じた．しかし，前節の最後に述べたように，原子核の大きさに関する評価を与える点では，限界もある．

それに比べ，これから述べる電子の原子核による散乱は，良く知られた電磁気力だけが働き，原子核の大きさ(厳密には，原子核中の陽子の分布)を調べる有力な方法である[*3)*4)]．

a. 電子のドブロイ波長

電子散乱の実験では，電子は，線形加速器などで加速された後，標的の原子核にぶつけられる．電子散乱によって原子核の大きさの研究をするためには，電子のドブロイ波長が原子核の大きさとほぼ同程度であるか，それより小さい必要がある．そこで，まず，電子のドブロイ波長と加速器によって電子に与えられる運動エネルギーとの関連をみておこう．

電子のドブロイ波長 λ_e は，電子の運動量 p_e とプランク定数 h を用いて

$$\lambda_e = \frac{h}{p_e} \tag{2.6}$$

で与えられる．一方，電子の全エネルギーは，静止エネルギーに加速器によって与えられるエネルギー E_e(運動エネルギー E_{kin})を加えたものなので，運動量とエネルギーの間に成り立つ相対論の関係式を用いると

$$E_{total} = \sqrt{m_e^2 c^4 + p_e^2 c^2} = m_e c^2 + E_{kin} = m_e c^2 + E_e, \tag{2.7}$$

したがって，

$$p_e^2 = 2m_e E_e + E_e^2/c^2 \tag{2.8}$$

である．(2.8) 式を (2.6) 式に代入して

$$\lambda_e/2\pi = \frac{\hbar c}{E_e(1 + 2m_e c^2/E_e)^{1/2}} \approx \frac{\hbar c}{E_e} \approx \frac{200}{E_e/\text{MeV}} \text{ fm} \tag{2.9}$$

が得られる．(2.9) 式の 3 項目および 4 項目では，電子の静止エネルギー $m_e c^2$ を加速エネルギー E_e に比べはるかに小さいとして無視した．また，大まかな数値評価を容易にするため，波長を 2π で割ったものを示した．

表 2.1 に，(2.9) 式に基づいて評価した電子のドブロイ波長をいくつかの加速エネルギーに対して示した．

表 **2.1** いくつかの加速エネルギーに対応する電子のドブロイ波長．

加速エネルギー E_e(MeV)	100	200	300	1000	4000
ドブロイ波長 λ_e(fm)	12.4	6.2	4.1	1.2	0.31

[*3)] R. ホフスタッター (Hofstadter) は，「線形加速器による高エネルギー電子散乱の研究と核子の構造の発見」で，1961 年のノーベル物理学賞を受賞した．また，電子散乱による原子核の研究を系統的に行った．

[*4)] 電子散乱は，第 1 章で触れた核子の構造や，巨大共鳴など原子核の励起構造，ハイパー核の研究などに関しても有力な研究手段である[7)]．

b. 形状因子

表 2.1 が示すように，原子核の大きさ (fm の大きさ) を調べるためには，電子をその静止エネルギー $m_e c^2 \approx 0.51\,\mathrm{MeV}$ よりはるかに高いエネルギーまで加速して原子核に衝突させる必要がある．したがって，散乱断面積を理論的に正しく導くためには，相対論的なフェルミ粒子の従うディラック方程式を用いる必要がある[16]．

[演習] 電子の加速エネルギー E_e が $100\,\mathrm{MeV}$ のときの電子の速さ v と真空中の光の速さ c の比 v/c を求めよ．

しかし，ここでは，以下のように問題を単純化して，電子散乱の解析から原子核の情報がどのように得られるかをみてみよう．

(1) 原子核中の核子群による電子の散乱と考える代わりに，原子核のつくる電磁場による電子の散乱と考える．
(2) クーロン力 (電気的力) だけを考え，磁気的力は無視する．
(3) 非相対論のシュレーディンガー方程式を用いる．

クーロンポテンシャルを $V(\mathbf{r})$ と書くことにする．散乱が高エネルギーで起こること，電磁気力はそれに比べて弱いことを考えると，1 次のボルン近似が有効となり，散乱角 θ における散乱振幅は

$$f^{(1)}(\theta) = -\frac{1}{4\pi}\frac{2\mu}{\hbar^2}\int e^{-i\mathbf{q}\cdot\mathbf{r}} V(\mathbf{r}) d\mathbf{r} \tag{2.10}$$

で与えられる．μ は換算質量で，電子の質量 m_e とほぼ同一視してよい．$\mathbf{q}$ は，移行運動量で

$$\mathbf{q} = \mathbf{k}_f - \mathbf{k}_i \tag{2.11}$$

$$q = |\mathbf{q}| = 2k\sin(\theta/2) \tag{2.12}$$

で与えられる．$\mathbf{k}_i$ は入射電子の波数ベクトル，$\mathbf{k}_f$ は θ 方向に散乱された電子の波数ベクトル，k は入射エネルギーに対応する電子の波数である．

[演習] (2.10)〜(2.12) 式を導け．

散乱振幅を原子核中の陽子の密度分布と関係付けるためには，ポテンシャル $V(\mathbf{r})$ が次のポアソン方程式に従うことに注目すればよい．

$$\Delta V = 4\pi Z e^2 \rho_C(\mathbf{r}) \tag{2.13}$$

ここで，Z は大きさを調べたい原子核の原子番号，$\rho_C(\mathbf{r})$ は原子核の中心から $\mathbf{r}$

のところにおける電荷密度[*5]で,
$$\int \rho_C(\mathbf{r})d\mathbf{r} = 1 \tag{2.14}$$
と規格化するものとする．(2.10) 式で 2 回部分積分を繰り返し，(2.13) 式を用いると

$$f^{(1)}(\theta) = \frac{Ze^2}{2\mu v^2} \frac{1}{\sin^2(\theta/2)} F(\mathbf{q}) \tag{2.15}$$

が得られる．ただし，$F(\mathbf{q})$ は，
$$F(\mathbf{q}) \equiv \int e^{-i\mathbf{q}\cdot\mathbf{r}} \rho_C(\mathbf{r})d\mathbf{r} \tag{2.16}$$
で定義される．したがって，微分断面積は
$$\frac{d\sigma^{(1)}}{d\Omega} = |f^{(1)}(\theta)|^2 = \frac{d\sigma_R}{d\Omega}|F(\mathbf{q})|^2 \tag{2.17}$$
で与えられる．より厳密には，微分断面積は，ラザフォード散乱の微分断面積 $d\sigma_R/d\Omega$ を電子に対して相対論の効果を考慮したモット散乱断面積 $d\sigma_M/d\Omega$ に置き換えて

$$\frac{d\sigma^{(1)}}{d\Omega} = \frac{d\sigma_M}{d\Omega}|F(\mathbf{q})|^2, \tag{2.18}$$

$$\frac{d\sigma_M}{d\Omega} = \left(\frac{Ze^2}{2E_e \sin^2(\theta/2)}\right)^2 \left[1 - \frac{v^2}{c^2}\sin^2(\theta/2)\right]$$
$$\approx \left(\frac{Ze^2 \cos(\theta/2)}{2E_e \sin^2(\theta/2)}\right)^2 \tag{2.19}$$

のように与えられる．$d\sigma_M/d\Omega$ は，点電荷のつくるクーロン力による電子の散乱の微分断面積を与えるものである．(2.18) 式は，実験で測定される微分断面積とモット散乱の微分断面積の比を通して，原子核中の陽子の密度分布の情報が得られることを示している．(2.16) 式で定義される $F(\mathbf{q})$ は原子核が大きさをもつことの影響を表す因子で形状因子 (form factor) と呼ばれる．

特に，原子核の形が球形であれば (電荷分布が球形をしていれば)，形状因子は
$$F(q) = 4\pi \int_0^\infty \rho_C(r) j_0(qr) r^2 dr = 4\pi \int_0^\infty \rho_C(r) \frac{\sin(qr)}{qr} r^2 dr \tag{2.20}$$
で与えられる．$j_0(x)$ は第一種の球ベッセル関数である．

[演習] (2.20) 式を以下の 2 つの方法で証明せよ．
 (1) (2.16) 式で角度積分 $\int d\Omega_r$ を直接実行する．
 (2) $e^{-i\mathbf{q}\cdot\mathbf{r}}$ をルジャンドル関数で展開し，球面調和関数の直交性を用いる．

[*5] 陽子密度 ρ_p は，陽子の構造を考慮することによって ρ_C から導くことができる．

c. 密 度 分 布

(1) 回折模様からの半径の評価 原子核の大きさや核内での陽子の密度分布を調べるためには，表 2.1 が示すように電子散乱は高い入射エネルギーを用いて行われるので，対応する断面積は，光学におけるフラウンホーファー回折 (Fraunhofer diffraction) と類似した回折模様を示すことが予想される．図 2.4 は，153 MeV の電子を Au の標的にぶつけた場合の微分断面積を示したものである．図は，測定された断面積がモット散乱の断面積より小さいことと同時に，実際に，フラウンホーファー型の回折模様 (振動) をもつことを示している．

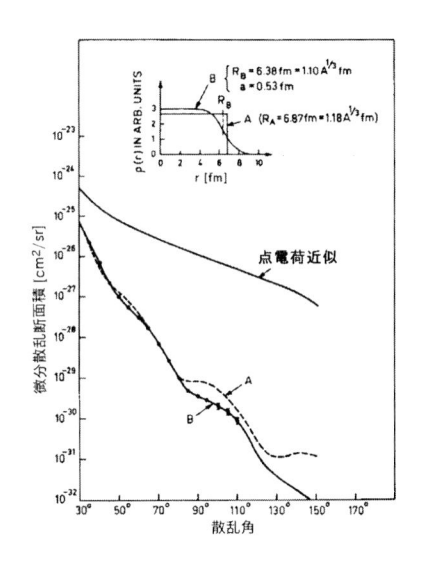

図 2.4 Au による電子散乱の微分断面積．入射エネルギー 153 MeV．文献[9] から引用．原典：B. Hahn et al., Phys. Rev.101(1956)1131 他．

回折模様から原子核の大きさがどのように評価できるかをみるために，原子核の中で電荷が半径 R の球状に一様に分布をしていると仮定してみよう．この時，形状因子は

$$F(q) = \frac{3}{qR} j_1(qR) = \frac{3}{qR}(qR)^{-2}\{\sin(qR) - (qR)\cos(qR)\} \quad (2.21)$$

で与えられる．$j_1(x)/x$ のゼロ点の位置が微分断面積が局所的に小さくなる散乱角に対応すると考えればよい．それらの散乱角 $\theta_1, \theta_2, \ldots$ に対応する移行運動量の大きさを $q_1, q_2, \ldots$ と表すことにする．$j_1(x)/x$ の最初のゼロ点は $x_1 \approx 4.49$ で，その後隣り合うゼロ点の間隔 Δx はだいたい π なので，$\theta_1, \theta_2, \ldots$ を実験デー

タから読み取り，対応する $q_1, q_2, \ldots$ を計算することによって，原子核の半径は，$R \sim x_1/q_1$ または，$R \sim \frac{\pi}{q_2-q_1}$ のように評価することができる．

[演習] 図 2.4 に示した実験結果から Au の原子核の半径を評価せよ[*6]．

(2) 密度分布のウッズ - サクソン型関数表現 原子核中での核子の密度分布[*7]をより正確に求めるには，電子散乱の実験で与えられる形状因子のフーリエ変換を行えばよい．

しかし，通常は，適当な関数形を仮定し，そこに現れるいくつかのパラメターを実験データに合うように決める手法が用いられる．その際，標準的には次式で与えられる関数形が仮定され，ウッズ - サクソン (Woods-Saxon) 型と呼ばれる[*8]．

$$\rho(r) = \frac{\rho_0}{1 + e^{(r-R)/a}}. \tag{2.22}$$

R は原子核の半径を表すパラメターである．a は表面のぼやけ具合を表すパラメターで，表面のぼやけのパラメター (surface diffuseness parameter) と呼ばれている．R のあたりの a の 4.4 倍の厚みに相当する領域で，原子核の密度は，中心密度の 90% から 10% に減少する．ρ_0 は核子の中心密度で，規格化条件

$$\int \rho d\mathbf{r} \sim \rho_0 \frac{4\pi}{3} R^3 \left[1 + \pi^2 \left(\frac{a}{R}\right)^2\right] = A \tag{2.23}$$

を通して，R と a の関数として与えられる．

様々な標的核 (ただし安定な原子核) に対する実験データの解析から，(2.22) 式に現れるパラメターの値として

$$R \approx (1.1 \sim 1.2) \times A^{1/3} \,\text{fm}, \quad a \sim 0.6 \,\text{fm}, \quad \rho_0 \sim 0.14 \sim 0.17 \,\text{fm}^{-3} \tag{2.24}$$

が得られる．半径が質量数つまり原子核を構成する核子数の 1/3 乗に比例し，密

[*6] Au など質量数 A が大きな標的核の場合は，クーロン力による歪曲効果のため微分断面積の極小点 (dip) がうずまってしまうが，A が小さい標的核では回折模様がより鮮明に現れる．

[*7] 安定な原子核の場合は，陽子と中性子は原子核の中でほぼ同じように分布しているので，ここでは，陽子の密度分布と核子の密度分布を絶対値を除いて同一視して考えることにする．近年急速に研究が進んでいるベータ崩壊に対する安定線から遠くはなれた原子核 (それらは不安定原子核と呼ばれる) の中には，陽子分布と中性子分布が大きく異なるものが存在することが分かってきた．例えば，^{11}Li など中性子ドリップライン近傍にある原子核では，中性子だけが存在する領域が，原子核の表面領域に広く広がっていることが明らかになり，中性子の暈(かさ) (neutron halo) と呼ばれている[7]．最近では，典型的な安定核である ^{208}Pb についても，中性子分布の半径が陽子分布の半径より $0.15 \sim 0.33$ fm 程度大きいことが，偏極陽子の非弾性散乱 (A. Tamii et al., Phys. Rev. Letts. 107(2011)062502) や偏極電子の弾性散乱 (S. Abrahamyan et al., Phys. Rev. Letts. 108(2012)112502) の実験から報告され，中性子スキン (neutron skin) と呼ばれる中性子だけからなる領域の存在が議論されている．

[*8] 個々の原子核ではウッズ - サクソン型からのずれがみられ，殻模型による説明がなされている．

度が質量数によらないことは，原子核が液滴のような性質[*9)]をもつことを示している．密度が質量数によらないことは，密度の飽和性 (saturation property of nuclear density) と呼ばれる．

ちなみに，軽い核では表面部がほとんどなので，ウッズ - サクソン型よりガウス型の方がより現実に近い関数形としてしばしば用いられる．

d. 平均二乗根半径

原子核の半径は，それを構成する核子が存在する領域の半径を平均化したものである．そのため，原子核の大きさを議論するとき，平均二乗根半径という概念がしばしば用いられる．まず，平均二乗半径を

$$\langle r^2 \rangle \equiv \int_0^\infty r^2 \rho(r) 4\pi r^2 dr / \int_0^\infty \rho(r) 4\pi r^2 dr \tag{2.25}$$

で定義する．平均二乗根半径 $R_{r.m.s.}$ (root mean square radius) は，その平方根をとって，$R_{r.m.s.} \equiv \sqrt{\langle r^2 \rangle}$ で定義される．

電子散乱の回折模様に対する簡単な解析では，表面のぼやけがない密度分布 (階段関数) を仮定したが，そのときに導入した半径を等価半径 (equivalent radius) あるいは有効半径 (effective sharp radius) と名づけ R_{eq} と表すことにする．$R_{r.m.s.}$ の定義から，$R_{r.m.s.}$ と R_{eq} は

$$R_{eq} = \left\{\frac{5}{3}\langle r^2 \rangle\right\}^{1/2} = \left\{\frac{5}{3}\right\}^{1/2} R_{r.m.s.} \tag{2.26}$$

のように結びついている．R_{eq} は質量数の 1/3 乗に比例し，

$$R_{eq} \sim r_0 A^{1/3} \tag{2.27}$$

と表すと，比例係数 r_0(半径パラメター) は，原子核によらず，実測値は

$$r_0 \sim (1.1 \sim 1.2) \text{fm} \tag{2.28}$$

である[*10)]．(2.22) 式で与えられるウッズ - サクソン型を仮定した場合は，(2.26) 式を拡張した

[*9)] 原子核の世界では交換関係が支配しているので，量子的な液体である．古典的な液体では空間的に変形していても運動量空間では歪んでいない．原子核の場合は，空間的な変形が不確定性関係を通して運動量空間の変形に導く (8.3.4 項の量子流体に関する脚注参照)．

[*10)] (2.24) 式や (2.27)，(2.28) 式の結果は，安定な原子核に対して成り立つ関係であり，不安定な原子核，特にドリップライン近傍の原子核の半径はこの式から著しくずれる場合がみつかっている[7)]．例えば Li 同位体の場合，安定な同位体である ^{6,7}Li と安定線に近い ^{8,9}Li の半径は (2.27) 式にほぼ従って変化するが，先に述べた中性子の暈をもつ原子核 (暈原子核あるいは中性子暈原子核と呼ばれる) である ^{11}Li の半径は，(2.27) 式の予測値よりはるかに大きい．

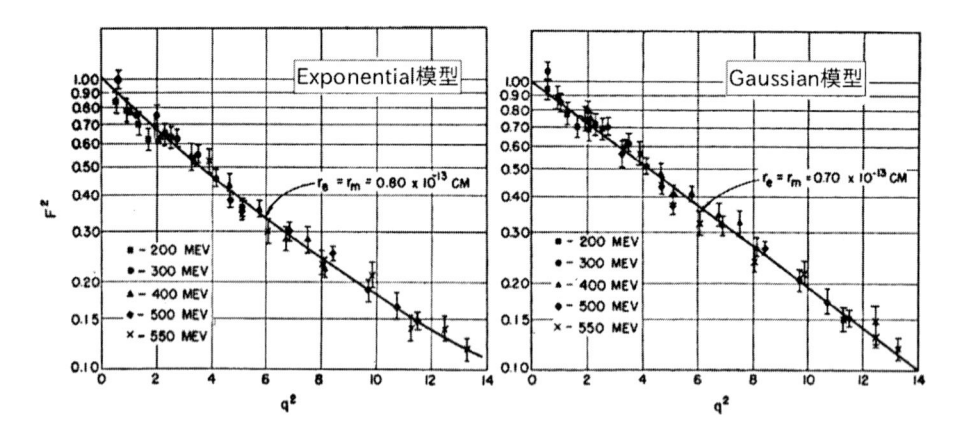

図 2.5 陽子による電子散乱の形状因子. R. Hofstadter, F. Bumiller and M. R. Yearian, Rev. Mod. Phys.30(1958)482.

$$\langle r^n \rangle \equiv \frac{\int r^n \rho(r) d\mathbf{r}}{\int \rho(r) d\mathbf{r}} \approx \frac{3}{n+3} R^n \left[1 + \frac{n(n+5)}{6} \pi^2 \left(\frac{a}{R}\right)^2 + \cdots \right] \quad (2.29)$$

となる.定義式 (2.16) と (2.25) から,移行運動量が小さいとき

$$F(q) = 1 - \frac{1}{3!} \langle r^2 \rangle q^2 + \cdots$$

$$|F(q)|^2 = 1 - \frac{1}{3} \langle r^2 \rangle q^2 + \cdots \quad (2.30)$$

が導かれる.この式から,前方散乱に対する形状因子を調べたり,移行運動量が小さい領域での形状因子の振る舞いを調べることによって原子核の半径が評価できることが分かる.図 2.5 は同じ考えを陽子の半径の決定に使った場合で,この実験の解析から,陽子の平均二乗根半径 $R_{r.m.s.}$ は,0.7〜0.8 fm であることが導かれる[*11)][*12)].

[課題] 原子核の荷電半径は,ミュー粒子原子の X 線のエネルギーや鏡映核[*13)]のエネルギー差からも評価できる.それぞれの原理について調べよ.

[*11)] q^2 が極めて小さい超前方角で精度の高い測定を行うのは難しく近年の課題である.そのため,実際には,精度の良い測定が可能な領域のデータを,図 2.5 にあるように,密度に指数関数型やガウス型などを仮定して解析することによって,半径の評価を行っている.また,核子の場合は磁気の効果を考慮する必要があることが分かっている.

[*12)] 図 2.5 が示すように,移行運動量が小さい領域では,陽子の電荷分布を指数関数型と考えてもガウス型と考えても実験値を再現できる.従来は,指数関数型が良い近似と考えてそれに対応する双極子 (dipole) 型の形状因子が用いられてきたが,最近の研究で,移行運動量の大きな領域で実験値がdipole 型の形状因子から大きくずれ,むしろ陽子の電荷分布はガウス型に近いこと分かってきた.

[*13)] $^{15}_{7}N_8$ と $^{15}_{8}O_7$ のように,陽子数と中性子数が入れ替わった核同士を,互いに鏡映核 (mirror nuclei) であるという.

2.1.3 質量分布

上に述べた方法は，いずれも，原子核中での陽子の分布 (電荷分布) を調べる方法であり，中性子の分布については情報を与えない．中性子の分布を含め原子核中の核子の分布 (しばしば**質量分布**と呼ばれる) を調べるためには，他の方法を用いなければならない．強い相互作用が関与する陽子または中性子の原子核による散乱，あるいは原子核‐原子核散乱はその例である．電子散乱の場合と同じように，入射エネルギーは，比較的高い方が良い．ここでは，2つの方法を考えてみる．

a. 高エネルギー中性子散乱：フラウンホーファー散乱

最初に，高エネルギーの中性子散乱を考えてみよう．中性子と標的核の相互作用が強いので，中性子が標的核の領域に達すると，中性子が吸収されたり，標的核が励起されたりする．その断面積 (非弾性散乱あるいは吸収の断面積) は，原子核の半径を R とすると，直感的には，$\sigma^{(inel)} \sim \pi R^2$ と予想される．一方，入射エネルギーが比較的高い場合の短距離力による散乱では，弾性散乱は量子力学で学ぶ影散乱に対応し，その大きさも $\sigma^{(el)} \sim \pi R^2$ と予測される．結局，全断面積は $\sigma^{(total)} \sim 2\pi R^2$ となる．したがって，高エネルギー中性子散乱の断面積を測定すれば，原子核の大きさの情報が得られる．

話をもう少し厳密にするために，中性子と原子核の衝突問題を部分波展開法で解析することを考え，上に述べた吸収効果と高エネルギー散乱の特性 (位相のずれは小さい) を強調して，ℓ 波の弾性散乱の散乱行列を

$$S^{(el)} = \begin{cases} 0 & (\ell \leq kR \text{ の場合}) \\ 1 & (\ell > kR \text{ の場合}) \end{cases} \quad (2.31)$$

のように仮定してみる．(2.31) 式の仮定を弾性散乱の全断面積 $\sigma^{(el)}$，非弾性散乱の全断面積 $\sigma^{(inel)}$ および全断面積 $\sigma^{(total)} = \sigma^{(el)} + \sigma^{(inel)}$ に対する部分波展開の式，(10.6)(10.8)(10.10) 式，または，ポアソンの和公式 (Poisson sum formula) に変換したそれらの積分表示 ((10.23) 式参照) に代入することによって，$\sigma^{(el)} \sim \pi R^2$, $\sigma^{(inel)} \sim \pi R^2$, $\sigma^{(total)} \sim 2\pi R^2$ となることが確かめられる．

実験的には，散乱の全断面積 $\sigma^{(total)}$ は，減少率法 (attenuation method) で比較的簡単に測定できる．減少率法とは，散乱体をおいた場合と散乱体がない場合で，それぞれ前方に置いた測定器で観測し，それらの観測数を比べることによって断面積の情報を得る方法である．前者を I，後者を I_0 とすると，

$$\frac{I}{I_0} = e^{-\sigma^{(total)} nt} \quad (2.32)$$

の関係が成り立つ．n は散乱体中の標的核の数密度，t は散乱体の厚みである．

ちなみに，S 行列が (2.31) 式で与えられときの散乱は，光学におけるフラウンホーファー回折に対応し，散乱問題に対する半古典論を用いると，対応する弾性散乱の微分断面積は，

$$\frac{d\sigma}{d\Omega} = R^2 \frac{1}{\theta \sin\theta} |J_1(kR\theta)|^2 \qquad (2.33)$$

のように簡潔な解析的表現で与えられる．ベッセル関数 $J_1(x)$ の特性から，弾性散乱が前方に強い強度をもつことが分かる．これが，本節の冒頭で述べた影散乱である．

もう一つ重要なことは，振動する回折模様が観測されることである．強度が強くなる隣り合う角度の間隔は，ベッセル関数の特性から $\Delta\theta_D \sim \pi/kR$ で与えられる．したがって，回折縞の間隔から核半径を評価することができる．このようにして求めた核半径と全断面積の測定から求めた核半径を比較することによって，本節で述べたフラウンホーファー回折法の有効性についての目安が得られる．

高エネルギーの陽子 - 原子核衝突も質量分布の研究に用いることができるが，長距離のクーロン力のため，(2.31) 式で仮定した単純な模型は適用できない．事実，クーロン散乱では，断面積は発散する．そのため，クーロン力による散乱を取り扱うための配慮が必要である．

b. 高エネルギー核子 - 原子核，原子核 - 原子核反応断面積のグラウバー理論による解析

入射エネルギーが高いときのポテンシャル散乱は，直線軌道に沿って反応が起こるとして散乱の位相差を決定するアイコナール近似 (eikonal approximation) によって良く記述される．この考えを核子 - 原子核衝突や原子核 - 原子核衝突に適用し，アイコナール近似におけるポテンシャルを，散乱する入射核子または入射核と標的核の構成粒子の間の力の重ね合わせ (畳み込み模型) で近似すると，全反応断面積 σ_R を核子 - 核子散乱の全反応断面積で与える次の式が得られる (10.4.2 項参照)．

$$\sigma_R = 2\pi \int_0^\infty b db \left[1 - T(b)\right], \qquad (2.34)$$

$$T(b) = \exp(-\bar{\sigma}_{NN} O_v(b)), \qquad (2.35)$$

$$O_v(b) = \int_{-\infty}^{+\infty} dz \int d\mathbf{r} \rho_T(\mathbf{r}) \rho_P(\mathbf{r} - \mathbf{R}). \qquad (2.36)$$

透過率関数 $T(b)$ に現れる $\bar{\sigma}_{NN}$ は，陽子 - 中性子および陽子 - 陽子散乱の全断面積の平均値であり，実験室系での核子 - 核子散乱の衝突エネルギーを $E_{lab}^{(NN)}$，原子核 - 原子核散乱の衝突エネルギーを $E_{lab}^{(nn)}$，入射核の質量数を A_P とするとき，

$$E_{lab}^{(NN)} = E_{lab}^{(nn)}/A_P \tag{2.37}$$

の関係にある衝突エネルギーでの値を用いる (根拠については 10.4.2 項参照).
$O_v(b)$ は，衝突係数が b のときの入射核 (または入射核子) と標的核の密度の重なりを，衝突係数に直交した散乱の進行方向 (z 方向) にわたって積分した量で重なり関数と呼ばれる．$\mathbf{R} = (\mathbf{b}, z)$ は，入射核と標的核の重心間の相対座標である．重なり積分は明らかに原子核の大きさや核内での核子分布に依存するので，(2.34) 式に基づいた反応断面積の解析を通して，それらの情報を得ることができる．

(2.34)〜(2.37) 式は，グラウバー理論における光学極限 (optical limit) の公式と呼ばれ，その導出は 10.4.2 項に与えた．近年活発な研究が展開されているドリップライン近傍の原子核の散乱をグラウバー理論で記述し，大きさや反応断面積を正しく評価するためには，キュムラント展開と呼ばれる展開法の高次の項を取り入れるか，回折的アイコナール近似 (diffractive eikonal approximation) と呼ばれる光学極限を超えた取り扱いが必要となることに注意しておこう[*14]．

2.2 核子数密度および核子のフェルミ運動量

2.2.1 核 子 数 密 度

原子核中での核子の数密度を ρ と書くことにする．ρ は質量数 A を体積 V で割ったものなので，球形を仮定すると，(2.27) 式を用いて

$$\rho \equiv \frac{A}{V} = \frac{3}{4\pi r_0^3} \tag{2.38}$$

となる．(2.28) 式が示すように半径パラメター r_0 は質量数によらずほぼ一定なので，(2.38) 式は，原子核中の核子数密度が原子核の種類によらずほぼ一定であることを意味する．この特性は密度の飽和性と呼ばれ，原子核が液滴のように振舞う (原子核の液滴模型) ことの一つの実験的証拠である．

2.2.2 フェルミ運動量：フェルミ気体模型，トーマス・フェルミ近似

フェルミ粒子である核子の多体系としての原子核に対する一つの単純化した描像は，フェルミ気体模型あるいはトーマス・フェルミ近似と呼ばれる記述法である．そこでは，それぞれの核子は，体積が V の平均場の中を互いに独立に運動

[*14)] N. Takigawa, M. Ueda, M. Kuratani and H. Sagawa, Phys. Letts. B288 (1992) 244; J. S. Al-Khalili and J. A. Tostevin, Phys. Rev. Lett, 76(1996)3903. B. Abu-Ibrahim and Y. Suzuki, Phys. Rev. C 61(2000)051601.

しているると考える．ただし，一つの量子状態には一個の粒子しか入れないというフェルミ粒子が満たすべきパウリ原理は尊重する．その結果，核子は，運動量が小さな状態からフェルミ運動量と呼ばれる最大の運動量の状態まで分布することになる．量子力学の世界では，位相空間の $(2\pi\hbar)^3$ ごとに状態が一個存在するので，フェルミ運動量を $p_F = \hbar k_F$ と書くことにすると

$$A = \left[V \int_0^{\hbar k_F} p^2 dp d\Omega_p / (2\pi\hbar)^3 \right] \times 2 \times 2 \tag{2.39}$$

が成り立つ．最後の因子 2×2 は，スピン空間およびアイソスピン空間 (陽子と中性子) の統計的重みである．これから，(2.27) 式を用いて

$$k_F = \left(\frac{3\pi^2}{2} \right)^{1/3} \rho^{1/3} = \left(\frac{9\pi}{8} \right)^{1/3} \frac{1}{r_0} \tag{2.40}$$

が得られる．密度と同じように，フェルミ運動量も原子核の質量数によらない．次元解析の考えから推測されることだが，フェルミ波数は密度の 1/3 乗に比例することに注意しよう．

表 2.2 に，いくつかの r_0 の値に対して，核子数密度，核子間の平均間隔 a，フェルミ波数 k_F，光速単位で測ったフェルミ面での核子のスピード v_F/c，フェルミエネルギー E_F を記した．表に示したように，原子核内での核子のスピードは，光速の高々 30% 弱である．本書で大局的には非相対論を用いて原子核の世界を記述することにしたのはそのためである[*15)]．

表 2.2 核子数密度，核子間平均距離，フェルミ波数，速度，フェルミエネルギー．

r_0(fm)	ρ(fm^{-3})	a(fm)	k_F(fm^{-1})	v_F/c	E_F (MeV)
1.10	0.179	1.77	1.38	0.29	39.5
1.15	0.157	1.85	1.32	0.28	36.1
1.20	0.138	1.94	1.27	0.27	33.1

[演習] ρ が $0.14\,\text{fm}^{-3}$ として，原子核の質量密度が，$\rho_{mass} \sim 2.4 \times 10^{14}\,\text{g/cm}^3$ であることを示せ．

[余談 1] 星は何故つぶれないか
星の中の構成粒子の間には引力 (重力) が働いているのに潰れないのは一見不思議

[*15)] 逆に，30% は大きな値と考えることもできる．その考えに基づいて，相対論的枠組みで原子核の構造や反応を記述することも活発に行われている．相対論的取り扱いは，スピンが自然に導入される点で優れている．本書では，6.3 節で相対論的平均場理論の大枠を概観するにとどめた．

である.これは,電子などの縮退圧によって崩壊が支えられているためである.本文で述べたように,パウリ原理を満たすために,フェルミ粒子は,すべてが運動量が小さな状態を占拠することはできず,運動量の大きなフェルミ面まで分布することになる.その結果生じる量子力学 (パウリ原理) に起因する圧力が縮退圧である.星が潰れようとして体積が小さくなると,フェルミ運動量が大きくなり,縮退圧が増す.星が容易に潰れないのはそのためである.逆に,星の中の電子などフェルミ粒子の密度が減れば,重力による引力と縮退圧のバランスが崩れ崩壊が始まる.例えば,2.3 節で触れるように,電子捕獲によって超新星爆発が誘起される.

[演習] 温度が 0 のとき,圧力 P が $P = -\partial E/\partial V$ で与えられることを用いて,電子ガスの縮退圧が電子密度 ρ および電子の質量 m_e を用いて

$$P = \left(\frac{3}{\pi}\right)^{2/3} \frac{1}{20 m_e} h^2 \rho^{5/3} \tag{2.41}$$

で与えられることを示せ.ただし,縮退圧を求めるためには,E は電子の全運動エネルギーとしてよい.(2.41) 式が示すように,粒子数密度が等しければ,質量が小さな粒子による縮退圧ほど効率的に働く (大きい) ことに注意しよう.

[余談 2] 原子は何故つぶれないか
似たような問題に,原子の大きさがある.例として中性の水素原子を考えてみよう.陽子と電子の間には引力のクーロン力が働き,両者の距離を r とすると,ポテンシャルは $V(r) = V_C(r) = -e^2/r$ で与えられ,電子が陽子にくっついて $r = 0$ となった方がエネルギー的に最も安定と考えられる.にもかかわらず,水素原子の大きさはボーア半径 $a_B = 0.5 \times 10^{-8}$ cm で,陽子の半径約 0.8×10^{-13} cm より 5 桁も大きい.これも量子力学がもたらす不思議の一つである.量子力学の世界では,不確定性関係 (あるいは不確定性原理) $\Delta x_\alpha \Delta p_\alpha \gtrsim \hbar$ が支配している.一方,陽子に対する電子の運動を記述するハミルトニアンは $H = \frac{p^2}{2\mu} + V_C(r)$ で与えられる.したがって,不確定性関係をもちいると対応するエネルギーは,大雑把に評価して $E \gtrsim \frac{\hbar^2}{2\mu}(\frac{1}{r})^2 - \frac{e^2}{r}$ となる.不確定性関係の結果,r が小さくなると運動エネルギーが増加し,クーロンエネルギーの負の増加を打ち消して,さらに大きな正のエネルギーになってしまう.結局,エネルギー E を最小にする r の大きさとして,原子半径 $r = a_B$ が得られるわけである.

[余談 3] もし不確定性原理 (交換関係) がなかったら原子は潰れている
不確定性原理は,交換関係 $[\hat{x}_\alpha, \hat{p}_\beta] = i\hbar\delta_{\alpha\beta}$ ($\hat{O}$ は物理量 O に対する演算子を表す) から導かれるので,もし交換関係が自然界を支配していなかったら原子は点になる.

[余談 4] 遮蔽効果への応用
1.4 節で太陽中の核反応に関して学んだように,中性子を入射粒子あるいは標的と

する反応を除けば，極低エネルギーの核反応は，長距離のクーロン力がつくるポテンシャル障壁 (クーロン障壁) を透過する量子トンネル効果で起こる．核反応が，元素誕生に係る天体中あるいは近年実験が行われている物質中 (ホスト金属中など) で起こる場合は，クーロンポテンシャルは，点電荷同士のクーロンポテンシャル $\varphi^{(0)}(r) = Z_P Z_T e^2/r$ からずれ，トンネル効果が起こりやすくなる．これは，標的核や入射核によって，天体中ではプラズマ状態にある荷電粒子の密度分布が，また，物質中では例えば金属中の自由電子の密度分布が変化することによって，クーロンポテンシャルが遮蔽されるためである．例として，電荷が Ze の原子核が周りにつくる実効的なクーロンポテンシャル (遮蔽されたクーロンポテンシャル) $\varphi(r)$ を求めてみよう．この原子核によって誘起される電荷 $Z_\alpha e$ の荷電粒子 α の密度変化 (偏極した密度量) を $\delta\rho_\alpha(\mathbf{r})$ と書くことにすると，$\varphi(\mathbf{r})$ はポアソン方程式

$$\nabla^2 \varphi(\mathbf{r}) = -4\pi \left\{ Ze\delta(\mathbf{r}) + \sum_\alpha Z_\alpha e \delta\rho_\alpha(\mathbf{r}) \right\} \tag{2.42}$$

に従う．

今，常温の金属中で核反応を起こさせることを考え，その時の遮蔽ポテンシャルを求めるために，金属中の電子のみによる遮蔽効果を考慮してみよう．電子密度に対してトーマス・フェルミ近似を用いると，線形近似の枠内で，(2.42) 式の解は次のように求まる．

$$\varphi(\mathbf{r}) = \frac{Ze}{r} \exp(-q_{TF} r) \tag{2.43}$$

ただし，遮蔽長の逆数 q_{TF} は

$$q_{TF} = \left(\frac{6\pi\rho_0}{\epsilon_F^{(0)}} e^2 \right)^{1/2} \tag{2.44}$$

で与えられる．ρ_0 および $\epsilon_F^{(0)}$ は，それぞれ，偏極する前の金属中の自由電子の密度およびフェルミエネルギーである．

一方，高温の天体中における核反応に対しては，プラズマを構成する荷電粒子の密度をボルツマン分布で表現することによって，遮蔽されたクーロンポテンシャルは，良く知られたデバイ・ヒュッケルの式

$$\varphi(\mathbf{r}) = \frac{Ze}{r} e^{-\kappa_{DH} r}, \tag{2.45}$$

$$\kappa_{DH} = \sqrt{4\pi\beta e^2 \Sigma_\alpha Z_\alpha^2 \rho_\alpha^{(0)}} \tag{2.46}$$

で与えられる．

[演習]　(2.44) 式および (2.46) 式を導け．

2.3 質　　　量

質量数 A, 原子番号 Z の原子核の質量 (mass) を $M(A, Z)$ と書くことにする. 質量は, 個々の原子核の基本的属性であると同時に, 様々な反応を支配する基本的な量である.

2.3.1　結合エネルギー：実験データと特徴

通常は, 質量 $M(A, Z)$ の代わりに結合エネルギー (binding energy) $B(A, Z)$ を用いて議論がなされる. $B(A, Z)$ は, 核子がばらばらで存在する場合に比べ, 結合して原子核を形成することによって得をするエネルギー量で

$$B(A, Z) = ZM_p c^2 + (A - Z)M_n c^2 - M(A, Z)c^2 \tag{2.47}$$

で定義される[*16)][*17)].

図 2.6 の黒丸は, 各質量数に対して最も安定な偶‐偶核の核子当たりの結合エ

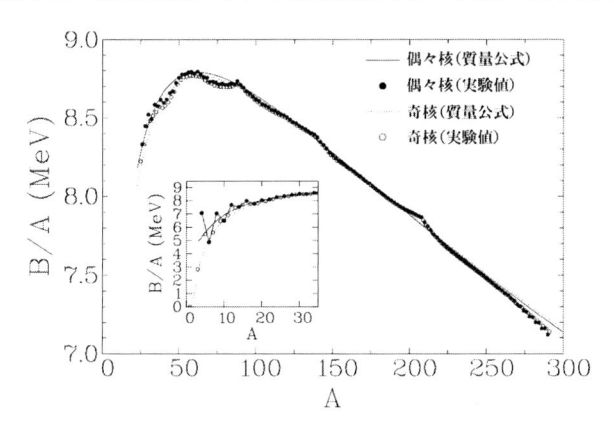

図 2.6　核子当たりの結合エネルギー[45)].

[*16)] 結合エネルギーと並んで, 分離エネルギー (separation energy) も重要な物理量である. 分離エネルギーは, 原子核から核子やアルファ粒子などを取り出すために必要なエネルギーで, 例えば, 中性子の分離エネルギーは, 結合エネルギーを用いて, $S_n(N, Z) \equiv B(N, Z) - B(N-1, Z)$ で与えられる.

[*17)] 通常, 原子核の結合エネルギーは, 対応する原子の質量 $M_{\text{atom}}(A, Z)$ を用いて

$$B(A, Z) = ZM_H c^2 + (A - Z)M_n c^2 - M_{\text{atom}}(A, Z)c^2 \tag{2.48}$$

で計算される. ここで, M_H は水素原子の質量である.

ネルギー B/A の実験データを，白丸は，質量数が奇数の場合の最も安定な原子核の核子当たりの結合エネルギーを，それぞれ示したものである[*18]．挿入図には，質量数が小さな原子核 (軽い核と呼ばれる) の領域を詳しく示してある．これらの図に示したものを含め，結合エネルギーには次の特徴がみられる．

(1) 質量数が小さな領域では，質量数の増加とともに結合エネルギーが急激に増大する (表 2.3 参照[*19])．

表 2.3 軽い核の結合エネルギー (MeV)．

重陽子 (d (デュートロン) または $^2_1$H)	三重陽子 (t (トゥリトン) または $^3_1$H)	$^3_2$He	α ($^4_2$He)
2.225	8.482	7.718	28.296

(2) 軽いアルファ核[*20]で B/A は鋭い極大値をとる．
(3) 軽い核を除いて，核子当たりの結合エネルギー (B/A) は約 8 MeV である (結合エネルギーの飽和性)．
(4) B/A は原子番号 26 の Fe の領域まで質量数の増加とともに増大し[*21]，その後，質量数とともに徐々に減少する．
(5) 質量数が大きな領域では，$Z=50$ など特定の陽子数あるいは中性子数のとき，B/A は局所的に大きくなる．
(6) 陽子数および中性子数の偶奇性に関連して，表 2.4 に示す系統性が存在する[*22][*23]．

(1) から (6) にあげた結合エネルギーの特徴に関連したいくつかの話題を述べておこう．

[話題 1]　主系列星でのエネルギー源
(1) は主系列星中でのエネルギー生成が核融合反応によって起こることの原因であ

[*18] 正確には，(2.48) 式を用いて求めた．
[*19] 原子核の場合は重陽子や三重陽子と呼び，記号 d, t を用いる．一方，中性原子の場合は，重水素 (デューテリウム) や三重水素 (トリチウム) とよび，元素記号に D および T を用いる．
[*20] $^8_4$Be や $^{12}_6$C, $^{16}_8$O のように原子番号と質量数の組がアルファ粒子のそれらの整数倍にあたる原子核をフルアルファ核と呼ぶ．
[*21] B/A が最大値をとる原子核は $^{62}_{28}$Ni である．R. Shurtleff and E. Derringh, American Journal of Physics, 57(1989)552.
[*22] 陽子数と中性子数がともに奇数の奇‐奇核で安定なのは，$d, ^6_3$Li, $^{10}_5$B, $^{14}_7$N, $^{180}_{73}$Ta の 5 つだけである．ちなみに，安定な同位体で最大の原子番号をもつのは $^{209}_{83}$Bi である (厳密には半減期 1.9×10^{19} 年で崩壊する) が，原子番号 43 と 61 の元素 Tc および Pm には安定な同位体は存在しない．
[*23] δ は陽子数および中性子数の偶奇性に関連して束縛エネルギー B に現れる系統的な変動である．Δ は偶奇性質量パラメータ (odd-even mass parameter) と呼ばれる．

表 2.4　陽子数および中性子数の偶奇性と原子核の安定性の関連

A	Z	N	安定性	対相関エネルギー δ(MeV)
偶数	偶数	偶数	最も安定	$\Delta \approx 12/\sqrt{A}$
奇数	偶数	奇数	中ぐらいに安定	0
奇数	奇数	偶数	中ぐらいに安定	0
偶数	奇数	奇数	安定性が最も低い	$\Delta \approx -12/\sqrt{A}$

り,表 2.3 に載せた値を含め,軽い核の結合エネルギーは,それらの反応で解放されるエネルギーや,ニュートリノなど反応に伴って放出される粒子のエネルギーを決定する上で重要な量である.

主系列星のエネルギーをつくる核反応は,(a) 陽子‐陽子連鎖反応 (ppI チェイン,ppII チェイン,ppIII チェイン) と (b) CNO サイクルに大別されるが,それらの反応と解放されるエネルギーは以下の通りである.

1. ppI チェイン
    ① $p + p \to {}^2H + e^+ + \nu_e + 0.42$ MeV　　…$[\nu_{pp}]$
    ② $e^+ + e^- \to 2\gamma + 1.02$ MeV
    ③ ${}^2H + p \to {}^3He + \gamma + 5.49$ MeV
    ④ ${}^3He + {}^3He \to {}^4He + 2p + 12.86$ MeV
2. ppII チェイン
    ⑤ ${}^3He + {}^4He \to {}^7Be + \gamma$
    ⑥ ${}^7Be + e^- \to {}^7Li + \nu_e$　　…$[\nu_{Be}]$
    ⑦ ${}^7Li + p \to 2\,{}^4He$
3. ppIII チェイン
    ⑧ ${}^7Be + p \to {}^8B + \gamma$
    ⑨ ${}^8B \to {}^8Be + e^+ + \nu_e$　　…$[\nu_B]$
    ⑩ ${}^8Be \to 2\,{}^4He$
4. CNO サイクル
    ⑪ ${}^{12}C + p \to {}^{13}N + \gamma + 1.94$ MeV
    ⑫ ${}^{13}N \to {}^{13}C + e^+ + \nu_e + 1.20$ MeV
    ⑬ ${}^{13}C + p \to {}^{14}N + \gamma + 7.55$ MeV
    ⑭ ${}^{14}N + p \to {}^{15}O + \gamma + 7.29$ MeV
    ⑮ ${}^{15}O \to {}^{15}N + e^+ + \nu_e + 1.74$ MeV
    ⑯ ${}^{15}N + p \to {}^{12}C + {}^4He + 4.97$ MeV
    ⑰ $e^+ + e^- \to 2\gamma + 1.02$ MeV

異なる起源のニュートリノを区別するために記号 $\nu_{pp}, \nu_{Be}, \nu_B$ を用いた.

ppI チェインでは,①〜④の反応を適当な重みで足し合わせて,結局,4 個の陽子を 1 個の ^{4}He に変えることによって 26.72 MeV のエネルギーが解放される.

$$4p + 2e^- \to {}^4He + 2\nu_e + 26.72 \text{MeV}. \qquad (2.49)$$

CNO サイクルに対しては，⑪〜⑯の辺々を加え⑰の 2 倍を両辺から引くことにより，(2.49) と同じ反応式が得られる．太陽の中心温度は約 1600 万 K で，標準太陽模型によると，太陽エネルギーの約 98.5% は pp チェインの核反応から，残り約 1.5% は CNO サイクルの核反応からくると考えられている．

ニュートリノは太陽ニュートリノ問題[*24)]などとの関連もあり，近年大きな注目を浴びている粒子である．図 2.7 に，pp チェインおよび CNO サイクルの概念表

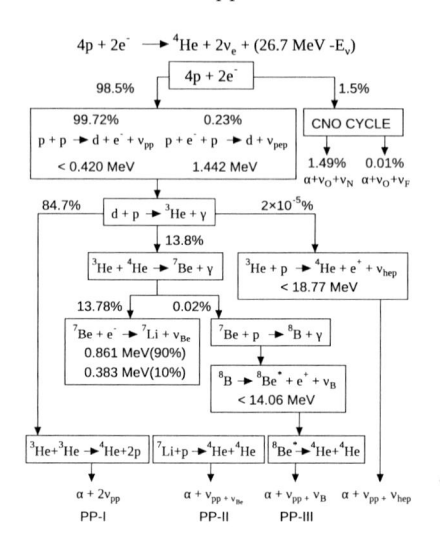

図 2.7 pp チェインおよび CNO サイクル概念表．
有馬太公修士論文 (東北大学) から引用．

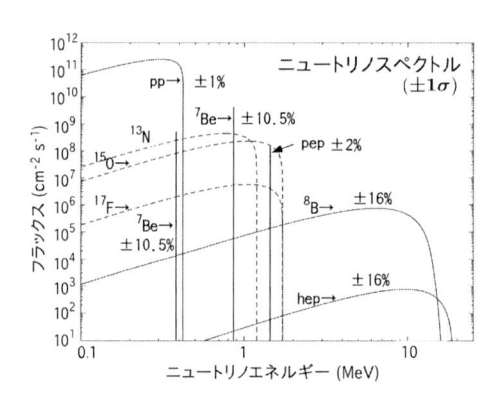

図 2.8 太陽ニュートリノのスペクトル．文献[14)] から引用．

[*24)] 太陽からのニュートリノ数の観測量が，理論の予測値の $1/2 \sim 1/3$ であること．

を，また，図 2.8 に，様々な反応で生成される太陽ニュートリノのスペクトルを示した．終状態が 2 体の場合は線スペクトル，3 体の場合は連続スペクトルになることに注意しよう．実験的には，エネルギーの高い ν_B はチェレンコフ光検出器や ^{37}Cl の反応

$$\nu_e + {}^{37}\text{Cl} \rightarrow {}^{37}\text{Ar} + e^- \tag{2.50}$$

を用いて捉える．一方，エネルギーの低い ν_{pp} は，Ga や重水素への捕獲反応で調べる．

[話題 2] エネルギー問題：ミュー粒子触媒核融合反応 (μCF)

表 2.3 に載せた軽い核の結合エネルギーは，エネルギー問題との関連でも重要な量である．例えば，$p + d \rightarrow {}^3\text{He}$, $d + t \rightarrow {}^4\text{He} + n$ という核反応を起こすことができれば，それぞれの場合について，1 回の反応当たり 5.4 MeV および 17.5 MeV のエネルギーが解放される．しかし，これらの反応を起こさせるためには，太陽中の $p + p \rightarrow d + e^+ + \nu_e$ 反応のときに述べたのと同じように，入射粒子と標的核の間に存在する高いクーロン障壁を越えなければならない．高温核融合では，原子核を高温にしてこのクーロン障壁を越えることを試みる．しかし，高温状態の原子核を小さな領域に閉じ込める必要があり，磁場による閉じ込め方式や，慣性閉じ込め方式などの開発が進められているが，まだ，エネルギー生成のための実用化には至っていない．それに対して，μ^- 粒子の遮蔽効果を利用して低温のまま核融合を起こさせようとするのが，ミュー粒子触媒核融合反応 (muon catalyzed fusion) である．

図 2.9 に，ミュー粒子触媒核反応として実験的に初めて確認されたミュー粒子触

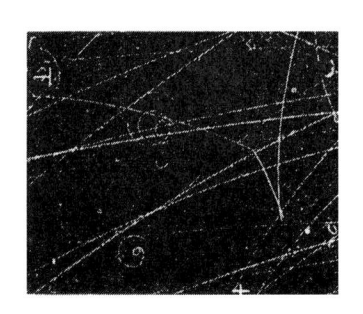

図 2.9 μCF 反応の最初の実験データ．L. Alvarez et al. Phys. Rev.105(1957)1127 から引用．

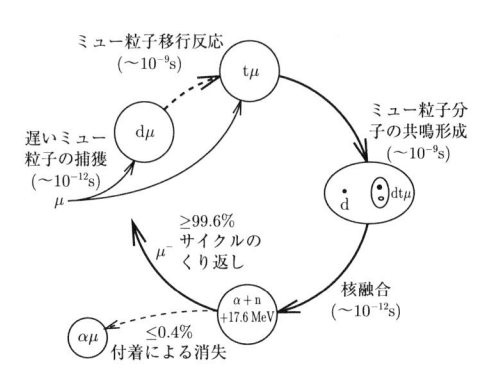

図 2.10 μCF 反応の巡回経路．$dt\mu \rightarrow {}^4\text{He} + n + \mu + 17.5$ MeV 反応．S. E. Jones, Nature 321, 8 May(1986) から引用．

媒 pd 核融合反応*25)を,また,図 2.10 に,実用化との関連で現在もっとも注目を浴びているミュー粒子触媒 dt 核融合反応の概念図を示した.例えば後者では,約 50% ずつの割合で重水素と三重水素を混合した標的液体に核反応でつくった μ^- 粒子を照射する.その結果できた $d\mu$, $t\mu$ 原子の衝突によって $dt\mu$ 分子がつくられ,やがて,核反応

$$d + t \to \alpha + n \tag{2.51}$$

が起こる.遮蔽効果を通してトンネル効果を促進する役割を演じた μ^- 粒子は,ある確率で反応で生成されたアルファ粒子に付着することによってミュー粒子原子をつくり触媒としての役割を終える.しかし,圧倒的に高い確率で,核反応によって解放されるエネルギーの一部を使って原子核を離れ,再び触媒としてのサイクルを繰り返す.ミュー粒子触媒核融合反応が実用化に適しているか否かは,1 個のミュー粒子 (平均寿命 2.2 μs) 当たりのサイクル数,$\alpha\mu$ などのミュー粒子原子をつくってサイクルから失われた μ 粒子が衝突によって再活性化される確率によっている.$pd\mu$ 反応に比べ $dt\mu$ 反応が有利なのは,ヴェスマン (Vesman) 機構と呼ばれる機構によって共鳴的に $dt\mu$ 分子がつくられること,および,付着率が小さいためである*26).

最後に,関連した研究として,物質内での核反応の研究が進められていることに言及しておこう.例えば,Pd や PdO などの金属標的に連続的に重陽子を照射し,物質内での $d + d \to t + p, {}^3He + n$ 反応の反応率が,自由空間での核反応率に比べ有意に変化するかを調べる研究である.

[話題 3] アルファ粒子模型およびクラスター構造

物理学において対称性は重要な役割を演じる.先に述べた結合エネルギーに現れる特徴 (2) は,核力が空間対称性のよい状態を志向する性質をもつことに起因している.歴史的には,この事実に注目して軽いアルファ核をアルファ粒子の集合体とみなし,基底状態や低い励起状態を,アルファ粒子の特別な空間的配位やアルファ粒子間の相対運動や全体としての回転運動で記述する模型が提唱された (アルファ粒子模型).この模型では,例えば,${}^{12}C$ の基底状態は 3 つのアルファ粒子の正三角形配位,${}^{16}O$ の基底状態は 4 つのアルファ粒子の正四面体配位と考える.現在,原子核の構造を記述する上での標準的模型は,第 0 近似としては,一中心の平均場の中を核子が独立に運動しているとする殻模型 (第 5 章参照) であるが,アルファ粒子模型は,それに対して,多中心の存在あるいは密度の局在化に注目した分子的描像 (分子構造模型) である.この考えは,その後,変分計算や最近では平均場理論

---

*25) アルバレズ (Alvarez) らは,1956 年に,重水素をまぜた液体水素中に静止するミュー粒子の軌跡をみつけた.物質中の飛距離は阻止能によってきまるが,軌跡の長さ 1.7 cm は,$p + d \to {}^3He$ 反応で解放される 5.4 MeV がミュー粒子に与えられたときの飛距離にぴったり一致するものであった.

*26) 詳細は,S. E. Jones, Nature 321, 8 May(1986) 参照.

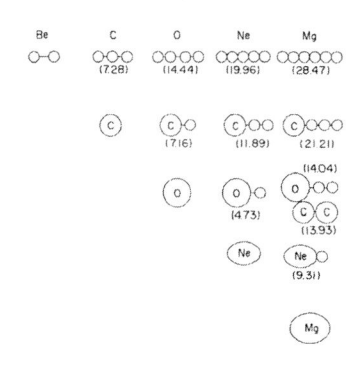

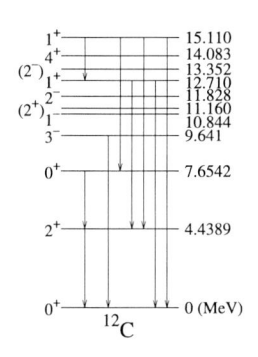

図 2.11 池田図：クラスター構造の敷居値.   図 2.12 ^{12}C の低いエネルギー状態[13].

や分子動力学計算を用いて**クラスター模型 (クラスター構造の研究)** として拡張され，その観点からの研究が精力的に行われている．分子的構造は，それぞれの分子的構造に対応する粒子崩壊の敷居値 (threshold energy) 近傍に現れることが期待され，一つの指標は，対応する構成原子核系への大きな崩壊幅をもつことである．図 2.11[*27]は，この考えにたって，軽い核における分子的構造の存在領域を予測したものである (**池田図 (Ikeda diagram) と呼ばれる**)[*28].

理解を深めるために，図 2.12 に ^{12}C の低エネルギー領域の準位構造を示した．アルファ崩壊への閾値 7.37 MeV の近傍にある励起エネルギー 7.65 MeV の第二 0^+ 状態 (0_2^+ と表記される) は，3 つのアルファ粒子からなるとする描像が良く成り立つ状態である[*29]．基底状態は，アルファ崩壊の敷居値から少し離れて束縛されているため，密度の局在度は減少するが，それでも，3 つのアルファクラスターが正三角形状に分布した状態とする描像は，ある程度成り立っている．対応する点群の対称性 D_{3h} から期待される 3^- 状態が低い励起エネルギー (9.64 MeV) に存在することはその実験的現れと考えることができる．変形に伴う回転運動的エネルギー準位 $0_{g.s.}$, 2_1^+ (4.43 MeV), 4_1^+ (14.1 MeV = 4.43 MeV × 3.2 〜 4.43 MeV × 3.3) の出現もこの描像の正しさを示唆するが，4^+ 状態までであれば，回転スペクトルは密度の局在化を仮定しない通常の殻模型でも説明できる (**エリオットの SU_3 模型**)．^{12}C の基底状態および基底回転帯をより正確に記述するには，スピン軌道力による空間対称性の破れを取り入れるためにアルファクラスター模型と殻模型を混合した

[*27] アルファ崩壊および数個のアルファ崩壊に対する敷居値，および ^{24}Mg の ^{12}C 崩壊の敷居値．文献 K. Ikeda, N. Takigawa and H. Horiuchi, Prog. Theor. Phys. Supplement Extra Number (1968) p.464 から引用．

[*28] クラスター構造の研究に関して，詳しくは，総合報告 Prog. Theor. Phys. Supplement 52(1972), 62(1977)；および，H. Horiuchi, K. Ikeda and K. Kato, Prog. Theor. Phys. Supplement 192(2012)1 参照．

[*29] 星の中での ^{12}C の誕生は，^{8}Be + α → ^{12}C(0_2^+), ^{12}C(0_2^+) → ^{12}C($0_{g.s.}^+$) と進む．その意味で，^{12}C の 0_2^+ 状態は重い元素の誕生に重要な役割を演ずる状態で，この状態の存在を予言した F. ホイル (Hoyle) にちなんで**ホイル状態**と呼ばれている．

ハイブリッド模型が成功を収めている[*30)*31)]．ちなみに，クラスター構造や，第7章で詳しく述べる原子核の変形は，一種のヤーン・テラー (Jahn-Teller) 効果[*32)]とみることができる．

[演習] 3つのアルファ粒子を正三角形状 (点群の D_{3h} 状態) に置いた配位を考える．この時，アルファ粒子がつくる面に垂直な角運動量の成分 (量子数 K と呼ばれる) は3の倍数になることを示せ．

[話題4] 星のたまねぎ構造と鉄の芯

質量 M が太陽質量 $M_\odot$ の12倍を越す ($M > 12M_\odot$) 重い星では，その中心に Fe と Ni からできた芯があり，表面に向かって徐々に原子番号が小さな元素が層状に分布している (たまねぎ構造)．図 2.13 は，超新星爆発を起こす前の重い星の内部構造を示したものである．芯の部分が Fe と Ni からできているのは，核子当たりの結合エネルギー B/A の特徴 (4) に述べたように，核子当たりの結合エネルギーが Fe の領域で最大になるためである[*33)*34)]．同じ理由で，原子番号や質量数の小さな原子核は核融合をすることによって Fe, Ni に向かう．一方，原子番号や質量数の大きな原子核は，分裂して Fe や Ni に向かう．

[話題5] 超新星爆発

超新星爆発には，炭素爆燃型超新星爆発と重力崩壊型超新星爆発の2つのタイプがあることが知られている[*35)]．このうち後者でかつ星の中心が鉄やニッケルの芯で

[*30)] N. Takigawa and A. Arima, Nucl. Phys. A168 (1971), p.593.

[*31)] ^{12}C の場合，スピン軌道相互作用によって，それを無視した場合に比べ変形度が減少し，励起状態 (集団励起：2_1^+ 状態) のエネルギーが増大する．力として LS-splitting が小さいパラメターセットを仮定すると，縮退度が高く，ヤーン・テラー効果で変形が志向される．一方，LS 力が強いパラメターセットを用いると $p_{3/2}$ 状態と $p_{1/2}$ 状態のエネルギーが大きく分離するので，縮退がなく，球形が示唆される．逆に，クラスター模型あるいはアルファ粒子の観点からすると，スピン・軌道力を無視し [44] 対称性だけだと変形 (クラスター化) が大きすぎ 2_1^+ が実験データに比べ低く出過ぎ，スピン・軌道力で空間対称性の低い状態を混ぜると実験データが再現できる．

[*32)] 原子が正多面体など高い対称性をもつ幾何学的配置をとる多原子分子において電子の状態が縮退している場合には，原子がもっと低い対称性の配置になって縮退がとれた方がエネルギー的に安定になることをヤーン・テラー効果という．同様な現象は，金属マイクロクラスターなどを含め様々な物理系に存在する．

[*33)] 「核子当たりの結合エネルギーが最大の原子核は $^{56}_{26}$Fe であるため，重い星の中心は主に $^{56}_{26}$Fe からできている．」という記述が文献の中でしばしばみられる．しかし，実際には，核子当たりの結合エネルギーが最も大きな原子核は，$^{62}_{28}$Ni である．にもかかわらず，芯の主成分が $^{56}_{26}$Fe なのは，星の中の核反応によって $^{62}_{28}$Ni に達するのは難しいが，$^{56}_{26}$Fe は，Si 燃焼反応の最後の生成核として容易に生成されるためであると考えられている．

[*34)] 中心部に Fe や Ni の芯ができるためには，中心部の温度が十分高くならなければならない．そのため，質量が余り大きくない星は，たまねぎ構造はしているが，中心には Fe より質量数の小さな原子核が存在する．例えば，$8M_\odot < M < 12M_\odot$ の星では，星の中心は O, Ne, Mg からなる．

[*35)] スペクトル中における水素線の有無によって，ないものを I 型，あるものを II 型とわけるやり方もある．

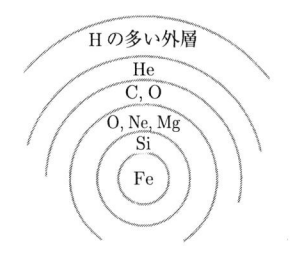

図 2.13 大質量星のたまねぎ構造.

できている重い星の場合, 芯の部分にある Fe が周りの電子を捕獲し (**電子捕獲反応**)

$${}_{26}^{56}\text{Fe} + e^- \rightarrow {}_{25}^{56}\text{Mn} + \nu_e, \tag{2.52}$$

電子の縮退圧が低下することによって重力崩壊が開始される. また, 中心部の温度が 5×10^9 K を超えると, Fe の光分解反応

$$ {}_{26}^{56}\text{Fe} + \gamma \rightarrow 13\,{}^4\text{He} + 4\text{n} - 125\,\text{MeV} \tag{2.53}$$

という吸熱反応が起こり, さらに高温では ^{4}He の光分解反応

$$ {}^4\text{He} + \gamma \rightarrow 2\text{n} + 2\text{p} - 28.3\,\text{MeV} \tag{2.54}$$

も起こる. 収縮によって増加するはずの内部エネルギーが, これらの吸熱反応に使われることによって圧力の増加につながらないため収縮をとめられなくなる. 星の重力崩壊が進行し, 核子が重なるほど密度が増すと, 核力のもつ強い斥力芯 (3.7 節参照) のために跳ね返され, 爆縮は爆発に転じ, ニュートリノや様々な粒子が空間にばらまかれる. これが超新星爆発のシナリオである. 超新星爆発は, 元素誕生の謎の解明に関連して, r 過程と呼ばれる急激な中性子捕獲反応による U など重元素生成の場所としても注目されている.

[演習] 高温の理想気体では, 熱運動による圧力は, 温度 T, 密度 ρ を用いて

$$P_T = \rho T \tag{2.55}$$

で与えられることを示せ (ヒント: 気体の運動量はボルツマン分布をしていると考えよ 6.2.5 項参照).

2.3.2 質量公式 (ワイツゼッカー・ベーテの質量公式): 液滴模型

結合エネルギーの大まかな振る舞いは, 主な物理効果を取り入れた単純な式

$$B = b_v A - b_s A^{2/3} - \frac{1}{2} b_{sym} \frac{(N-Z)^2}{A} - b_C \frac{Z^2}{A^{1/3}} + \delta(A) \tag{2.56}$$

で良く表現できる. (2.56) 式は, ワイツゼッカー・ベーテ (Weizsäcker-Bethe) の

質量公式と呼ばれる*36). 核半径が $A^{1/3}$ に比例することに対応して，右辺の第一項は**体積項**，第二項は**表面項**と呼ばれている*37). 結合エネルギーの主要な項が構成粒子数に比例した体積項であることは，原子核を孤立した束縛系として安定化させる核力が，次章で学ぶように短距離力だからである．表面項の存在は，原子核に対する液滴模型の描像から理解できよう．第三項は対称エネルギー項と呼ばれ，安定な原子核が核図表のほぼ対角線に沿って分布することの原因となる項であるが，その原因については後で幾分詳しく述べることにしよう．第四項はクーロンエネルギーの効果を表す．最後の項は，2.3.1 項で述べたように，結合エネルギーが原子番号 Z および中性子数 N の偶奇性によって系統的に変わることを表現する項で，核子間の対相関に起因する．この項については 5.8 節で詳述する．

質量公式中の係数は，再現を試みる実験データのとり方で多少違った値のセットが得られる．図 2.6 の実線は，N, Z > 7 で結合エネルギー B の実験誤差が 200 keV より小さい偶 - 偶核の結合エネルギーを用いて質量公式の係数 b_v, b_s, b_{sym}, b_C を最小二乗法 (least square fit) で決定したときの質量公式による計算値である*38). ただし，対相関を表す δ は $\delta = 12/\sqrt{A}$ MeV に固定した．点線は同様に fit を奇核に対して行ったものである．いずれの場合も各質量数 A に対して最も安定な同重体 (図に示した実験データ) についてパラメーターの決定 (fitting) を行った．質量公式が結合エネルギーの大局的な振る舞いをよく再現していることが分かる．得られた係数の値は表 2.5 に示した．

表 **2.5** 図 2.6 中の実線および点線に用いた質量公式中のパラメーターの値 (単位 MeV).

	b_v	b_s	b_{sym}	b_C	δ
実線	16.2	19.0	47.0	0.755	$12/\sqrt{A}$
点線	16.3	19.2	45.4	0.770	0

[余談] 安定核が核図表の対角線に沿って分布する理由
上で述べたように，対称エネルギーは安定な原子核が核図表の上でほぼ対角線に沿って分布することの原因である．その起源を理解するために，結合エネルギーに対する運動エネルギーの寄与を考えてみよう．トーマス・フェルミ近似を用いると，

---

*36) 最近では，不安定原子核の研究，超重元素の研究，r 過程 (r-process) などによる元素合成の研究などにも関連し，様々な改良された質量公式が考案されている[46]．それらの質量公式では，表面のぼやけの効果や，体積項や表面項に対する対称エネルギー補正などが考慮されている．
*37) 原子核の表面張力を $\sigma \equiv b_s A^{2/3}/4\pi (r_0 A^{1/3})^2$ とすると，$\sigma \sim 1 \mathrm{MeV/fm^2}$ である．
*38) S. Yusa, private communication.

$$E_{kin} = E_{kin}^{(n)} + E_{kin}^{(p)} = \frac{3}{5}\epsilon_F^{(n)}N + \frac{3}{5}\epsilon_F^{(p)}Z \approx \frac{3}{5}\epsilon_F A + \frac{1}{3}\epsilon_F \cdot \frac{(N-Z)^2}{A} \quad (2.57)$$

が得られる．(2.57) 式の右辺第二項を対称エネルギー項と比較して

$$b_{sym}^{(kin)} = \frac{2}{3}\epsilon_F \sim 25\text{MeV} \quad (2.58)$$

が得られる．表 2.5 に載せた対称エネルギー係数 b_{sym} の値と比較すると，この結果は，対称エネルギーの約半分がパウリ原理を通して運動エネルギーから生じることを示している（パウリ効果）．残りの約半分は，次章で学ぶように，アイソスピン一重項である np 間の力の方が，アイソスピン三重項である pp, np, nn 状態の力より強いことに起因する．

2.3.3　質量公式の応用 (1)：安定線，ハイゼンベルクの谷

質量公式は，未知の原子核の質量を予測したり，核分裂に対する安定性など原子核の安定性に関するおおまかな特徴を議論する上で極めて有効である．この項および次項 2.3.4 では，そのいくつかの例をみてみることにしよう．

a. 安定線の式

核図表の上で，小さい原子番号の領域では，安定な原子核は対角線上またはその近傍に並ぶ．これは，質量公式中の対称エネルギー項の影響による．しかし，原子番号が大きくなるとクーロンエネルギーの寄与が無視できなくなり，対角線から徐々にずれ，U など原子番号の大きな領域では，安定核中の中性子の数は陽子数の約 1.6 倍になる ($N \sim 1.6Z$)．この傾向は質量公式から導くことができる．質量数が A のときの最も安定な原子番号を $Z_{\beta s}(A)$ とすると，$Z = Z_{\beta s}(A)$ で $(\frac{\partial}{\partial Z}B(A,Z))_{A=const} = 0$ である．したがって，質量公式から

$$Z_{\beta s}(A) = \frac{\frac{1}{2}A}{1 + \frac{1}{2}\frac{b_C}{b_{sym}}A^{2/3}} \approx \frac{\frac{1}{2}A}{1 + 0.00803A^{2/3}} \quad (2.59)$$

が得られる．第三項への移行に当たっては表 2.5 の値を用いた．$N = 1.6Z$ とした時の Z の値を $\tilde{Z}$ とすると，例えば，$A = 150$ では $Z_{\beta s} = 61, \tilde{Z} = 58$，$A = 208$ では $Z_{\beta s} = 81, \tilde{Z} = 80$ で，$Z_{\beta s}$ と $\tilde{Z}$ の値は比較的近い．実際，${}^{150}_{62}\text{Sm}, {}^{208}_{82}\text{Pb}$ は安定な原子核である[*39]．このように，重い原子核では，陽子数と中性子数の比はクーロン力と対称エネルギーの兼ね合いで決まる．

b. ハイゼンベルクの谷

図 2.14 は，原子核の質量 M を中性子数 N および陽子数 Z の関数として 3 次

[*39] ${}^{150}_{58}\text{Ce}, {}^{208}_{80}\text{Hg}$ は不安定核である．$N \sim 1.6Z$ は，あくまで質量数が大きい領域での目安として用い，正確には (2.59) 式を使うのが無難である．

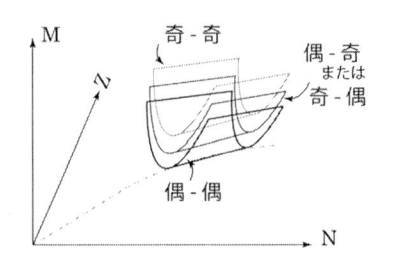

図 2.14 質量の Z, N 依存性：ハイゼンベルクの谷．

元表示したときの特徴を概念的に図示したものである．質量公式中の対相関項 δ の存在を反映して，偶 - 偶核，偶 - 奇あるいは奇 - 偶核，奇 - 奇核に対応する 3 つの質量面がある．切り口は，質量数が等しい原子核を並べたもので，対称エネルギーのため，エネルギー面は，ほぼ 2 次関数になる．この事情を，図 2.15 (質量数 A が奇数の場合)，図 2.16 (質量数 A が偶数の場合) に改めて示した．図が示すように，各質量数についてベータ崩壊あるいは電子捕獲に対して安定な原子核は，A が奇数の場合は 1 個，A が偶数の場合は 1～3 個存在する．

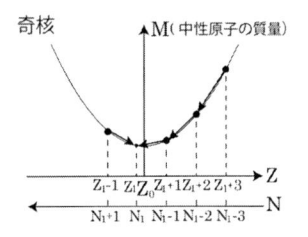

図 2.15 質量の Z, N 依存性：奇核の場合． 図 2.16 質量の Z, N 依存性：偶核の場合．

質量数 A を変化させたときのこれらの安定な原子核の分布は，図 2.14 において，ある種の谷を形成し，ハイゼンベルクの谷と呼ばれている．NZ 面上への射影は，ほぼ (2.59) 式に沿って現れる．核融合反応による Fe に至る軽元素の合成や，s 過程 (slow-process) と呼ばれるゆっくりした中性子捕獲反応による Bi までの重い元素の合成は，ハイゼンベルクの谷に沿って進む．

ちなみに，β^- 崩壊，β^+ 崩壊，電子捕獲反応が起こる条件は，原子番号 Z，質量数 A の中性原子の質量を $M(A, Z)$，電子の質量を m_e，電子捕獲反応で捕獲される電子の捕獲前の原子中での結合エネルギーを Δ_e とすると，それぞれ，次の式で与えられる．ただし，原子の変化に伴う電子の結合エネルギーの変化は無視した．

2.3 質量　　　　　　　　　　　　　　41

$$M(A,Z) > M(A, Z+1) \qquad (\beta^-崩壊) \qquad (2.60)$$

$$M(A,Z) > M(A, Z-1) + 2m_e \qquad (\beta^+崩壊) \qquad (2.61)$$

$$M(A,Z) > M(A, Z-1) + \Delta_e/c^2 \qquad (電子捕獲反応) \qquad (2.62)$$

[課題]　条件式 (2.60)〜(2.62) を証明せよ.

2.3.4　質量公式の応用 (2)：核分裂に対する安定性

核分裂 (fission または nuclear fission) は，ウランやトリウム，プルトニウムなど原子番号の大きな原子核が，質量数があまり違わない 2 つの原子核 (核分裂片) に分裂する現象である (2.17 図参照)[*40]．核分裂は 1938 年にハーン (Hahn) とシュトラスマン (Strassmann) によって発見された[*41)*42]．核分裂の発見が報告されたあと，いち早くその理論的解釈を与えたのはボーア (Bohr) とホイーラー (Wheeler) の論文である．以下の議論は，その要点をまとめる形で記述す

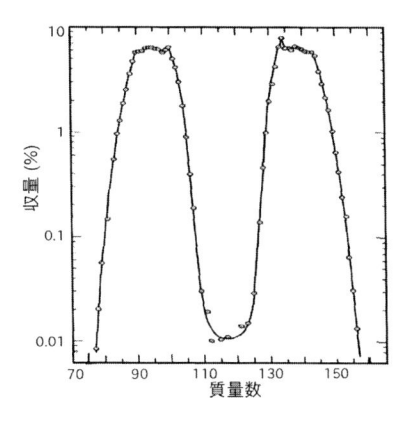

図 2.17　$^{235}_{92}$U の熱中性子による誘起核分裂における核分裂片の質量数分布．文献[30] から引用．原典：K. F. Flynn and L. E. Glendenin, ANL-7749(1970).

[*40)] 自発核分裂や入射エネルギーが小さい (したがって励起エネルギーが低い) 誘起核分裂では，第 5 章で学ぶ殻効果を反映して，図 2.17 に示すように非対称核分裂が起こる．また，自発核分裂や熱中性子で誘起された核分裂では，同時に，2〜3 個から数個の中性子が放出される．例えば，^{235}U および $^{239}_{94}$Pu の熱中性子誘起核分裂で放出される中性子数の平均値はそれぞれ 2.4 個および 2.9 個である[30]．

[*41)] 中性子照射によるウラン (原子番号 92) の崩壊を調べていた Hahn と Strassmann は，それまで $_{88}$Ra, $_{89}$Ac, $_{90}$Th と考えていた分裂片が $_{56}$Ba, $_{57}$La, $_{58}$Ce であると再認識することによって核分裂を発見した．Lise Meitner も Hahn の共同研究者として一連の研究に大きく寄与した．

[*42)] O. Hahn and F. Strassmann, Naturwiss.27(1939)11.

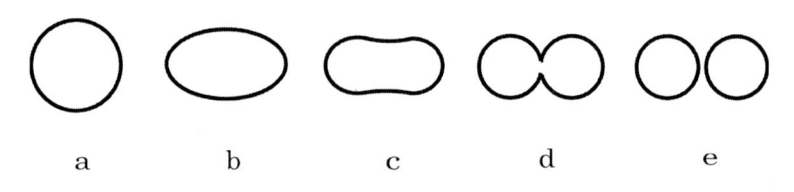

図 2.18 核分裂 (対称核分裂) の概念図.

る[43)][44)].

図 2.18 は液滴に見立てた原子核が 2 つの等しい核分裂片に分裂する様子を概念的に図示したものである (対称核分裂)[45)]. 図で d の配位を scission point (切断点あるいは分裂点) という.

a. 自発対称核分裂の Q 値

まず, 質量数の大きな原子核が 2 つの等しい原子核 (核分裂片) に分裂するとして自発核分裂の Q 値[46)]を求めてみよう. 質量公式から,

$$Q \equiv 2B\left(\frac{A}{2}, \frac{Z}{2}\right) - B(A, Z) \tag{2.63}$$

$$= A^{2/3} b_C (1 - 2^{-2/3}) \left\{ \frac{Z^2}{A} - \frac{b_s}{b_C} \frac{(2^{1/3} - 1)}{(1 - 2^{-2/3})} \right\} \tag{2.64}$$

$$\approx A^{2/3} b_C (1 - 2^{-2/3}) \left(\frac{Z^2}{A} - 17.7 \right) \tag{2.65}$$

が得られる. したがって, もし $Z^2/A > 17.7$ であれば ($A \sim 2Z$ とすると $Z > 35$ であれば), 原子核はそのまま放置しておいてもやがて核分裂を起こすことになる (これを**自発核分裂** (spontaneous fission)[47)]という). 例えば, $^{236}_{92}\text{U} \rightarrow 2 \times ^{118}_{46}\text{Pd}$ という核分裂を想定すると, Q 値は約 $182\,\text{MeV}$ である[48)].

[43)] N. Bohr and J. A. Wheeler, "The Mechanism of Nuclear Fission", Phys. Rev. 56(1939) p.426.

[44)] 核分裂に関する基本的データや基礎的理論は文献30)に詳しい.

[45)] 第 7 章で述べるように, U が属するアクチノイドなど自発核分裂する代表的な原子核は, 第 5 章で述べる殻効果 (量子効果) のため, 基底状態でも変形しており, 長軸が短軸より 30% ほど長い. また, 図 2.17 に示したように自発核分裂の多くは 2 つの分裂片の質量が有意に異なる非対称核分裂である. 本書では, 液滴模型に基づくボーア・ホイーラーの初期の描像を踏襲し, 核分裂をする前の基底状態 (準安定状態) は球形であると仮定して議論を進めることにする. ちなみに, 殻効果が発見され殻模型が確立するのはずっと後年である.

[46)] 核反応や原子・分子反応における反応熱を Q 値という. 発熱反応の場合は正, 吸熱反応の場合は負の値となる. 核分裂では, 核分裂によって解放されるエネルギーに対応する.

[47)] 光や中性子など粒子を照射すれば核分裂は促進される. そのような核分裂を自発核分裂に対して**誘起核分裂** (induced fission) といい, $(\gamma, f), (n, f)$ などと表す.

[48)] 約 $200\,\text{MeV}$ が U などアクチナイドが核分裂を起こすときの Q 値の目安である.

Q 値が正であることは,原子核が瞬時に崩壊することを必ずしも意味しない.図 2.19 に核分裂を支配するポテンシャル障壁の概念図を示した.核分裂の座標をどのようにとるかはそれ自体重要な問題であるが,ここでは,図 2.18 に示した核分裂の概念図に対応して,核分裂の座標を原子核の変形度にとった.核分裂を起こすためには,このポテンシャル障壁を量子トンネル効果で越えなければならない[*49].そのため,自発核分裂の寿命は極めて長く,例えば ^{238}U の場合半減期は $T_{1/2}^{sf} \sim 10^{17}$ 年である.一方,重い原子核はアルファ粒子を放出することによっても崩壊する.8.1 節で述べるように,アルファ崩壊も量子トンネル効果によって起こる.その際,図 2.19 に対応するポテンシャル障壁の横軸は,アルファ粒子と崩壊後残される原子核 (娘核と呼ばれる) の間の相対座標である[*50].^{238}U の場合,アルファ崩壊の半減期は $T_{1/2}^{\alpha} \sim 10^9$ 年である.トンネル効果の確率に対する半古典論 (WKB) の式 (8.6), (8.7) または,それを改良した一様近似の式 (2.77) で明らかなように,トンネル効果の確率は,崩壊する粒子あるいは自由度の質量 μ が大きくなれば指数関数的に急激に減少する.μ は,アルファ崩壊の場合は大体アルファ粒子の質量 (約 $4M_N$) に等しく,核分裂の場合は 2 つの核分裂片の換算質量が一つの目安を与える.明らかに後者の方が大きい.また,単純に考えれば,ポテンシャル障壁の高さは分裂片の荷電数の積に比例するので,核分裂の方が超えなければならないポテンシャル障壁が高くなることが予想される.核分裂の半減期がアルファ崩壊の半減期に比べ圧倒的に長いのはそのためである.その

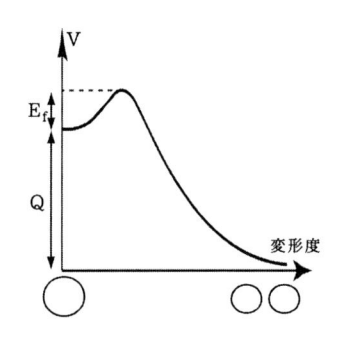

図 2.19 ポテンシャルエネルギー概念図 (液滴模型).

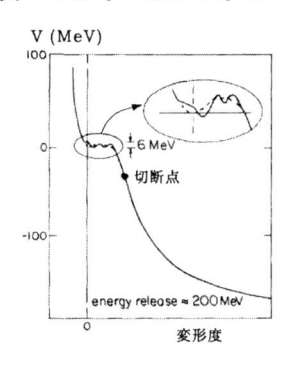

図 2.20 液滴模型+殻効果[30].

[*49] 実際には,核分裂は複数の座標をもつ多次元空間の量子トンネル効果である.
[*50] アルファ崩壊の場合に,トンネル効果で越すポテンシャル障壁は,アルファ粒子と娘核の半径の和より外側に位置する.つまり,アルファ崩壊を一種の核分裂とみなすと,ポテンシャル障壁は分裂点より外側に現れる.その為,アルファ崩壊に対する座標は相対座標にとることができる.

結果，重い原子核の崩壊は，主としてアルファ崩壊によって起こることになる．

図 2.20 には，J. R. ニックス (Nix) によるポテンシャル面の概念図を示した．実線は殻補正 (後述) を加えた場合，点線は殻効果を考慮しない場合のポテンシャル面である．殻効果によってポテンシャル障壁にへこみが生じることが注目される．

b.　自発対称核分裂に対するポテンシャル障壁および核分裂性パラメター

(1)　核分裂の座標：変形パラメター　　次に，図 2.19 に概念的に示した核分裂に対するポテンシャル面が，原子番号や質量数にどのように依存するかを考察してみよう．U の同位体 $^{235,238}_{92}$U が有限ではあるが長い寿命をもって自然界に存在するので，少なくとも，$Z=92$ までは，核分裂に対するポテンシャルは図 2.19 に示したようなポテンシャル障壁をもつ振る舞いをすることが期待される．一方，Z が極端に大きな原子核は存在しないので，原子番号が十分大きくなればポテンシャル障壁はやがてなくなることが予想される．境目となる原子番号はどのあたりであろうか．

さきにも触れたように，核分裂を記述する座標 (または，パラメター) のとり方は自明ではない．核分裂が進行し分裂点を越せば，2 つの核分裂片の重心間の距離をとるのが自然である．しかし，核分裂の初期の段階を記述するためには，以下で導入される変形パラメターをとる方がより自然である．

核分裂を原子核が軸対称性を保ちながら変形度が成長する過程と考えてみよう．軸対称変形した原子核の半径 $R(\theta)$ は，完全系をなすルジャンドル関数 $P_\ell(\cos\theta)$ を用いて

$$R(\theta) = R_0 \left\{ 1 + \alpha_0 + \sum_{\lambda=2,4,\ldots} \alpha_\lambda P_\lambda(\cos\theta) \right\} \quad (2.66)$$

のように展開できる．α_λ は変形パラメターと呼ばれる．そのうち，α_2, α_4 を，それぞれ，四重極変形パラメター，十六重極変形パラメターという[*51]．α_0 は原子核を非圧縮性の流体 (液滴) と考え体積保存の条件から $\alpha_{\lambda\neq 0}$ の関数として決まる．変形パラメターの意味を理解するために，(2.66) 式の展開を $\lambda=2$ の項で打ち切ってみよう．$\theta=0$ および $\theta=\pi/2$ のときの半径をそれぞれ a, b とすると，$P_2(\cos\theta) = \frac{1}{2}(3\cos^2\theta - 1)$ に注目して，$a \equiv R(0) = R_0(1+\alpha_2)$, $b \equiv R(\frac{\pi}{2}) = R_0(1-\frac{1}{2}\alpha_2) \sim R_0/\sqrt{1+\alpha_2}$ が得られる．α_2 が正 (負) であれば，対称軸方向に伸びた (縮んだ) 形が得られ，α_2 の大きさが変形の度合いを示すことが分かる．ま

[*51]　$\lambda=1$ は，原子核全体の並進運動に対応するので考えない．また，本節の α_λ は，第 7 章で導入する変形パラメター $\alpha_{\lambda\mu}$ との間に，$\alpha_\lambda = \sqrt{\frac{2\lambda+1}{4\pi}}\alpha_{20}$ の関係にある．

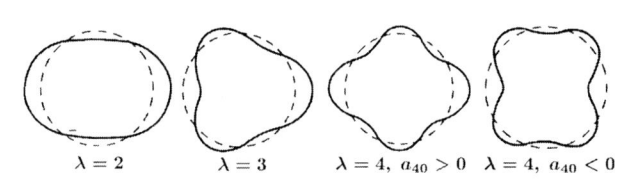

図 2.21 四重極変形，八重極変形および十六重極変形の概念図．

た，a, b の表現が示すように，変形が小さい場合には，変形しても体積が保存され，原子核が非圧縮性の流体としての特性をもつことに対応している．(2.66) 式では，対称核分裂を想定して対称軸を二分する面に対する反転対称性も仮定し，八重極変形 ($\lambda = 3$) など奇数次の変形パラメターは 0 とした．図 2.21 に $\lambda = 2, 3, 4$ に対応する原子核の形を示した．

[演習] ルジャンドル多項式 $P_4(z)$ の具体的関数形，$P_4(z) = \frac{1}{8}(35z^4 - 30z^2 + 3)$ を用いて，十六重極変形があるときの原子核の形と $\alpha_4 = \sqrt{9/4\pi}\alpha_{40}$ の符号が図 2.21 に示す関係になることを確認せよ．

(2) 核分裂に対する安定性：核分裂性パラメター 原子核が変形する際変化するのは，表面エネルギー E_s とクーロンエネルギー E_C である．したがって，核分裂に対するポテンシャル障壁を計算するためには，それらが変形パラメターにどのように依存するかを調べる必要がある．質量公式から次式が得られる：

$$E_s = b_s A^{2/3} \left\{ 1 + \frac{2}{5}\alpha_2^2 + \frac{5}{7}\alpha_3^2 + \frac{(n-1)(n+2)}{2(2n+1)}\alpha_n^2 + \ldots \right\}, \quad (2.67)$$

$$E_C = b_C \frac{Z^2}{A^{1/3}} \left\{ 1 - \frac{1}{5}\alpha_2^2 - \frac{10}{49}\alpha_3^2 - \frac{5(n-1)}{(2n+1)^2}\alpha_n^2 - \ldots \right\}. \quad (2.68)$$

四重極変形の枠内で考え，変形パラメターの 2 次の項で近似すると，変形によるエネルギーの変化は

$$\Delta E = \frac{1}{5} b_C \alpha_2^2 A^{2/3} \left(\frac{Z^2}{A}\right)_{cr} (1 - \chi), \quad (2.69)$$

$$\left(\frac{Z^2}{A}\right)_{cr} = 2 \times \frac{b_s}{b_C} \sim 50.3, \quad (2.70)$$

$$\chi \equiv \frac{\left(\frac{Z^2}{A}\right)}{\left(\frac{Z^2}{A}\right)_{cr}} \quad (2.71)$$

で与えられる．

$\chi < 1$ の原子核では，ポテンシャル障壁が生じ，原子核は対称核分裂に対して準安定であることが分かる．一方，$\chi > 1$ となる原子番号の大きな原子核にはポ

テンシャル障壁は存在せず原子核は瞬時にして核分裂することになる[*52]．χ は核分裂性 (fissility) パラメターと呼ばれる．

(3) 核分裂障壁の高さ　実際の自発核分裂は，様々な変形パラメターあるいは適当にとった座標で規定される多次元空間の量子トンネル効果といえる．図 2.22 はボーア・ホイーラーの論文から引用した図で，核分裂過程を概念的に示したものである．左側の図に描かれた曲線は等ポテンシャル面を表す．単純化して考えれば，球形の準安定状態が，鞍点 (saddle point) を通る軌道に沿って崩壊すると考える．自発核分裂を起こす準安定状態が存在するポテンシャルの極小値から測った鞍点の高さを核分裂障壁の高さと定義し，E_f と表すことにしよう．E_f の値は，核分裂性パラメター χ の値が小さいか 1 に近い場合には，χ の関数として近似的に書き下すことができる．その際重要な注目点は，χ の値が 1 から小さくなるにつれて，鞍点の位置が変形があまり進まない図 2.18 の a に近い配位から分裂点 d に近い配位に移行することである．単純化して，$\chi=0$ のときは分裂点が鞍点に一致すると仮定すれば，E_f は

$$E_f = 2b_s(A/2)^{2/3} - b_s A^{2/3} + 2b_C(Z/2)^2/(A/2)^{1/3} \\ + \frac{5}{3}b_C(Z/2)^2/2(A/2)^{1/3} - b_C Z^2/A^{1/3} \tag{2.72}$$

のように評価することができる．したがって，表面エネルギーに対する比をとって，

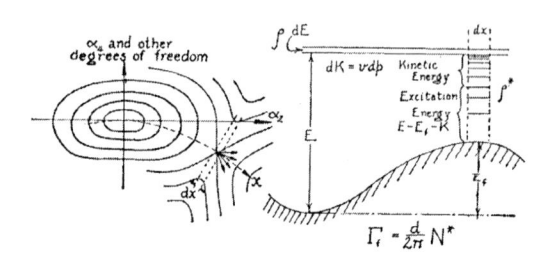

図 2.22　核分裂に対する多次元ポテンシャル面とポテンシャル障壁の概念図．N. Bohr-J. A. Wheeler 前掲論文から引用．

[*52] $N \sim 1.6Z$ を用いると，臨界となる原子核は $(A_{cr}, Z_{cr}) \sim (340, 131)$ であるが，ここで仮定した四重極変形に限らないより正確な評価では，液滴模型によるポテンシャル障壁は原子番号が臨界値 $Z_{cr} \sim 100$ を越すとほぼ消滅する (F. Ivanyuk and K. Pomorski, Phys. Rev. C79(2009)054327; International Journal of Modern Physics E19(2010)514)．

$$E_f/E_s \equiv f(\chi)$$
$$= (2^{1/3} - 1) + \left(2^{1/3} + \frac{5}{3}\frac{1}{2 \cdot 2^{2/3}} - 2\right)\chi$$
$$\approx 0.260 - 0.215\chi \qquad (2.73)$$

となる．一方，χ が 1 に近い場合は，小さな変形領域に鞍点が現れるので，変形パラメターの展開でエネルギー面を表すことが意味をもつ．鞍点の位置と高さを求めるには，もちろん，2 次を越す項まで含めなければならない．そこで，α_2 について 4 次まで，α_4 に関して 2 次まで考慮すると，

$$\Delta E_{s+C} = b_s A^{2/3}\left[\frac{2}{5}\alpha_2^2 + \frac{116}{105}\alpha_2^3 + \frac{101}{35}\alpha_2^4 + \frac{2}{35}\alpha_2^2\alpha_4 + \alpha_4^2\right]$$
$$- b_C \frac{Z^2}{A^{1/3}}\left[\frac{1}{5}\alpha_2^2 + \frac{64}{105}\alpha_2^3 + \frac{58}{35}\alpha_2^4 + \frac{8}{35}\alpha_2^2\alpha_4 + \frac{5}{27}\alpha_4^2\right] \qquad (2.74)$$

となる．α_2 と α_4 の結合項があるので，α_2 が与えられたときの α_4 を変分で決めると

$$\alpha_4 = -\frac{243}{595}\alpha_2^2 \qquad (2.75)$$

となる．結局，χ が 1 に近い場合の核分裂に対するポテンシャル障壁の高さは，表面エネルギーを単位として

$$E_f/E_s \equiv f(\chi) = \frac{98}{135}(1-\chi)^3 - \frac{11368}{34425}(1-\chi)^4 + \ldots \qquad (2.76)$$

で与えられる．ちなみに，図 2.21 を参考にすると，(2.75) 式は，鞍点の形が四重極変形のみがある場合に比べ，腹の部分がへこんでいる形をしていることを表し，もっともらしい．

図 2.23 はボーア・ホイーラーの論文から引用した $f(\chi)$ のグラフである．(2.73) 式と (2.76) 式を内挿する線が $f(\chi)$ として示されている．$f^*(\chi)$ は (2.73) 式で与えられる $f(\chi)$ である．図の斜線をつけた領域では表面エネルギーは余り変わらないので，その大きさを 530 MeV としたときの E_f の予測値が右端の挿入図に示されている[*53]．

E_f の値を実験的に決めるには，軽い原子核や光を照射することで誘起される核分裂反応，(n, f)(t, pf)(t, df)(d, pf)(γ, f) など，の励起関数[*54]を調べればよい．その一例として ^{238}U の光誘起核分裂反応の励起関数を図 2.24 に示した．こ

[*53] ボーアとホイーラーは ^{239}U の E_f がほぼ 6 MeV であることから $(Z^2/A)_{cr}$ の大きさを 47.8 と評価し，他の原子核の E_f を予測した．
[*54] 散乱の断面積を衝突エネルギーの関数として表したものを励起関数という．

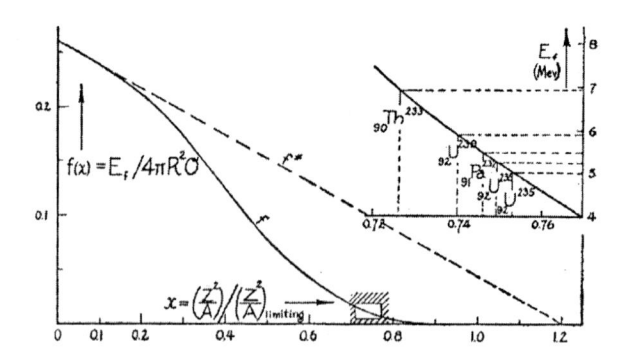

図 2.23 核分裂障壁の高さの核分裂性パラメター依存性．高さは表面エネルギーとの比で表した．N. Bohr-J. A. Wheeler 前掲論文から引用．

れらの実験で，E_f は，核分裂の断面積が高エネルギー側での漸近的な値の 1/2 になる入射エネルギーから評価する．その理由は，核分裂に対するポテンシャル障壁が 2 次関数であるか 2 次関数で良く近似できる (射影できる) 場合は，トンネル効果の確率が WKB 理論を拡張した一様近似 (uniform approximation)[56,57] を用いて

$$P_{UA} = \frac{1}{1 + \exp\{2\int_{r_<}^{r_>}(2\mu(V(r)-E))^{1/2}dr/\hbar\}} \quad (2.77)$$

と表され ($r_<, r_>$ はポテンシャル障壁の両側における古典的転回点[*55]：$V(r_<) = V(r_>) = E$，μ は換算質量)，崩壊のエネルギー E がポテンシャル障壁の高さに一致したときに，トンネル効果の確率が 1/2 になるからである．

図 2.25 にいくつかの原子核における E_f の実験値 (MeV 単位) を表面エネルギーとの比で示した (ただし，表面エネルギーは $\mathcal{E}_{surf} = 17A^{2/3}$ MeV と仮定した)．図には，数値計算を行うことによって 0 と 1 近傍以外の χ の値に対しても信頼できるようにした液滴模型の予測値も示してある．また，表 2.6 に E_f の実験値を，ボーア・ホイーラーの予測値 $E_f(BW)$ および複合核における中性子の結合エネルギー B_n とともに示した．

次項 2.3.5 で述べる原子炉との関係で重要なことは，$E_f - B_n$ の符号である．符号が負であれば，入射中性子のエネルギーが 0 でも核分裂が容易に誘起される．一方，正であれば，核分裂を大きな確率で誘起するためには，それだけのエネルギー

[*55) 古典力学では，粒子の全力学的エネルギーが位置エネルギーと一致する点で粒子は跳ね返され向きを変えるので，そのような場所を**古典的転回点** (classical turning point) または単に転回点と呼ぶ．

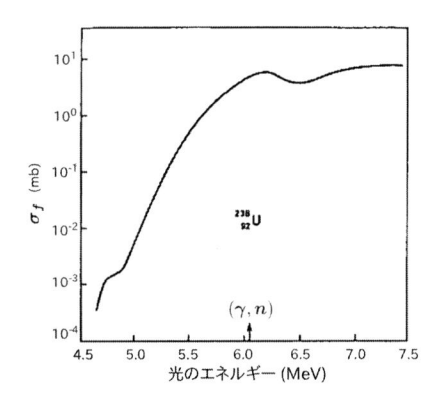

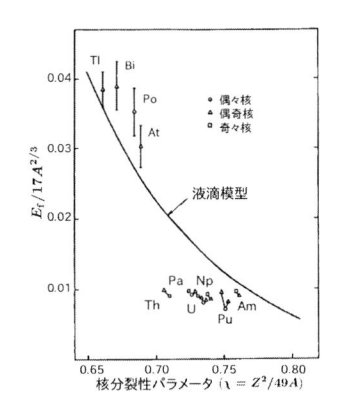

図 2.24 ^{238}U の光誘起核分裂の励起関数[10]. 図 2.25 核分裂障壁の核分裂性パラメーター依存性[10].

表 2.6 核分裂の閾値 E_f および中性子の結合エネルギー B_n (単位 MeV). 前者は文献[30] から引用. 後者は文献[44] による.

原子核（複合核）	$E_f(exp.)$	$B_n(exp.)$	$E_f - B_n$	$E_f(BW)$
$^{233}_{90}$Th	6.4	4.8	1.6	6.9
$^{232}_{91}$Pa	6.3	5.6	0.7	5.5
$^{235}_{92}$U	5.8	5.3	0.5	5.0
$^{236}_{92}$U	5.9	6.5	−0.6	5.25
$^{239}_{92}$U	6.2	4.8	1.4	5.95
$^{240}_{94}$Pu	5.9	6.5	−0.6	

を供給する必要がある．後述するように，^{235}U ではエネルギーが極めて小さな熱中性子で核分裂が誘起されるのに，^{238}U の核分裂を誘起するためには MeV 領域の中性子を照射する必要があるのはそのためである．さかのぼって，両者の違いは，対応する複合核である ^{236}U と ^{239}U の中性子結合エネルギーの差に起因する．質量公式に現れた対相関のため，前者の B_n は δ 補正項をはずして単純な液滴模型で評価した値に比べ Δ だけ大きくなる．一方，後者では Δ だけ小さくなる．実際，両者の差 $B_n(^{236}\text{U}) - B_n(^{239}\text{U}) = 1.7\,\text{MeV}$ は，$2\Delta \approx 2 \times 12/\sqrt{238} \sim 1.6\,\text{MeV}$ に近い値である[*56].

(4) 自発核分裂の寿命　図 2.26 は，いくつかのアクチナイド核 (U, Pu, Cm, Cf, Fm) の核分裂の半減期を，核分裂性パラメーター χ の関数として記したものである (●は偶 - 偶核，○は偶 - 奇核．質量公式中の表面項に対称エネルギーの補

[*56)] もし核子の間に対相関が存在しなかったら，原子炉は現在のものと変わっていた．

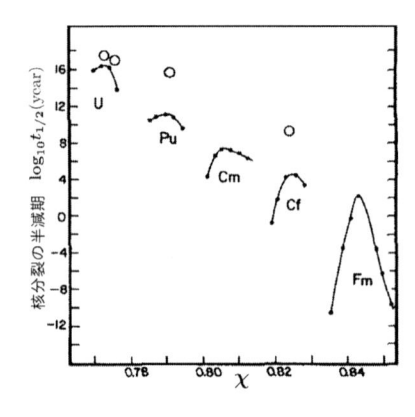

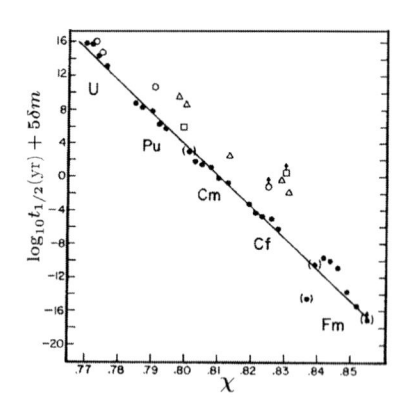

図 2.26 自発核分裂の半減期[30]．　　図 2.27 自発核分裂の半減期．質量補正後[30]．

正を加えているので，横軸は正確には，本書で定義した χ とは少し異なる)．半対数表示したときに，実験データは大局的にはほぼ直線上に並ぶことに注目しよう．詳細な構造は，質量が殻効果によって液滴模型の予測値からずれる効果である．事実，滑らかな液滴模型の値からの質量のずれの大きさを δm (単位 MeV) とすると，$\log_{10} t_{1/2}(yr) + 5\delta m$ は χ の関数としてきれいに直線上に並ぶ[*57](図 2.27)．

図 2.26 および図 2.27 に示した傾向は，トンネル効果の観点から以下のように理解できる．核分裂を記述するポテンシャルの準安定状態近傍の曲率を $\omega_0 \equiv \sqrt{\frac{\partial^2 V/\partial r^2}{\mu_f}}$ とする (r は適当に取った座標，μ_f は対応する質量パラメター)．また，障壁近傍のポテンシャルを曲率 Ω_{fb} の2次関数で近似する．さらに，核分裂が障壁の高さより十分低いエネルギーで起こるとして，トンネル効果の確率を一様近似の式 (2.77) の分母の 1 を無視して通常の WKB の式で置き換える．その結果，核分裂の崩壊幅に対して

$$\Gamma_f = 5 \times \frac{\hbar\omega_0}{2\pi} P \tag{2.78}$$

$$\sim 5 \times \frac{\hbar\omega_0}{2\pi} e^{-\frac{2\pi}{\hbar\Omega_{fb}}(E_f - E)} \tag{2.79}$$

が得られる．(2.78) 式では，ボーア・ホイーラーに従って，崩壊を誘起する四重極振動の縮退度を表す統計因子 5 を導入した．E_f は (2.76) 式で与えられるが，図 2.26 および図 2.27 は χ の狭い領域を対象としているので，良い精度で $E_f = a - b\chi$ と線形近似できるであろう．結局，A, B を定数として

[*57)] W. J. Swiatecki, Phys. Rev.100(1955)937.

$$\log_{10} t_{1/2} \sim A - B \cdot \frac{2\pi}{\hbar\Omega_{fb}}\chi \tag{2.80}$$

が得られ，核分裂の半減期と核分裂性パラメターの間に，半対数表示で線形の関係が成り立つことが説明できる．

[演習] 図 2.26 または図 2.27 から，アクチナイドに対する核分裂障壁の曲率 $\hbar\Omega_{fb}$ の大体の大きさを評価せよ．[*58]

2.3.5 原子力発電への応用

現在の原子力発電は，核分裂によって解放されるエネルギー (核エネルギー) を利用している．ここでは，原子炉の原理やいくつかのキーワード (重要事項) について述べておこう．

a. 原子炉中での核反応，原子炉の原理，連鎖反応，減速材，吸収材

図 2.28 は，中性子が U の塊に入射したときの核反応の様子を示したものである．$^{235}_{92}$U は，原子番号および質量数が U のそれらの値の約半分に当たる大きな原子核 2 個 (図 2.17 参照) と，平均 2 ないし 3 個の中性子に崩壊する．

図 2.28 に示した現象は次のように理解することができる．核分裂の Q 値のところで述べたように，1 回の核分裂当たり約 200 MeV の核エネルギーが解放される．その大部分は，核分裂片の運動エネルギーとして使われるが，一部は核分裂片の励起エネルギーとなる．大まかにいえば核子の平均的な結合エネルギー 8 MeV

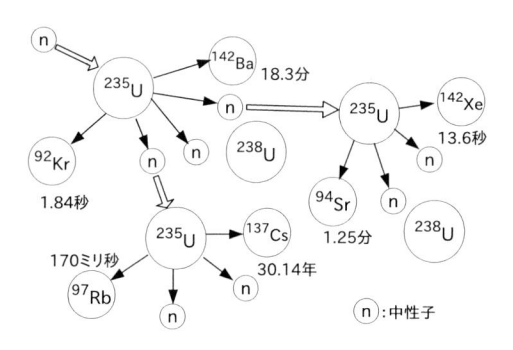

図 **2.28** 原子炉中での核反応 (連鎖反応) の模式図．

[*58] 核分裂の幅を理論的に計算するときには，ポテンシャル面と有効質量 μ_f の情報が必要である．現在，ポテンシャル面は，7.6.1 項で述べる巨視的・微視的方法 (macroscopic-microscopic 理論：液滴模型に殻補正を加える理論) などを用いて比較的信頼性の高い精度で求まっている．一方，質量パラメターを信頼性高く評価することは難しい．この演習の結果を用いれば，有効質量に対して重要な現象論的情報が得られると期待される．

に相当する励起エネルギーがあれば中性子を1個放出して核分裂片は励起エネルギーを失う．その結果できた原子核は，通常中性子過剰原子核なのでベータ崩壊を繰り返してさらにエネルギーを失っていく．ベータ崩壊は選択側に従いながら進行するので[1)]，崩壊の結果できた娘核が基底状態にあるとは限らず，中性子放出の閾値の上のことがある．その場合，その状態は，中性子を放出して崩壊する．ベータ崩壊は，通常秒から分の時間スケールで起こるので，このようにベータ崩壊の後放出される中性子は核分裂後ただちに放出される中性子より遅れて放出される．そのためそれらの中性子を**遅発中性子** (delayed neutron) という．それに対して，核分裂後直ちに放出される中性子を**即発中性子** (prompt neutron) という．結局，Uの崩壊によって，大きな核分裂片2個と2, 3個の中性子が放出されることになる[*59)]．図 2.17 に示したように様々な崩壊過程が存在するので放出される中性子数に揺らぎはあるが，以前に述べたように，^{235}U+熱中性子反応では平均 2.47 個である．

放出された中性子は周りの ^{235}U に吸収され次々に核分裂を引き起こし，**連鎖反応が起こる**[*60)]．放出される中性子を制御棒と呼ばれる吸収材を用いて適当に間引き，空間に存在する熱中性子の量を一定にして，安定的に連鎖反応を持続することによって核エネルギーを利用するのが原子炉の原理である．この時，連鎖反応を持続させるためには，ウラン燃料の量に最低の条件が必要であり，**臨界量**といわれる．

b．中性子吸収断面積と濃縮ウラン，減速材

中性子照射によるUの誘起核分裂の断面積は，同位体の種類および中性子のエネルギーに強く依存する．図 2.29 は ^{235}U および ^{238}U の中性子による核分裂断面積を示したものである (文献[1)] から引用)．^{238}U は中性子のエネルギーが MeV 領域に近くならない限り核分裂を起こさないことが分かる．図 2.28 で ^{238}U が核分裂していないのはそのためである．一方，^{235}U は熱中性子のエネルギー (1/40 eV) で十分核分裂反応を誘起する．^{235}U と ^{238}U に対する誘起核分裂の閾値の違いが核子間の対相関に起因することは前述したとおりである．

この閾値の違いのため，原子炉では，^{235}U の含有量を自然界の値 0.720% より増した**濃縮ウラン**が燃料として使われる[*61)]．

[*59)] 中性子のほとんどは，4×10^{-14} 秒より短い時間で放出される即発中性子である．遅発中性子の割合は少ないが，原子炉の制御に当たって極めて重要な役割を演じる[1)]．

[*60)] 遅い中性子の照射によるウラン核分裂の連鎖反応に初めて成功したのは，フェルミと協力者たちであり，実験は，1942年12月2日，シカゴ大学で行われた．

[*61)] 一般的な原子炉では，3〜4% まで濃縮する．

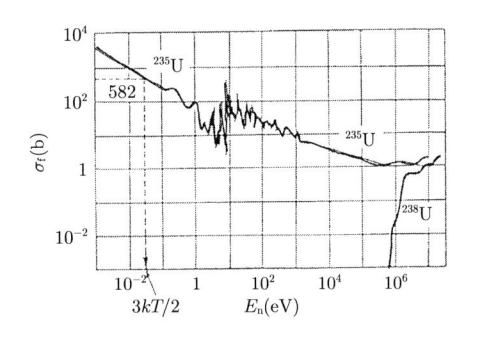

図 2.29 中性子による核分裂断面積.

図 2.29 は，^{235}U の核分裂断面積が中性子の入射エネルギーとともにほぼ速度 v の逆数に比例して減少することを示している ($1/v$ 則). その理由については 9.4 節で学ぶことにする. 一方，熱中性子による ^{235}U の核分裂の結果放出される中性子のエネルギースペクトルは，実験室系のエネルギーを E とすると

$$N(E) \propto \sqrt{E} \exp(-E/E_0) \sim \sqrt{E} \exp(-E/1.29) \tag{2.81}$$

で良く近似でき, $E = \frac{1}{2}E_0 \sim 650\,\mathrm{keV}$ 近傍に最大値をもって分布している. 図 2.30 には，^{235}U の熱中性子誘起核分裂で放出される中性子のエネルギースペクトル (実験室系) を示した. 放出される中性子の平均エネルギーは $\bar{E} = E_0 \times 1.5 \sim 2\,\mathrm{MeV}$ である[*62]. これらの速い中性子は ^{238}U の核分裂を誘起できるが，図 2.29 が示すように，その断面積は熱中性子による ^{235}U の核分裂断面積よりはるかに小さ

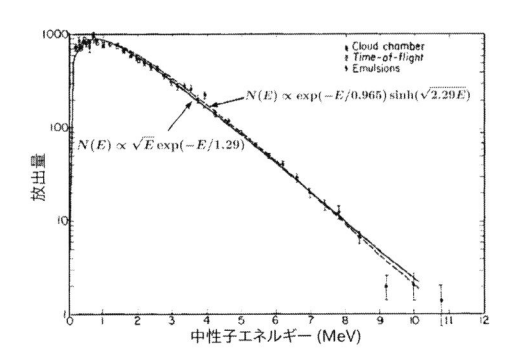

図 2.30 中性子のエネルギースペクトル (実験室系).

[*62)] 温度 T の励起状態にある原子核から放出される中性子のエネルギースペクトルは，$\epsilon_n e^{-\epsilon_n/T}$ で与えられ，蒸発理論と呼ばれる理論でよく記述できる. 図 2.30 の破線は，蒸発理論によるスペクトルを，核分裂片が飛行していることを考慮して近似的に実験室系のスペクトルに変換したときのエネルギースペクトルを表したものである.

い．しかも，高エネルギー中性子による ^{235}U の誘起核分裂断面積は小さいので，実効的に断面積が小さくなる．そのため，原子炉では**減速材**を用いて中性子の運動エネルギーを熱エネルギーまで下げ，核分裂が起こりやすくなるように工夫している[*63]．

[課題] 原子炉には何故濃縮ウランが燃料として用いられるかまとめよ．

> [トピック] 天然原子炉
> ガボン共和国 (アフリカ) のオクロにあるウラン鉱山では，^{235}U の同位体存在比率が，標準的な値 0.720 に比べて有意に小さいウラン鉱床がいくつか発見されている．このことから，オクロのウラン鉱床にはかつて天然の原子炉が存在したと考えられている．

c. 放射性廃棄物問題，核変換

図 2.28 に書き込んだように核分裂生成物の多くは，有限の寿命をもった放射性原子核である．特に $^{137}_{55}$Cs と $^{90}_{38}$Sr の半減期は 30.14 年および 28.78 年と長い．その他，半減期が 200 万年を越す $^{237}_{93}$Np など超ウラン元素も生成される．それら長寿命の**放射性廃棄物** (nuclear waste) の処理は重要な問題であり，**核変換** (transmutation) の研究が行われている．

2.3.6 核分裂異性体 (核分裂アイソマー)

この節の最後に核分裂異性体 (核分裂アイソマー：fission isomer) について述べておこう．図 2.31[*64]は ^{230}Th の中性子誘起核分裂反応 $^{230}_{90}$Th(n, f) の励起関数を示したものである．図 2.24 と異なり，中性子の入射エネルギーが 720 keV のあたりに幅 40 keV の明確な共鳴構造をもつことが注目される．図 2.32[*65]には，その後の分解能の高い実験の結果得られた $^{230}_{90}$Th(n, f) と $^{230}_{90}$Th(d, pf) の励起関数を比較して示した．図 2.32 の横軸は $^{231}_{90}$Th の励起エネルギーである．

核分裂に対するポテンシャルが，単純な液滴模型で予測し図 2.19 に示したように一山であれば，核分裂の励起関数は単調関数のはずである．実際には，第 5 章で述べる**殻効果** (殻補正エネルギー：shell correction energy) のために，原子核によっては，複数の山をもつ構造になる．その様子を図 2.33[*66]に示した．図に

[*63] 減速材中の弾性散乱によって熱中性子となった中性子の代わりに高いエネルギーの中性子を用いる原子炉を高速炉という．
[*64] G. D. James, J. E. Lynn and L. G. Earwaker, Nucl. Phys. A189(1972)225. から引用．
[*65] J. Blons, Nucl. Phys. A502(1989)121c から引用．
[*66] P. Möller, T. Ichikawa, A. Iwamoto et al., Phys. Rev. C 79 (2009) 064304 から引用．

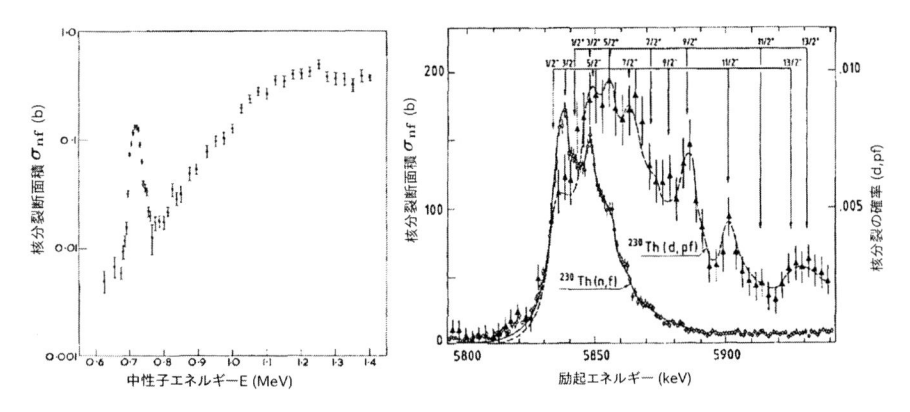

図 2.31　^{230}Th の中性子誘起核分裂の励起関数.

図 2.32　^{230}Th の誘起核分裂の励起関数詳細図.

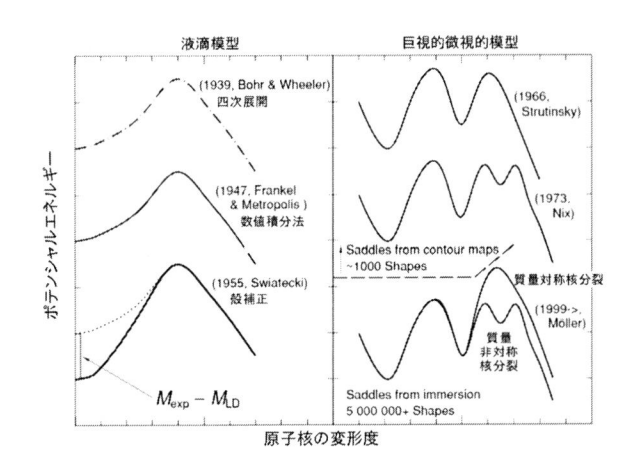

図 2.33　核分裂障壁理論の変遷.

は，核分裂障壁の構造に対する理解が年とともに詳細になっていく様子が示されている[*67].

図 2.31 にみられる構造は，当初，2 番目のポテンシャル極小点にできる準安定なベータ振動準位と解釈されたが，図 2.32 にみられる微細構造の発見を実験的証

---

*67)　複数の山をもつポテンシャル面を得る有力な方法の一つは，液滴模型に殻効果の補正を加える macroscopic-microscopic method である (7.6.1 項参照). ^{231}Th の核分裂の場合，非軸対称性 (axial asymmetry) によって 1 番目の核分裂障壁は低下する. 2 番目の核分裂障壁では軸対称性は回復されるが非対称な質量分配 (mass asymmetry) を考慮することによって核分裂障壁の高さが低くなり，さらに 3 番目のポテンシャル極小点が現れる.

拠として，これらの構造は，現在は，質量非対称性分裂に伴って生じる 3 番目のポテンシャル極小点 (図 2.33 の最後の図参照) にできるパリティ二重項をもつ回転運動 (慣性能率をほぼ同じくするパリティ ± の回転運動状態群) に対応して現れると考えられている[*68)]．図に示されている個々の共鳴状態の位置や幅，スピン・パリティは，TOF (time of flight：飛行時間) 法などによる高分解能の励起関数の測定，核分裂片の角度分布の測定および (n, f) と (d, pf) の同時測定と，パリティ二重項回転運動模型による解析から決定されたものである．準位間隔から得られる長軸：短軸比は 3:1 で，3 番目のポテンシャル極小点での変形度に対応している[*69)]．

図 2.34 には ^{238}U の基底状態近傍の数本の準位と，2 番目のポテンシャルの井戸にできる準安定状態を，それらのスピンパリティとともに記した[*70)]．後者の状態を核分裂異性体 (核分裂アイソマー：fission isomer) いう．

核分裂アイソマーは，7.6.2 項で述べる超変形状態 (superdeformed states：長軸と短軸の長さの比が約 1.6〜1.8 の状態) あるいは，軸比がさらに大きな極変形状態 (hyperdeformed states) の一種である[*71)]．第 7 章で学ぶように，変形状態の特徴の一つは，回転帯と呼ばれる特徴的な状態群が現れることである．図 2.35

図 2.34　^{238}U の構造．核分裂異性体．

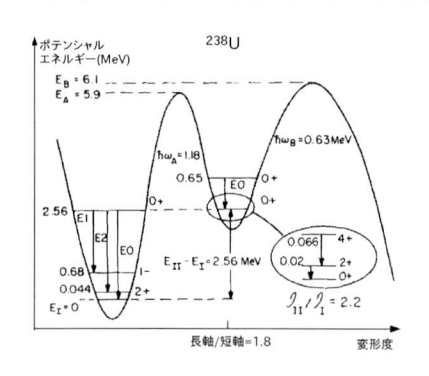

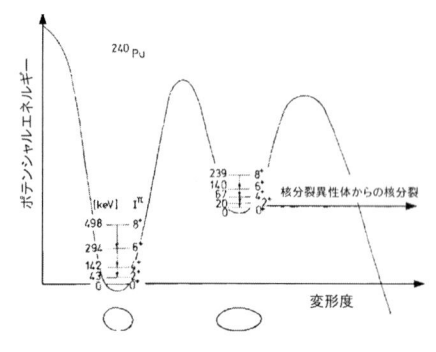

図 2.35　^{240}Pu の構造．核分裂異性体．

[*68)] P. Møller and J. R. Nix, Proc. Third IAEA Symp. on the physics and chemistry of fission, Rochester 1973 Vol.1(IAEA, Vienna, 1974)p.103;J. Blons-Nucl. Phys. A502(1989)121c.
[*69)] 2 番目のポテンシャル極小点での長軸：短軸比は 2:1 である．
[*70)] R. Vandenbosch, Nucl. Phys. A502(1989)1c から引用．
[*71)] U の基底状態など通常の変形核では長軸と短軸の長さの比が約 1.3 程度である．一方，図 2.34 中に示されているように，^{238}U の場合，核分裂異性体の慣性能率は基底状態における慣性能率の 2.2 倍である．2 つのアルファ粒子が接した亜鈴構造をした ^{8}Be も長軸：短軸比が 2:1 で，極超変形状態の一つである．

には，^{240}Pu の場合を例に，基底状態および核分裂異性体の上にできる回転帯を比較した[*72]．両者の変形度の大きな違いは，対応する準位間隔の違いからみてとることができる．

[*72] V. Metag, D. Habs and H. J. Specht, Phys. Rep.65(1980)1 から引用．原典は，H. J. Specht, J. Weber, E. Konecny and D. Heunemann, Phys. Lett. B41(1972)43.

3 核力と二体系

3.1 核力の基礎

3.1.1 到達距離：不確定性関係による単純な評価

自然界に存在する4つの力 (重力，電磁気力，弱い力および強い力) は，2つの物体の間でそれぞれの力を媒介する粒子 (ゲージ粒子) 重力子 (グラビトン)，光子，ウィークボソン ($W^\pm$ 粒子および Z^0 粒子)，および中間子 (量子色力学の観点からは膠着子 (グルーオン)) を交換することによって働くと考えることができる．この考えに従うと，不確定性関係を応用して，それぞれの力の到達距離を対応するゲージ粒子の質量と関係付けることができる．

今，ゲージ粒子の質量を m とすると，その粒子の伝播に伴うエネルギーの不確定さは $\Delta E \sim mc^2$ であり，対応する時間の不確定さは $\Delta t \sim \hbar/\Delta E \sim \hbar/mc^2$ である．その間ゲージ粒子はほぼ光速で飛ぶとして，力の到達距離 d は

$$d \sim c \times \Delta t \sim \frac{\hbar}{mc} \tag{3.1}$$

と見積もられ，ゲージ粒子のコンプトン波長に対応する．光子の質量は0なので，良く知られているように，電磁気力は無限の遠方まで到達する．一方，$W^\pm$ 粒子や Z^0 粒子は質量が大きいので，弱い相互作用 (弱い力) の到達距離は極めて短い．後で述べる中間子論の観点から強い力は中間子の交換で媒介されると考えると，一番軽い中間子である π 中間子によって媒介される部分は，π 中間子の静止エネルギーが約 140 MeV であることを用いて，その到達距離がだいたい 1.4 fm であることが分かる．ちなみに，重力子はまだ発見されていないが，重力が電磁気力と同じように無限遠まで到達することから，重力子の質量は0であることが予想される．

3.1.2 動径依存性

前項では,不確定性関係を用いて力の到達距離をおおまかに評価したが,クーロン力の強さが帯電した2つの物体の間の距離 r の2乗に逆比例して距離の増加とともに弱くなるように,2つの粒子の間に働く核力の強さも,それらの粒子の間の距離の関数として変化する.

クーロン力の強さが $1/r^2$ に比例することに対応してクーロンポテンシャルは,2つの荷電粒子の電荷をそれぞれ $Q_1 e, Q_2 e$ とすると,$V_C(r) = Q_1 Q_2 e^2 / r$ で与えられるが,この式は,一方の荷電粒子が電磁場と相互作用することによって電場をつくり,その電場を通して他方の荷電粒子に力を及ぼすとして求めることができる.この時の電場を決める式は,ダランベール (D'Alembert) の式として知られている.

同様の考えを強い力に対しても適用することがことができる.強い力の場を $\phi(r)$ とすると,電磁場のダランベールの式に対応する**クライン‐ゴルドン方程式** (Klein-Gordon equation) と呼ばれる式は,

$$\left[\nabla^2 - \frac{1}{c^2}\frac{\partial^2}{\partial t^2} - \left(\frac{mc}{\hbar}\right)^2 \right] \phi = -4\pi \rho(\mathbf{r}, t) \tag{3.2}$$

で与えられる.ここで,m はゲージ粒子の質量で,核力に対する中間子論では,中間子の質量である.ゲージ粒子が有限の質量をもっていることによって,左辺にその粒子のコンプトン波長が現れる.クーロンポテンシャルを決めるダランベールの式では,右辺に現れる $\rho(\mathbf{r})$ は,電磁気力の源となる荷電粒子の空間点 $\mathbf{r}$ における密度を与えるが,強い力の場合は,中間子ないしは膠着子の放出源となる核子などハドロンの密度である.

時間変化を無視した静的極限では,式 (3.2) の解は,

$$\phi(\mathbf{r}, t) \approx \int \rho(\mathbf{r}', t) \frac{e^{-mc|\mathbf{r}-\mathbf{r}'|/\hbar}}{|\mathbf{r} - \mathbf{r}'|} d^3 \mathbf{r}' \tag{3.3}$$

で与えられる.

[演習] (3.3) 式を,次の A, B 2 つの方法で導け.

A. フーリエ変換法

(1) $\phi(\mathbf{r})$ のフーリエ変換が次式で与えられることを示せ.

$$\tilde{\phi}(\mathbf{k}) = \frac{4\pi}{k^2 + \left(\frac{mc}{\hbar}\right)^2} \tilde{\rho}(\mathbf{k}, t). \tag{3.4}$$

(2) $\tilde{\phi}(\mathbf{k})$ にフーリエ逆変換を施して (3.3) 式を導け.

B. グリーン関数法

静的な場合のグリーン関数を

$$\left[\nabla^2 - \left(\frac{mc}{\hbar}\right)^2\right] G_N(\mathbf{r} - \mathbf{r}') = -4\pi\delta(\mathbf{r} - \mathbf{r}') \tag{3.5}$$

で定義するとき,

$$G_N(\mathbf{r} - \mathbf{r}') = \frac{e^{-mc|\mathbf{r} - \mathbf{r}'|/\hbar}}{|\mathbf{r} - \mathbf{r}'|} \tag{3.6}$$

となることを示せ.

[演習] 次の式を証明せよ.

$$\nabla^2 \frac{1}{|\mathbf{r} - \mathbf{r}'|} = -4\pi\delta(\mathbf{r} - \mathbf{r}'). \tag{3.7}$$

核子など強い力の素になる粒子の大きさを無視した極限では, 核力ポテンシャル $\phi_N(r)$ は, (3.3) 式の右辺の積分の中で $\rho(\mathbf{r}') = \rho_0 \delta(\mathbf{r}')$ として求められる. ただし, 力の源になるハドロンの位置を空間座標の原点にとった. 距離依存性が, 電磁気力に対する $1/r$ 則の形から $e^{-\mu r}/r$ の形に変わることが分かる. 指数関数の減衰因子を含むこの関数型を湯川型といい, $1/\mu$ の距離で核力の強さは $1/e \sim 1/2.7$ になる. この距離が, 前節で求めた力の到達距離に対応し, 前節で求めたゲージ粒子のコンプトン波長と一致している.

3.1.3 核力の状態依存性

以下では, 強い力のうち, 2つの核子間に働く力, 核力, について議論することにする. 核子は, 通常の空間の自由度に加え, 自転の自由度 (スピン), さらに, 1.2 節で述べたアイソスピン空間の自由度をもっているので, クーロン力に比べ核力はより複雑であり, 核力に起因する現象も多様になる. 核力についてより深く理解するための準備として, 本項では, 2核子系の状態分類と交換演算子および射影演算子について述べておこう.

a. 2核子系の状態分類

2核子系の状態を記述する波動関数 ψ は, 3.2.2 項で述べるスピン・軌道相互作用のような空間座標とスピン座標の間の相互作用がない場合, 通常の空間, スピン空間およびアイソスピン空間の波動関数の積として

$$\psi(x_1, x_2) = \varphi(\mathbf{r})\zeta(s_1, s_2)\eta(t_1, t_2) \tag{3.8}$$

の形で与えられる. s, t はスピンおよびアイソスピン空間の座標の z 成分, 下付き

の添字 1, 2 は一番目および二番目の核子, $\mathbf{r} \equiv \mathbf{r}_1 - \mathbf{r}_2$ は相対運動の座標, $\mathbf{r}_1, \mathbf{r}_2$ は一番目および二番目の核子の空間座標をそれぞれ表す. また, 通常の空間, スピン空間, アイソスピン空間の座標をまとめて表すために x を用いた.

2 核子系の合成スピン $\hat{\mathbf{S}} \equiv \hat{\mathbf{s}}_1 + \hat{\mathbf{s}}_2$ およびその z 成分 $\hat{S}_z$ の大きさの同時固有関数 $|S, S_z\rangle$ を用いると, スピン空間の波動関数 ζ は,

$$|1, 1\rangle_{\mathcal{S}} = \alpha_1 \alpha_2, \tag{3.9}$$

$$|1, 0\rangle_{\mathcal{S}} = \frac{1}{\sqrt{2}}[\alpha_1 \beta_2 + \beta_1 \alpha_2], \tag{3.10}$$

$$|1, -1\rangle_{\mathcal{S}} = \beta_1 \beta_2, \tag{3.11}$$

$$|0, 0\rangle_{\mathcal{S}} = \frac{1}{\sqrt{2}}[\alpha_1 \beta_2 - \beta_1 \alpha_2] \tag{3.12}$$

のいずれかである. 左辺では座標を省略し, スピン空間の波動関数であることを明示するために添字 $\mathcal{S}$ を用いた. また, 右辺では, 座標 s_1, s_2 を単純に下付きの添字 1, 2 で表した. α および β は, それぞれ, スピン上向きおよびスピン下向きの状態, $|\frac{1}{2}\frac{1}{2}\rangle$ および $|\frac{1}{2} - \frac{1}{2}\rangle$ 状態, を表す. $S = 1$ および $S = 0$ の状態は, それぞれ, 2 つの核子に関して対称および反対称であり, それらの交換に関して不変および符号を変える. 前者はスピン三重項 (spin triplet) 状態, 後者はスピン一重項 (spin singlet) 状態と呼ばれる.

同様に, アイソスピン空間の波動関数 η は, 合成アイソスピンおよびその z-成分の大きさの同時固有関数

$$|1, 1\rangle_{\mathcal{I}} = n_1 n_2, \tag{3.13}$$

$$|1, 0\rangle_{\mathcal{I}} = \frac{1}{\sqrt{2}}[n_1 p_2 + p_1 n_2], \tag{3.14}$$

$$|1, -1\rangle_{\mathcal{I}} = p_1 p_2, \tag{3.15}$$

$$|0, 0\rangle_{\mathcal{I}} = \frac{1}{\sqrt{2}}[n_1 p_2 - p_1 n_2], \tag{3.16}$$

を用いて表すことができ, 状態は, アイソスピン三重項およびアイソスピン一重項に分類できる. 添字 $\mathcal{I}$ はアイソスピン空間を表す.

一方, 相対運動の波動関数 $\varphi(\mathbf{r})$ も, 2 つの核子の入れ替えに関して対称および反対称の状態に分類することができる. 粒子の入れ替えは, 相対運動の座標 $\mathbf{r}$ をパリティ変換することに対応するので, 前者を even の意味で E 状態, 後者を odd の意味で O 状態と呼ぶ. 例えば, $\varphi(\mathbf{r})$ が, 球面調和関数 Y を用いて $\varphi(\mathbf{r}) = R_\ell(r) Y_{\ell m}(\theta, \phi)$ で与えられるとすると, s 波など軌道角運動量 ℓ が偶数の状態は E 状態, p 波など ℓ が奇数の状態は O 状態である.

今，合成スピンおよび合成アイソスピンの大きさを，それぞれ S,T とするとき，2粒子系の状態を，$^{2T+1\ 2S+1}$E または $^{2T+1\ 2S+1}$O と表記することにする．E および O は，相対運動の波動関数の対称性 (偶奇性) を表す．核子はフェルミ粒子である為，2核子系の波動関数 ψ は，全空間の同時座標交換に対し全体で符号をかえなければならない．すなわち $\psi(x_2,x_1) = -\psi(x_1,x_2)$ なので，2核子系の状態として許されるのは，^{13}E, ^{31}E, ^{11}O, ^{33}O の4通りであり，一重三重偶 (singlet triplet even) 状態などと呼ばれる．核力の著しい特徴の一つは，それが，2核子系のこれら4つの状態で著しく異なることである．

b. 交換演算子

(1) スピン交換演算子　　2つの核子が相互作用する場合，様々な交換現象が起こる．例えば，スピン上向きの陽子とスピン下向きの陽子が散乱する場合，2つの陽子の間でスピンの向きがある確率で入れ替わる (spin exchange)．これは，核力ポテンシャルの中に，2つの核子のスピンの内積 $\hat{\sigma}_1 \cdot \hat{\sigma}_2$ に比例する項が存在するためである．

角運動量の昇降演算子を用いて

$$\hat{\sigma}_1 \cdot \hat{\sigma}_2 = \frac{1}{2}[\hat{\sigma}_{1+}\hat{\sigma}_{2-} + \hat{\sigma}_{1-}\hat{\sigma}_{2+}] + \hat{\sigma}_{1z}\hat{\sigma}_{2z} \tag{3.17}$$

と表すと，右辺の第一項および第二項を通して，2つの核子の間でスピンの入れ替えが起こり得ることが分かる．

このスピン交換効果を表現するには，次の演算子を導入すると便利である．

$$P_\sigma = \frac{1}{2}(1 + \hat{\sigma}_1 \cdot \hat{\sigma}_2) \tag{3.18}$$

P_σ をスピン三重項およびスピン一重項状態に作用させることによって，$P_\sigma|1M\rangle_S = |1M\rangle_S (M=1,0,-1)$ および $P_\sigma|00\rangle_S = -|00\rangle_S$ を容易に示すことができる．三重項および一重項状態は，それぞれ，2つのスピンの入れ替えに関して対称および反対称なので，このことは，P_σ が2つの核子のスピンを入れ替えることと同等の働きをすることを意味する．このため，P_σ はスピン交換演算子 (別名バートレット (Bartlett) 演算子) と呼ばれる．

(2) 荷電交換演算子　　2核子系ではアイソスピンの交換も起こる．例えば，陽子と中性子が散乱する場合それらが入れ替わる (charge exchange)．この現象を記述するためには，それぞれの核子のアイソスピン演算子 $\hat{\tau}$ を用いて次の荷電交換演算子 (別名，アイソスピン交換演算子またはハイゼンベルク (Heisenberg) 演算子) を導入すると便利である．

$$P_\tau = \frac{1}{2}(1 + \hat{\tau}_1 \cdot \hat{\tau}_2) \tag{3.19}$$

(3) 空間交換演算子 (マヨラナ (Majorana) 演算子)　通常の空間座標を入れ替える演算子も考えられ，記号 P_M で表される．

$$P_M \varphi(\mathbf{r}) = \varphi(-\mathbf{r}). \tag{3.20}$$

2核子系の波動関数は，全空間で反対称でなければならないので

$$P_M P_\tau P_\sigma \psi = -\psi. \tag{3.21}$$

したがって

$$P_M P_\tau P_\sigma = -1. \tag{3.22}$$

(3.22) 式から，

$$P_M = -P_\tau P_\sigma \tag{3.23}$$

と書けることが分かる．

c. 射影演算子

核力ポテンシャル中に $\hat{\sigma}_1 \cdot \hat{\sigma}_2$ 項や $\hat{\tau}_1 \cdot \hat{\tau}_2$ 項が存在することを通して，核力は2核子系の状態に強く依存することになる．

この状態依存性を顕に示すために，

$$\Pi_{st} \equiv \frac{1}{4}(3 + \hat{\sigma}_1 \cdot \hat{\sigma}_2), \qquad \Pi_{ss} \equiv \frac{1}{4}(1 - \hat{\sigma}_1 \cdot \hat{\sigma}_2), \tag{3.24}$$

$$\Pi_{it} \equiv \frac{1}{4}(3 + \hat{\tau}_1 \cdot \hat{\tau}_2), \qquad \Pi_{is} \equiv \frac{1}{4}(1 - \hat{\tau}_1 \cdot \hat{\tau}_2) \tag{3.25}$$

で定義される**射影演算子**がしばしば用いられる．添字は，それぞれの演算子が，スピン三重項 (spin triplet) 状態，スピン一重項 (spin singlet) 状態，アイソスピン三重項 (isospin triplet) 状態およびアイソスピン一重項 (isospin singlet) 状態への射影演算子であることを表す．

[演習] Π_{st} が，スピン三重項状態への射影演算子に期待される以下の性質を満たすことを示せ．

$$\Pi_{st}^2 = \Pi_{st}, \qquad \Pi_{st}\Pi_{ss} = 0,$$
$$\Pi_{st}|1M\rangle_\mathcal{S} = |1M\rangle_\mathcal{S}, \qquad \Pi_{st}|00\rangle_\mathcal{S} = 0. \tag{3.26}$$

3.2　対称性 (不変性) の考察による核力の一般的構造

核力を決定する一つの方法は，基本的な実験が示唆する保存則を考慮し，その制限の下で可能な一般的な構造を論じることである．保存則は，様々な変換に対する不変性 (対称性) と関連している．核力の場合，まず，基本的性質として

(1) ポテンシャルはスカラー量
(2) パリティー変換に対して不変
(3) 時間反転に対して不変

があげられる. さらに, 低エネルギーでの陽子‐陽子散乱と陽子‐中性子散乱は, 核力が, アイソスピン三重項に属する 3 つの状態の間で高い精度で等しく (荷電独立性：charge independence), 核力ポテンシャルが 2 つの核子のアイソスピンの内積 $\tau_1 \cdot \tau_2$ の関数であることを示唆している. 一方, 中性子‐中性子間の核力と陽子‐陽子間の核力が等しいと考えることを荷電対称性 (charge symmetry) という. 荷電対称性や荷電独立性は, 鏡映核 (例えば, $^{15}_{7}\text{N}_8$ と $^{15}_{8}\text{O}_7$) のエネルギー準位がクーロンエネルギーの差を除いて良く類似していること, 同重核 (例えば, $^{14}_{8}\text{O}_6$ と $^{14}_{7}\text{N}_7$ と $^{14}_{6}\text{C}_8$) に対応するエネルギー準位が現れることからも示唆される[*1].

この節では, 不変性あるいは対称性の考察から, 核力ポテンシャルに許される一般形を書き下すことにする.

3.2.1 静的ポテンシャル

まず, 核子間の相対運動の速度に依存しないポテンシャル (静的ポテンシャルという) から考えることにしよう.

a. 中心力ポテンシャル

静的ポテンシャルは, 核子間の距離 r のみに依存する中心力ポテンシャルと, 相対座標 **r** の角度に依存する非中心力ポテンシャルに大別できる. 前者は, 本節の冒頭に述べた対称性や不変性を考慮して, 一般的に

$$V_C = V_0(r) + (\sigma_1 \cdot \sigma_2)V_\sigma(r) \\ + (\tau_1 \cdot \tau_2)V_\tau(r) + (\sigma_1 \cdot \sigma_2)(\tau_1 \cdot \tau_2)V_{\sigma\tau}(r) \qquad (3.27)$$

と表すことができる. $V_0(r)$ などの強さや具体的関数形は, 対称性の考察からだけでは決定できない. (3.27) 式は, 交換演算子および射影演算子を用いると,

$$V_C = V_W(r) + V_M(r)P_M + V_B(r)P_\sigma + V_H(r)P_\tau, \qquad (3.28)$$

または

[*1] J^π が同じで isospin の z 成分が異なる対応するエネルギー準位群は, 荷電多重項または荷電スピン多重項 (isobaric multiplets または isospin multiplets) を構成するという. 例えば, $^{14}_{8}\text{O}_6, ^{14}_{7}\text{N}_7, ^{14}_{6}\text{C}_8$ の例では, 沢山の荷電三重項または荷電スピン三重項 (isobaric triplets または isospin triplets) が存在する.

3.2 対称性 (不変性) の考察による核力の一般的構造　　　　65

$$V_C = V_{st}(r)\tilde{\Pi}_{st} + V_{ts}(r)\tilde{\Pi}_{ts} + V_{tt}(r)\tilde{\Pi}_{tt} + V_{ss}(r)\tilde{\Pi}_{ss} \qquad (3.29)$$

のように書き換えることができる．ここで，$\tilde{\Pi}_{st}$ はアイソスピン一重項かつスピン三重項への射影演算子で，$\tilde{\Pi}_{st} \equiv \Pi_{is} \times \Pi_{st}$ で与えられる．$\tilde{\Pi}_{ts}, \tilde{\Pi}_{tt}, \tilde{\Pi}_{ss}$ も同様に定義される．異なる表現に現れる動径関数は，互いに，次のように変換される．

$$\begin{aligned}
V_W &= V_0 - V_\sigma - V_\tau + V_{\sigma\tau}, \\
V_M &= -4V_{\sigma\tau}, \\
V_B &= 2V_\sigma - 2V_{\sigma\tau}, \\
V_H &= 2V_\tau - 2V_{\sigma\tau},
\end{aligned} \qquad (3.30)$$

$$\begin{aligned}
V_{ts} &= V_W + V_M - V_B + V_H = V_0 - 3V_\sigma + V_\tau - 3V_{\sigma\tau}, \\
V_{st} &= V_W + V_M + V_B - V_H = V_0 + V_\sigma - 3V_\tau - 3V_{\sigma\tau}, \\
V_{ss} &= V_W - V_M - V_B - V_H = V_0 - 3V_\sigma - 3V_\tau + 9V_{\sigma\tau}, \\
V_{tt} &= V_W - V_M + V_B + V_H = V_0 + V_\sigma + V_\tau + V_{\sigma\tau}.
\end{aligned} \qquad (3.31)$$

[演習]　関係式 (3.30) および (3.31) を示せ．

b. 非中心力ポテンシャル

核子間の相対座標 **r** と，それぞれの核子のスピンを用いて，核力ポテンシャルに対する不変性の条件を満たす演算子を，次のようにつくることができる．

$$S_{12} = \frac{3(\mathbf{r}\cdot\sigma_1)(\mathbf{r}\cdot\sigma_2)}{r^2} - \sigma_1\cdot\sigma_2. \qquad (3.32)$$

(3.32) 式は，テンソル積の表記を用いて

$$S_{12} = (24\pi)^{1/2}[[\sigma_1^{(1)} \times \sigma_2^{(1)}]^{(\lambda=2)} \times Y_2(\hat{\mathbf{r}})]_0^{(0)} \qquad (3.33)$$

の形に表現することができる．このため，S_{12} はテンソル演算子と呼ばれる．S_{12} は，2核子の合成スピン

$$\hat{\mathbf{S}} = \frac{1}{2}[\mathbf{s_1} + \mathbf{s_2}] \qquad (3.34)$$

を用いて，

$$S_{12} = 2\left[3\frac{(\hat{\mathbf{S}}\cdot\mathbf{r})^2}{r^2} - \hat{\mathbf{S}}^2\right] \qquad (3.35)$$

と書き換えることもできる．(3.35) 式から，S_{12} は，スピン三重項の状態に演算した場合にのみ，有限の値をもつことが分かる．そのため，非中心力ポテンシャ

ルをアイソスピン0の偶パリティ状態およびアイソスピン1の奇パリティ状態への射影演算子 $\Pi(T=0, L_{\text{even}})$ および $\Pi(T=1, L_{\text{odd}})$ を用いて

$$V_{tensor} = \{V_T^{(e)}(r)\Pi(T=0, L_{\text{even}}) + V_T^{(o)}(r)\Pi(T=1, L_{\text{odd}})\}S_{12} \quad (3.36)$$

と表現することができ，対応する力をテンソル力という．(3.32) 式の形が示すように，テンソル力は磁気双極子の間に働く力に似ている．後で学ぶように，テンソル力は，2核子系の中で重陽子を安定化させ，対応して，安定な原子核は核図表の中で対角線に沿って存在するなど，原子核の存在にとって不可欠な重要な役割を演じる．

[演習] (3.33) 式および (3.35) 式を示せ．

3.2.2 速度に依存するポテンシャル

速度に依存する核力の代表的なものにはスピン・軌道相互作用 (spin-orbit interaction) があり，対応するポテンシャルは

$$V_{\text{spin-orbit}} = \{V_{LS}^{(e)}(r)\Pi(T=0) + V_{LS}^{(o)}(r)\Pi(T=1)\}\hat{\mathbf{L}} \cdot \hat{\mathbf{S}} \quad (3.37)$$

で与えられる．ここで，$\hat{\mathbf{L}}$ は，相対運動の角運動量演算子で，

$$\mathbf{L} = \mathbf{r} \times \mathbf{p} = \mathbf{r} \times (\mathbf{p_1} - \mathbf{p_2}) \quad (3.38)$$

で与えられる．後で学ぶように，スピン軌道相互作用は，魔法数を支配するなど，重要な役割を演じる．

3.3 重陽子の特性と核力

3.3.1 テンソル力の影響：アイソスピン・スピン空間の波動関数

重陽子は2核子系の中で唯一安定な原子核であり，その意味で，自然界に安定に存在する最も簡単な原子核である．そのため，重陽子に関する実験事実の詳しい解析は，次節で述べる核子-核子散乱の解析とともに，核力に関する様々な情報を得る上で重要である．

表3.1に，重陽子の性質を陽子および中性子の性質と比較して示した．

3.6節で詳しく学ぶように (例えば，図3.5参照)，中心力はすべての2核子系で，遠方で引力であり，しかも，陽子-陽子系，中性子-中性子系が属するスピン一重項状態の方が，重陽子のスピン三重項より強い．にもかかわらず，重陽子だけが束縛状態として安定に存在するのは，3次元の量子力学の世界では，引力

3.3 重陽子の特性と核力

表 3.1 陽子, 中性子, 重陽子の性質. Particle Physics Booklet 2006 から引用.

	陽子	中性子	重陽子
電荷	e	0	e
質量 (統一原子質量単位 u)	1.00727646688(13)	1.0086654(4)	2.01410219(11)
質量 (静止エネルギー)(MeV)	938.272029(80)	939.550(5)	1875.61282(16)
結合エネルギー (MeV)			2.22452(20)
スピン	1/2	1/2	1
平均寿命	$>10^{31}$ to 10^{33} 年	887.5±0.8 秒	安定
磁気モーメント (μ_N)	2.792847351(28)	-1.9130427()(5)	0.857
電気四重極モーメント (ecm^2)	0	0	$0.002738(14)\times10^{-24}$

図 3.1 テンソル力の模型実験. おもちゃは武田 暁先生による.

であっても十分強くない限り束縛状態を持ち得ないことと, 重陽子はスピンが 1 であることによって, テンソル力による余分の引力が加わり, 結果として, 全体の引力が強くなるためである. 2 核子系の中で何故重陽子だけ安定なのだろうか. 図 3.1 は, 油に浮かんだ磁気双極子のおもちゃを何個か集めたものである. 2 個のおもちゃが十分近づくと磁気双極子間の相互作用によって双極子の向き (矢印の向き) がそろう. 重陽子が安定になるのも同様な理由である. 核力は短距離力なので, 安定化するために核力を利用するには, 2 核子間の相対運動は距離が 0 のところに有限の存在確率をもつ s 波であることが好ましい. 一方, 2 核子系の波動関数は, 通常の空間, スピン空間, アイソスピン空間全体として, 2 核子の入れ替えに対して反対称でなければならない. その結果, 中心力で不足な分をテンソル力で補えるアイソスピン一重項 (スピン三重項) 状態の重陽子だけが, 自然界に安定に存在することになる.

結合エネルギーは, 核力を決める上で基本的な量であるが, ここでは, 重陽子

の磁気モーメントおよび電気四重極モーメントから,テンソル力の働きや大きさについてどのような情報が得られるかをみてみよう[18]).

重陽子の磁気モーメント演算子は,

$$\hat{\mu}_d = \mu_p \hat{\sigma}_p + \mu_n \hat{\sigma}_n + \hat{\mathbf{L}}_p \tag{3.39}$$

で与えられる (4.1.1 項参照). $\mathbf{L}_p$ は,陽子の軌道角運動量であり,陽子,中性子間の相対運動の角運動量を $\mathbf{L}$ とすると,$\mathbf{L}_p = \frac{1}{2}\mathbf{L}$ である. 磁気モーメントは,すべて,核磁気モーメント μ_N を単位として表した. $\hat{\mu}_d$ は,重陽子の全角運動量 $\mathbf{J} \equiv \mathbf{L} + \frac{1}{2}[\sigma_p + \sigma_n]$ および $\mathbf{L}$ を用いて

$$\hat{\mu}_d = (\mu_p + \mu_n)\hat{\mathbf{J}} - (\mu_p + \mu_n - \frac{1}{2})\hat{\mathbf{L}} \tag{3.40}$$

と書き換えることができる[*2)]. 4.3.2 項で述べるように,磁気モーメントは,角運動量の z 成分 M が最大値 $M = J$ をとるときの $\hat{\mu}$ の z 成分の期待値として定義される.

$$\mu = \langle JM = J|\hat{\mu}_z|JM = J\rangle \tag{3.41}$$

磁気モーメントの演算子はランク 1 のテンソルなので,重陽子のスピンが 0 とすると,磁気モーメントの値は 0 となり,測定結果と矛盾する. J が有限の場合は,射影定理 (10.6.4 項参照) を用いて

$$\mu = \langle JM = J|\hat{\mu} \cdot \hat{\mathbf{J}}|JM = J\rangle/(J+1) \tag{3.42}$$

と表せる.

表 3.1 に示したように,重陽子のスピンは 1 である. これは,テンソル力の存在によるが,テンソル力は,(3.33) 式が示唆するように相対運動の波動関数に D 状態を混ぜる働きをする. その振幅を α_D とすると,重陽子の波動関数は形式的に

$$|\psi_D\rangle = |^{13}S_1\rangle + \alpha_D|^{13}D_1\rangle \tag{3.43}$$

と書ける. ここで,下付きの添字 1 は,全角運動量の大きさ J が 1 であることを表す. (3.43) 式を (3.42) 式の状態 $|JM = J\rangle$ に代入すると,

$$\mu = \mu_n + \mu_p - \frac{3}{2}\left(\mu_n + \mu_p - \frac{1}{2}\right)P_D \tag{3.44}$$

が得られる. ここで,$P_D = |\alpha_D|^2$ は,重陽子に D 状態が含まれる確率を表す.

表 3.1 で重陽子の磁気モーメントが,陽子の磁気モーメントと中性子の磁気モー

[*2)] $|S=1, S_z=1\rangle$ 状態に作用すると $\boldsymbol{\sigma}_p - \boldsymbol{\sigma}_n$ は 0 になることを用いた.

メントの和にほぼ等しいことは，重陽子のスピンが1であることを支持している．また，それらの間のずれから，重陽子には4%程度のD状態が含まれることが示唆される．

D状態の混合は，重陽子がその分変形していることを意味する．第7章で四重極モーメントが原子核の変形の指標になることを学ぶが，磁気モーメントが示唆するD状態の混ざりは，表3.1で四重極モーメントが有限の値をもつことと一貫している．

[演習] (3.44)式を導け．

3.3.2 動径波動関数：陽子-中性子間力の大きさの目安

次に，陽子中性子間の動径波動関数を考察してみよう．簡単のために軌道角運動量は0であるとし，動径波動関数を $R_0(r) = u(r)/r$ とすると，$u(r)$ の従うシュレーディンガー方程式は

$$\frac{d^2 u}{dr^2} + \frac{M_N}{\hbar^2}[E - V(r)]u = 0 \tag{3.45}$$

で与えられる．

さらに，ポテンシャルが深さ V_0，到達距離 a の井戸型ポテンシャルであるとすると，

$$u(r) = \begin{cases} A \sin Kr & (r < a \text{の場合}) \\ Be^{-\gamma r} & (r > a \text{の場合}) \end{cases}, \tag{3.46}$$

$$K = \sqrt{M_N(V_0 - W)}/\hbar, \tag{3.47}$$

$$\gamma = \sqrt{M_N W}/\hbar. \tag{3.48}$$

W は結合エネルギー $W \sim 2.22\,\mathrm{MeV}$ である．$r = a$ での連続性の条件から

$$K \cot Ka = -\gamma \tag{3.49}$$

が得られる．

[課題]
(1) $V_0 \gg W$ を仮定すると，(3.49)式から $Ka \approx \frac{1}{2}\pi$ となる．このことから

$$V_0 a^2 \approx \frac{\pi^2 \hbar^2}{4 M_N} \tag{3.50}$$

を導け．

(2) 到達距離がπ中間子のコンプトン波長にほぼ等しい：$a \approx \hbar/m_\pi c \sim 1.45\,\mathrm{fm}$ と仮定することによって，$V_0 \sim 50\,\mathrm{MeV}$ となることを示せ．

(3.46) 式で与えられる波動関数の代わりに，

$$u = C\left[e^{-\gamma r} - e^{-\alpha r}\right] \tag{3.51}$$

もよく用いられ[*3]．フルテーン (Hulthén) 型の波動関数と呼ばれる．$\alpha \gg \gamma$ を仮定すると，規格化定数は

$$C \approx \sqrt{2\gamma}(1 + \frac{3\gamma}{2\alpha}) \tag{3.52}$$

で与えられる．フルテーン型波動関数は，原点で 0 という境界条件を満たしている点で優れている．

3.4 核子 - 核子散乱

陽子による中性子や陽子の散乱は，核力を実験データから直接決定する上で重要な情報を提供する．実験データは，微分断面積や散乱断面積として与えられる．入射核子や標的核を偏極させると，スピン依存力に関してより詳しい情報が得られる[28] が，ここでは，偏極していないビームや標的核の散乱を想定して議論を進めることにする．

3.4.1 低エネルギー散乱：有効距離の理論

長距離のクーロン力を取り扱う場合に必要な特別な考察を避けるために，中性子の陽子による散乱を考えよう．中性子も陽子もスピンが偏極せずランダムな方向を向いている (様々な向きを同じ確率で実現している) 場合，2 核子系の状態は，スピン一重項状態とスピン三重項状態を，それぞれの統計的重み 1:3 の比率で実現する．そのため，実験で測定される断面積は，スピン一重項状態とスピン三重項状態の断面積を，それぞれ，$\sigma^{(0)}, \sigma^{(1)}$ とするとき

$$\sigma = \frac{1}{4}\left[\sigma^{(0)} + 3\sigma^{(1)}\right] \tag{3.53}$$

で与えられる．

[演習]　(3.53) 式を示せ．

[演習]　断面積を実験的に決定する方法 (直接測定，吸収断面積の測定など) を述べよ．

[*3]　L. Hulthén, Rev. Mod. Phys.23(1951)1.

散乱断面積の解析から，核力に対する情報がどのように得られるかを考えてみよう．

一般に，微分断面積は散乱振幅 $f(\theta)$ (θ は散乱角) を用いて

$$\frac{d\sigma}{d\Omega} = |f(\theta)|^2 \tag{3.54}$$

で与えられる．付録の 10.1 節で述べるように，散乱に関する実験データを解析する標準的な方法の一つは，波動関数を部分波展開し，**位相のずれ解析** (phase shift analysis) を行うことである．この方法 (部分波展開法) では，$f(\theta)$ は，各部分波に対する位相のずれ δ_ℓ と，ルジャンドル関数 $P_\ell(\cos\theta)$ を用いて

$$f(\theta) = \frac{1}{2ik}\sum_{\ell=0}^{\infty}(2\ell+1)(e^{2i\delta_\ell}-1)P_\ell(\cos\theta) \tag{3.55}$$

で与えられる．k は入射波数である．

短距離力による散乱の場合，散乱の入射エネルギーが十分低ければ，s 波だけが散乱に関与する．つまり，$\ell \geq 1$ の部分波に対しては，位相のずれはほぼ 0 と近似してよい．このことは，角運動量が入射運動量と衝突係数の積で与えられるため，入射エネルギーが低い場合は，$\ell \geq 1$ の部分波に対しては，衝突係数が大きく，核力の到達距離の外にあると考えれば理解できる．さらに重要なことは，s 波の位相のずれが，ポテンシャルの詳細によらず，2 つのパラメターを用いて

$$k\cot\delta = -\frac{1}{a} + \frac{1}{2}k^2 r_e \tag{3.56}$$

と表現されることである (**有効距離の理論**：effective range theory)．パラメター a は**散乱半径**または**散乱長** (scattering length)，r_e は**有効距離** (effective range) とそれぞれ呼ばれる．(a, r_e) が同じなら，ポテンシャルの形によらず s 波の散乱が同じになる (**形状独立性**：shape independence)．

[演習] s 波だけが散乱に寄与すると考えてよい入射エネルギーの範囲を論ぜよ．ただし，核力の到達距離を大まかに 2 fm として考えよ．

(3.56) 式の結果を，断面積と位相のずれの関係式に代入すると

$$\sigma = \frac{4\pi a^2}{(1 - r_e a k^2/2)^2 + (ak)^2} \tag{3.57}$$

が得られる．低エネルギー領域で断面積が入射エネルギーとともに変化する様子を実験的に詳しく調べると，散乱半径および有効距離に関する情報を得ることができる．散乱半径を精度良く決めるもう一つの方法は，熱中性子の陽子による散乱と

熱中性子のパラ水素分子による散乱の断面積を用いる方法である．熱中性子[*4)]のエネルギーは $1/40\,\mathrm{eV}$ と低いので，断面積は，$k \to 0$ の極限をとって

$$\sigma_{thermal\ neutron} = \pi\left[3(a^{(1)})^2 + (a^{(0)})^2\right] \tag{3.58}$$

で与えられる．一方，熱中性子がパラ水素分子[*5)]で散乱させるときの散乱断面積は

$$\sigma_{パラ水素} = \pi(3a^{(1)} + a^{(0)})^2 \tag{3.59}$$

で与えられる．それぞれの測定結果を用いると，$a^{(1)}$ と $a^{(0)}$ を決めることができる．

[演習] (3.59) 式を証明せよ．

さらにスピン三重項状態に関する有効距離を求めるためには，重陽子の結合エネルギーと散乱半径および有効距離の間に成り立つ次の関係式を用いればよい．

$$\frac{1}{a^{(1)}} \approx \alpha - \frac{1}{2}r_e^{(1)}\alpha^2 \tag{3.60}$$

ここで，$\alpha = [(M/\hbar^2)\epsilon_D]^{1/2}$，$\epsilon_D$ は重陽子の結合エネルギーである．

表 3.2 に，低エネルギーの散乱および重陽子の解析から得られた散乱半径および有効距離を示した[*6)]．有効距離の理論式，(3.56) 式，の導出の過程で，散乱半径 (散乱長) a の符号が正であれば束縛状態が存在すること，負であれば束縛状態が存在しないことが示される．そのため，表 3.2 の結果は，アイソスピンが 0 のスピン三重項状態 (重陽子) のみが 2 核子系として安定である (束縛状態である) ことを示している．このように，核力は，強い状態依存性をもっている．また，アイソスピン三重項 ($T=1$) に属する陽子 - 陽子，中性子 - 中性子，中性子 - 陽子散乱では散乱半径は近似的に等しいことに注意しよう (核力の荷電独立性)．

[*4)] 常温の物質内で多重散乱をし，熱平衡に達した中性子．
[*5)] 2 つの陽子の合成スピンが 0 に組んだ水素分子．
[*6)] 文献 R. Machleidt, NPA689(2001)11c-22c, "The nuclear force in the third millennium"; L. Jäde and H. V. von Geramb, PRC57(1998)496, "Nucleon-nucleon scattering observables from solitary boson exchange potential"; R. B. Wiringa et al., PRC51(1995)38 "Accurate nucleon-nucleon potential with charge-independence breaking"; V. G. J. Stoks et al., PRC49(1994)2950, "Construction of high-quality NN potential models"; (5) M. Lacombe et al., PRC21(1980)861 "Parametrization of the Paris N-N potential"; (6) R. Machleidt, Advances in Nuclear Physics Vol.19, Chapter 2 "The Meson Theory of Nuclear Forces and Nuclear Structure"; (7) K. Amos et al., Chapter 2, "Nucleon-Nucleus scattering: A Microscopic Nonrelativistic Approach" も参照．

3.4 核子・核子散乱

表 3.2 低エネルギー散乱および重陽子の特性から決まる核力パラメター. R. B. Wiringa et al., Phys. Rev. C51(1995)38 から引用.

散乱系	a fm	r_e fm
状態の指標 (合成アイソスピン, 合成スピン)	実験値/Argonne v_{18}	実験値/Argonne v_{18}
$p+p(T=1, S=0)$	-7.8063± 0.0026/-7.8064	2.794±0.014/ 2.788
$n+p(T=1, S=0)$	-23.749±0.008/-23.732	2.81±0.05/2.697
$n+n(T=1, S=0)$	-18.5±0.4/ -18.487	2.80±0.11/ 2.840
$n+p(T=0, S=1)$	5.424±0.003/ 5.419	1.760±0.005/ 1.753

有効距離の理論は，低エネルギー散乱からは核力に関して 2 つのパラメターしか決定できないことを示している．しかし，様々な計算を実行するためには，ポテンシャルの形や強さについてより明確な記述があった方が便利である．ここでは，そのような試みもなされていることに言及しておこう．

[演習] 核子・核子ポテンシャルが，ウィグナー項とマヨラナ項を同じ大きさで含む湯川型の中心力ポテンシャルとテンソル力の和で与えられるとする．

$$V(r) = V_C(r) + V_T(r), \tag{3.61}$$

$$V_C(r) = V_0 \frac{e^{-\mu r}}{\mu r}(w + mP_M) = V_0 \frac{e^{-r/a}}{r/a}(w + mP_M), \tag{3.62}$$

$$V_T(r) = V_{0T} \frac{e^{-r/a_T}}{r/a_T} S_{12}(0.5 + 0.5 P_M), \tag{3.63}$$

$$w = 1 - m = 0.5. \tag{3.64}$$

スピン一重項状態とスピン三重項状態の有効距離と散乱長の実験値を再現するためには，

$$V_0 = -48.1\,\text{MeV}, \quad V_{0T} = 23.1\,\text{MeV}, \quad a = 1.17\,\text{fm}, \quad a_T = 1.74\,\text{fm} \tag{3.65}$$

ととればよいことを示せ．

3.4.2 高エネルギー散乱：交換力

(3.30) 式は，核力のスピンおよびアイソスピン依存性が交換力に導くことを，示している．それらの交換力の存在は，高エネルギーの核子・核子散乱の微分断面積に現れる．図 3.2 は，実験室系での中性子のエネルギーが 85 から 105 MeV のときの中性子・陽子散乱の微分断面積を示したものである．前方とともに後方にも大きな散乱が起こることが注目される．

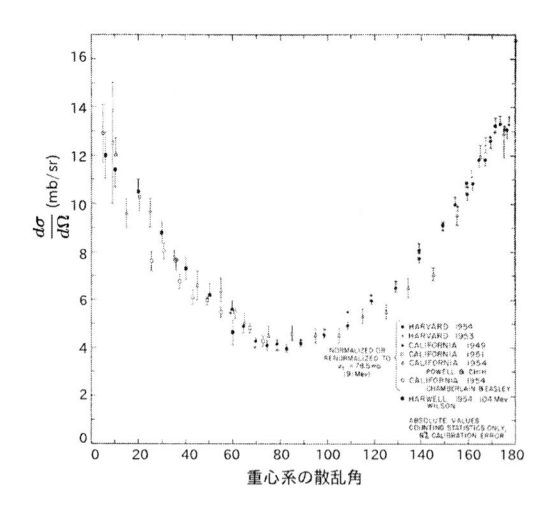

図 3.2 np 散乱の微分断面積. R. H. Stahl and N. F. Ramsey, Phys. Rev.96(1954) 1310 から引用.

今,核力がウィグナー力だけで与えられるとしてみよう.高エネルギー散乱ではボルン近似が使えるので,一次の近似で散乱振幅は

$$f_W(\theta) = -\frac{M_N}{\hbar^2 q}\int_0^\infty V_W(r) r \sin qr\, dr, \quad (3.66)$$

$$q = 2k\sin(\theta/2) \quad (3.67)$$

で与えられる.M_N は核子の質量,q は移行運動量に対応する波数である.核力の形状因子に対してガウス型

$$V_W(r) = -V_{W0} e^{-\frac{r^2}{R_W^2}} \quad (3.68)$$

を仮定すると,

$$f_W(\theta) = \frac{M_N}{\hbar^2 q} V_{W0} \frac{\sqrt{\pi}}{4} R_W^3 e^{-\frac{1}{4}(qR_W)^2} \quad (3.69)$$

が得られる.(3.69) 式は,核力がウィグナー力だけなら,散乱は前方に集中することを示している.このことは,図 3.2 に示した実験結果と一致しない.

この矛盾を解決するために,核力にマヨラナ項

$$V_M(r) P_M \quad (3.70)$$

が存在するとして,その効果を 1 次のボルン近似で調べてみよう.1 次のボルン近似では散乱振幅は核力に線形に比例するので,マヨラナ力のために,散乱振幅に

$$f_M(\theta) = -\frac{M_N}{\hbar^2 q'} \int_0^\infty V_M(r) r \sin q' r dr, \quad (3.71)$$

$$\mathbf{q}' = \mathbf{k}_i + \mathbf{k}_f, \quad (3.72)$$

$$q' = 2k_i \sin((\pi - \theta)/2) \quad (3.73)$$

という値が加わる．ウィグナー力の場合と同じように，$V_M(r)$ にガウス型を仮定すれば，微分断面積が散乱角とともに増加し，後方で大きな値をとる実験データの傾向が説明できる[*7]．

3.4.3 高エネルギー散乱：斥力芯

核力のもう一つの特徴は，2つの核子の重なりが大きくなる近距離で，強い斥力に転じることである．この近距離での斥力は，しばしば，斥力芯 (repulsive core) と呼ばれる．ポテンシャル $V(r)$ が距離 r によらず定符号の場合，散乱の位相差解析 (位相のずれ解析) から，ポテンシャルの符号と位相差 δ の符号の間には対応関係があり，引力の場合は δ は正，斥力の場合は δ は負である．

図3.3は，$L \leq 2$ の部分波に対する位相差が入射エネルギーとともに変化する様子を示したものである．今，$^{31}S_0$ 状態 ($T=1, S=0, L=0$ 状態) に注目してみよう．図は，この部分波に対するポテンシャルが，実効的には，低エネルギー散乱では引力のように，高エネルギー散乱では斥力のように振舞うことを示している．距離と運動量に関する不確定性関係を考慮すると，このことは核力は近距離では

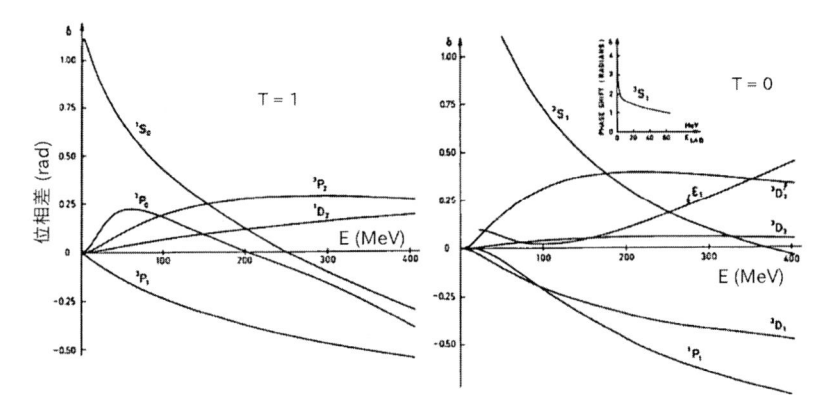

図 3.3 核子-核子散乱の位相差[9]．

[*7)] サーバー力 (Serber force または Serber exchange force) はそのような力の一つで，交換性に関してはウィグナー項とマヨラナ項を同じ割合で同符号に含み，核力が $(1+P_M)$ に比例すると仮定した力である．

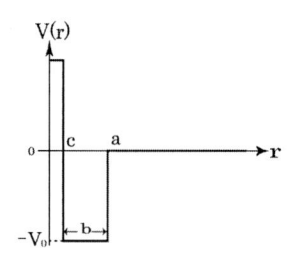

図 3.4 核子間力の単純模型 (斥力芯+短距離引力).

斥力，遠距離では引力のように振舞うことを示唆する．図 3.4 はその様子を箱型斥力と井戸型引力ポテンシャルの組み合わせで，簡単化して表現したものである．

以下では，この簡単化した模型が，位相差のエネルギー依存性をうまく説明できること，また，それを通して，斥力芯の領域の評価ができることをみてみることにしよう．まず，角運動量が ℓ の部分波に対する位相のずれが，

$$\delta_\ell(k) = -\frac{Mk}{\hbar^2}\int_0^\infty V(r)j_\ell^2(kr)r^2 dr \tag{3.74}$$

で与えられることに注目する．この式から，ポテンシャルが定符号の場合，ポテンシャルが引力あるいは斥力であることと，位相差の符号に関して上に述べた対応関係

$$\delta_\ell > 0 \quad (\text{引力}\ (V(r) < 0)\ \text{の場合}) \tag{3.75}$$

$$\delta_\ell < 0 \quad (\text{斥力}\ (V(r) > 0)\ \text{の場合}) \tag{3.76}$$

を容易に確かめることができる．

ポテンシャルが図 3.4 で与えられる場合は，s 波に対する位相のずれは

$$\delta_0 = -\frac{M}{2\hbar^2 k}\left[(cV_1 - bV_0) - c(V_1 + V_0)\frac{\sin(2kc)}{2kc} + aV_0\frac{\sin(2ka)}{2ka}\right] \tag{3.77}$$

ただし

$$b = a - c \tag{3.78}$$

で与えられる．

ここで，

$$V_1 > (b/c)V_0, \quad \text{かつ} \quad a \gg c \tag{3.79}$$

を仮定し，低エネルギー散乱と高エネルギー散乱における位相差の符号を調べてみよう．$2kc \ll 1, 2ka \gg 1$ の条件が成り立つ低エネルギー散乱では，(3.77) 式の最後の項を無視し，$\sin(2kc)/2kc \approx 1$ と近似すると

$$\delta_0(k) \approx \frac{MaV_0}{2\hbar^2 k} > 0 \tag{3.80}$$

が得られ，位相差が正になることが導かれる．一方，$2kc \gg 1, 2ka \gg 1$ の条件が成り立つ高エネルギー散乱に対しては，(3.77) 式の第二項と第三項を無視して

$$\delta_0(k) \approx -\frac{M}{2\hbar^2 k}(cV_1 - bV_0) < 0 \tag{3.81}$$

が得られ，位相差は負になる．斥力芯の半径 c は，位相のずれが 0 になるエネルギー E_{CM}^{cr} に対応する波数を $\bar{k}$ とすると，$2\bar{k}c \approx 1$ で与えられる．図 3.3 から，$E_{CM}^{cr} \sim 125\,\mathrm{MeV}$ なので，$c \approx 0.3\,\mathrm{fm}$ と見積もられる．ただし，より正確な計算では，c は 0.4〜0.5 fm である．

3.4.4 スピン偏極の実験

1990 年代になると，入射核子や標的粒子のスピンを偏極させた実験が頻繁に行われるようになった．それらの実験は，スピン依存力に関する情報を得る上で極めて有効である．

簡単のため，2 つの核子間の力が

$$V = f(r)\left[V_0 + V_\sigma(\sigma_1 \cdot \sigma_2)\right] \tag{3.82}$$

で与えられるとしてみよう．角運動量の演算でしばしば行われるようにスピンの昇降演算子を

$$\sigma_\pm \equiv \sigma_x \pm i\sigma_y \tag{3.83}$$

と定義すると，スピンの内積は，

$$(\sigma_1 \cdot \sigma_2) = \frac{1}{2}\left[\sigma_{1+}\sigma_{2-} + \sigma_{1-}\sigma_{2+}\right] + \sigma_{10}\sigma_{20} \tag{3.84}$$

と書き換えることができる．

(3.84) 式の右辺第一項と右辺第二項を通して入射核子と標的核子の間でスピンの向きの交換 (spin flip) が起こる．このことから，スピン偏極に関する実験から，スピン依存項の詳しい情報が得られることが分かる．

[課題] 入射粒子や標的核を偏極させるにはどうしたらよいか調べよ．

[演習] 次のポテンシャルによる陽子と中性子の散乱を考える．

$$V = (1 + \kappa\hat{\sigma}_1 \cdot \hat{\sigma}_2)f(r) \tag{3.85}$$

散乱の初期に，陽子と中性子は，それぞれスピン上向きと下向きの状態にあったとする．散乱後，スピンが入れ替わっている確率を，スピン依存項の強さ κ の関数として，1 次のボルン近似で求めよ．

3.5 微視的考察：中間子論, QCD

中間子論では，核子の間で π 中間子, ω 中間子, ρ 中間子など様々な中間子を交換することによってそれらの間の力が働くと考える．本節では，この観点に立って核力の特性を調べてみよう．

話を具体的にするために，まず，π 中間子を交換することによって生じる力を導いてみよう．最初に行う作業は，ラグランジアン密度を正しく設定することである．π 中間子の場はクライン・ゴルドン方程式に従うので，対応するラグランジアンは

$$\begin{aligned}\mathcal{L}_{pion} &= \frac{1}{2}\partial_\mu \Pi^a \partial^\mu \Pi^a - \frac{1}{2}m_\pi^2 \Pi^a \Pi^a, \\ &\equiv \frac{1}{2}\left[\frac{\partial^2 \Pi^a}{\partial t^2} - \frac{\partial^2 \Pi^a}{\partial x^2} - \frac{\partial^2 \Pi^a}{\partial y^2} - \frac{\partial^2 \Pi^a}{\partial z^2}\right] - \frac{1}{2}m_\pi^2 \Pi^a \Pi^a,\end{aligned} \tag{3.86}$$

で与えられる．ここで，Π は π 中間子の場で，上付きの添字 a は，アイソスピン (荷電スピン) 空間の指標で，$a = 1, 2, 3$ が，それぞれ，x, y, z 成分に対応し，π 中間子の 3 つの荷電状態 π^+, π^0, π^- の場と

$$\pi^+ = (\Pi^1 + i\Pi^2)/\sqrt{2}, \qquad \pi^- = (\pi^+)^* = (\Pi^1 - i\Pi^2)/\sqrt{2}, \qquad \pi^0 = \Pi^3 \tag{3.87}$$

の関係にある．一方，核子と π 中間子場の相互作用を表すラグランジアン密度は，スピンと通常の空間を込みにした場合スカラー量であること，核子と π 中間子からなる全荷電空間ではスカラーであること，π 中間子は擬スカラー粒子であることなどを考慮し，非相対論の近似で

$$\mathcal{L}_{int-NR} = g_\pi \varphi^\dagger \sigma_\alpha \tau^a \varphi \nabla_\alpha \Pi^a \tag{3.88}$$

で与えられる．φ は核子場を表す 2 次元のスピノル，$\boldsymbol{\sigma}, \boldsymbol{\tau}$ は，それぞれ，核子のスピンおよびアイソスピン演算子である．(3.88) 式に対応して，相互作用のハミルトニアンは

$$H = -\int d\mathbf{r}\; g_\pi \varphi^\dagger \sigma_\alpha \tau^a \varphi \nabla_\alpha \Pi^a \tag{3.89}$$

で与えられる．

2 核子間の相互作用を決定するためには，力を媒介する中間子の場を決定する

必要があるが，それは，オイラー - ラグランジュ方程式

$$\frac{\partial}{\partial x^\mu}\left[\frac{\partial \mathcal{L}}{\partial(\partial q_i/\partial x^\mu)}\right] - \frac{\partial \mathcal{L}}{\partial q_i} = 0 \tag{3.90}$$

に基づいて決定される．ここで，q_i は，中間子場 Π，核子場 φ を統一的に表現したものである．ラグランジアン密度が (3.87) および (3.88) 式で与えられた場合，$q = \Pi^a$ に対してオイラー - ラグランジュ方程式を適用すると，π 中間子場を決定する式として

$$(\nabla^2 - m_\pi^2)\Pi^a(x) = g_\pi \nabla_\alpha \left[\varphi^\dagger \sigma_\alpha \tau^a \varphi\right] \tag{3.91}$$

が得られる．ただし，静的近似を導入し，π 中間子の時間微分項は無視した．この方程式は，(3.2) 式と同じ形をしていることに注意しよう．(3.3) 式を導いたのと同じ方法で，その解は，

$$\Pi^a(\mathbf{r}) = -\frac{g_\pi}{4\pi}\int d\mathbf{r}' \frac{1}{|\mathbf{r}-\mathbf{r}'|}e^{-m_\pi|\mathbf{r}-\mathbf{r}'|}\nabla_\alpha' \left[\varphi^\dagger(\mathbf{r}')\sigma_\alpha \tau^a \varphi\right] \tag{3.92}$$

で与えられることが分かる．この結果を (3.89) 式に代入すると

$$H = \frac{g_\pi^2}{4\pi}\int d\mathbf{r} \int d\mathbf{r}' \varphi^\dagger(\mathbf{r})\sigma_\alpha \tau^a \varphi(\mathbf{r})\nabla_\alpha \frac{1}{|\mathbf{r}-\mathbf{r}'|}e^{-m_\pi|\mathbf{r}-\mathbf{r}'|}\nabla_\beta'(\varphi^\dagger(\mathbf{r}')\sigma_\beta \tau^a \varphi(\mathbf{r}') \tag{3.93}$$

となる．相互作用ポテンシャルは，密度に関する汎関数微分を通して以下のように求まる．

$$V(\mathbf{r}_1, \sigma_1, \tau_1, \mathbf{r}_2, \sigma_2, \tau_2) = \frac{\delta^2 H}{\delta\rho(\mathbf{r}_1)\delta\rho(\mathbf{r}_2)}$$
$$= -\frac{g_\pi^2}{4\pi}(\boldsymbol{\tau}_1 \cdot \boldsymbol{\tau}_2)(\boldsymbol{\sigma}_1 \cdot \boldsymbol{\nabla}_1)(\boldsymbol{\sigma}_2 \cdot \boldsymbol{\nabla}_2)\frac{1}{|\mathbf{r}_1-\mathbf{r}_2|}e^{-m_\pi|\mathbf{r}_1-\mathbf{r}_2|} \tag{3.94}$$

(3.94) 式の導出に当たっては，核子場を平均場的に扱い，$\varphi(\mathbf{r})\dagger\varphi(\mathbf{r})$ を c 数としての平均的な核子密度 $\rho(\mathbf{r})$ と同一視し，汎関数微分の規則 $\frac{\delta\rho(\mathbf{r})}{\delta\rho(\mathbf{r}_1)} = \delta(\mathbf{r}-\mathbf{r}_1)$ を用いた．微分を実行することによって，(3.94) 式は

$$V^{OPEP}(\mathbf{r} = \mathbf{r}_1 - \mathbf{r}_2, \sigma_1, \tau_1, \sigma_2, \tau_2)$$
$$= \frac{g_\pi^2}{3\hbar c}m_\pi c^2 \frac{e^{-\mu r}}{\mu r}(\boldsymbol{\tau_1} \cdot \boldsymbol{\tau_2})\left[(\boldsymbol{\sigma_1} \cdot \boldsymbol{\sigma_2}) + \left(1 + \frac{3}{\mu r} + \frac{3}{(\mu r)^2}\right)S_{12}\right]$$
$$-\frac{4\pi}{3\mu^2}\mu c^2 \frac{g_\pi^2}{4\pi\hbar c}(\boldsymbol{\tau_1} \cdot \boldsymbol{\tau_2})(\boldsymbol{\sigma_1} \cdot \boldsymbol{\sigma_2})\delta(\mathbf{r}) \tag{3.95}$$

のように書き換えることができる．ただし，$\mu = m_\pi c/\hbar$．V^{OPEP} の添字 OPEP

は one pion exchange potential を表す．スピンおよびアイソスピンに依存する項やテンソル力に対応する項が現れることに注目しよう．

[課題] 相対論では，核子場と π 中間子場の相互作用を表すラグランジアン密度は

$$\mathcal{L}_{int-R} = -g_\pi \bar{\psi}\gamma_5\gamma_\mu\tau^a\partial^\mu\Pi^a\psi \tag{3.96}$$

で与えられる．非相対論的近似を導入することによって，(3.96) 式から (3.88) 式が導かれることを示せ．

(3.95) 式から，π 中間子を 1 個交換することによる核力の到達距離は π 中間子のコンプトン波長で与えられること，動径依存性 (形状因子) は湯川関数 $e^{-\mu r}/\mu r$ で与えられることが分かる．これらは，3.1.1 項および 3.1.2 項で不確定原理に基づく簡単な考察および電磁場を参考にして導いた結論と一致している．一般的に，質量 m の中間子を交換することによる力の到達距離は，対応するコンプトン波長 $\hbar/mc$ 程度である．したがって，核子間の距離が近くなればなるほど，ρ 中間子 (質量 (正確には静止エネルギー) 775.5 MeV) や ω 中間子 (質量 782.7 MeV) さらには π 中間子 2 個の交換に対応する σ 粒子などより質量の大きな中間子の交換の寄与が無視できなくなる．

斥力芯が現れる距離が極めて小さな領域を中間子論で議論することには限界がある．そのため，核子を 3 つのクォークの複合粒子とみなし，クォーク間の反対称化の効果を考慮して核力の特徴を微視的に解明する研究がなされた (クォーククラスター模型：quark cluster model)[*8]．他の方法として，量子色力学 (QCD) に対する近似理論 (effective field theory) として，**カイラル摂動論** (chiral perturbation theory：χPT) に基づく核力の研究がなされていること[*9]，さらに最近では，格子上で定義された QCD のモンテカルロ計算を用いた核力の研究 (Lattice QCD 計算)[*10] が進められていることに言及しておこう．

[*8] K. Yazaki, Prog. Theor. Phys. Supplement No.91 (1987) pp. 146-159.
[*9] R. Machleidt and D. R. Entem, Journal of Physics:Confrence Series 20(2005)77.
[*10] N. Ishii, S. Aoki and T. Hatsuda, Phys. Rev. Lett.99(2007) 022001; Comput. Sci. Disc. 1 (2008) 015009; S. Aoki, T. Hatsuda and N. Ishii, Prog. Theor. Phys. Vol.123 No.1 (2010) pp. 89-128.

3.6 高精度で実用的な現象論的核力: 現実的ポテンシャル

核力を微視的観点から理論的に導出することを試みる一方で，現象論と中間子論を融合し，定量性を重視した実用的観点から，半現象論的に核力を決定する試みもなされてきた．その代表的ものとして，歴史的には，浜田 - ジョンストン (Hamada-Johnston) ポテンシャル[11]とリードハードコアおよびソフトコア (Reid hard core および soft core) ポテンシャル[12][13]が，また，その後さらに改良を加えたものとして，ボン (Bonn) ポテンシャル[14]，アルゴンヌ (Argonne) ポテンシャル[15]，パリ (Paris) ポテンシャル[16]，ナイメーヘン (Nijmegen) ポテンシャル[17]が挙げられる．

それらのポテンシャルは，斥力芯をもつこと，遠方 ($r > 3\,\mathrm{fm}$) の領域は OPEP で記述される点で共通し，たくさんのパラメターを含んでいる．パラメターは，実験室系での衝突エネルギーが $350\,\mathrm{MeV}$ 以下の核子 - 核子散乱の実験データや重陽子の特性をよく再現するように決定される．そのため，それらのポテンシャルは，しばしば，現実的なポテンシャルと呼ばれる．それぞれのポテンシャルは，テンソル力の強さ，中距離や短距離の取り扱い，非局所性や off-shell 効果の取り扱いなどに違いがある．表 3.3 と表 3.4 に，現実的な現象論的ポテンシャルの決め方の要点や特性をまとめて記した．表 3.4 でみるように，改良された現実的ポテンシャルでは核力の荷電独立性の破れ (charge independence breaking：CIB)

---

[11] T. Hamada and I. D. Johnston, Nucl. Phys. A34(1962)382.
[12] P. V. Reid, Ann. Phys.(N. Y.)50(1968)411.
[13] 芯の部分の斥力ポテンシャルの高さが無限大である場合，有限である場合をそれぞれ，ハードコアポテンシャル，ソフトコアポテンシャルという．
[14] J. Haidenbauer and K. Holinde, Phys. Rev. C40(1989)2465; R. Machleidt, K. Holinde and Ch. Elster, Phys. Rep.149(1987)1; R. Machleidt, Adv. Nucl. Phys. 19(1989)189.
[15] R. B. Wiringa, V. G. J. Stoks and R. Schiavilla, Phys. Rev. C51(1995)38; R. B. Wiringa, R. A. Smith and T. L. Ainsworth, Phys. Rev. C29(1984)1207.
[16] M. Lacombe, B. Loiseau, J. M. Richrad, R. Vinh Mau, J. Cote, P. Pires and R. de Tourreil, Phys. Rev. C21(1980)861.
[17] M. M. Nagels, T. A. Rijken and J. J. de Swart, Phys. Rev. D17(1978)768; P. M. M. Maessen, Th. A. Rijken and J. J. de Swart, Phys. Rev. C40(1989)2226; V. G. J. Stoks, R. A. M. Klomp, C. P. F. Terheggen and J. J. de Swart, Phys. Rev.49(1994)2950.

表 3.3 現実的な現象論的ポテンシャル (1). ere：有効距離の理論の展開係数. d：重陽子の特性. pp:pp 散乱. np:np 散乱. soft(Yukawa(WS))：湯川 (ウッズ-サクソン) 型の斥力芯 (soft core). C：中心力. T：テンソル力. LS：スピン軌道力. LL：L^2 項. $(LS)^2$：2 次のスピン軌道相互作用.

	浜田・ジョンストン	リード hc	リード sc
core の特性	hard(∞)	hard(∞)	soft(Yukawa)
入力	ere, d, pp, np	ere, d, pp, np	ere, d, pp, np
E_{max}(MeV)	315	350	350
成分	C, T, L^2, LS,$(LS)^2$	C, T, LS	C, T, LS

表 3.4 現実的な現象論的ポテンシャル (2). le-nn：低エネルギー nn 散乱. CIB：荷電独立性の破れ. CD：荷電依存性. em：詳細な電磁相互作用.

	パリ	アルゴンヌ v_{18}	ボン	ナイメーヘン
core の特性	(soft)	soft(WS)	(soft)	soft
入力	d, ere	le-nn, ere, d	(d, t)	
	NN	pp, np, nn	pp, np	pp, np
E_{max}(MeV)	330	350	350	350
成分	C, T, LS,$(LS)^2$	C, T, L^2, LS,$(LS)^2$		C, T, LS,$(LS)^2$
特徴	C:$p^2 - dep.$	CIB, em	CD	CD
		local	nonlocal	local

あるいは核力の荷電依存性 (charge dependence：CD) も考慮され[*18)*19)*20)]正確な少数系の計算や微視的観点からの核構造の研究に用いられている.

ここでは，相対的に表現が簡潔で核力の大まかな特性が見やすい浜田 - ジョンストンポテンシャルとリードポテンシャルを紹介しておこう.

a. 浜田 - ジョンストンポテンシャル

図 3.5 は，浜田 - ジョンストン (HJ) ポテンシャルを示したものである．リードハードコアポテンシャルは HJ ポテンシャルと定性的に良く似ている．

浜田 - ジョンストンポテンシャルでは，$r = r_C = 0.49$ fm より近距離では無限の高さの斥力芯を考え，それより外側では，核力は

[*18)] CIB の主な要因の一つは，3 つの π 中間子の質量差である．

[*19)] ナイメーヘンポテンシャルでは，CSB(荷電対称性の破れ) の一部だけが考慮されていたり，アルゴンヌポテンシャル v_{18} では CSB が現象論的に取り扱われているなど，ポテンシャルによって取り扱いや精度はまちまちである．

[*20)] 核力の CSB を精度良く取り扱うことは，トリトンと ^{3}He の質量差や，より一般的に，鏡映核のエネルギー準位間のエネルギー差に関する NS (Nolen-Schiffer) anomaly (J. A. Nolen, Jr. and J. P. Schiffer, Ann. Rev. Nucl. Sci.19(1969)471) を説明する上で，重要である．

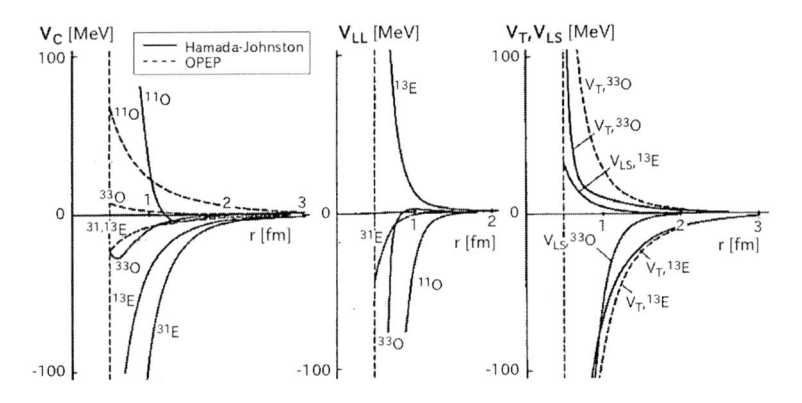

図 3.5 浜田・ジョンストンポテンシャル[9]. 原典：T. Hamada and I.D. Johnston, NP34(1962)382.

$$V = V_C(\mu r) + V_T(\mu r)S_{12} + V_{LS}(\mu r)\mathbf{L}\cdot\mathbf{S} + V_{LL}(r)L_{12} \quad (3.97)$$

で与えられると仮定する．ここで，2次のスピン軌道相互作用の演算子 L_{12} は

$$L_{12} = (\boldsymbol{\sigma}_1\cdot\boldsymbol{\sigma}_2)\mathbf{L}^2 - \frac{1}{2}[(\boldsymbol{\sigma}_1\cdot\mathbf{L})(\boldsymbol{\sigma}_2\cdot\mathbf{L}) + (\boldsymbol{\sigma}_2\cdot\mathbf{L})(\boldsymbol{\sigma}_1\cdot\mathbf{L})]$$

$$= (\delta_{LJ} + \boldsymbol{\sigma}_1\cdot\boldsymbol{\sigma}_2)\mathbf{L}^2 - (\mathbf{L}\cdot\mathbf{S})^2 \quad (3.98)$$

で定義される．また，動径関数は

$$V_C = V_0(\boldsymbol{\tau}_1\cdot\boldsymbol{\tau}_2)(\boldsymbol{\sigma}_1\cdot\boldsymbol{\sigma}_2)Y(x)\left[1 + a_C Y(x) + b_C Y^2(x)\right] \quad (3.99)$$

$$V_T = V_0(\boldsymbol{\tau}_1\cdot\boldsymbol{\tau}_2)(\boldsymbol{\sigma}_1\cdot\boldsymbol{\sigma}_2)Z(x)\left[1 + a_T Y(x) + b_T Y^2(x)\right] \quad (3.100)$$

$$V_{LS} = g_{LS}V_0 Y^2(x)\left[1 + b_{LS}Y(x)\right] \quad (3.101)$$

$$V_{LL} = g_{LL}V_0 \frac{Z(x)}{x^2}\left[1 + a_{LL}Y(x) + b_{LL}Y^2(x)\right] \quad (3.102)$$

$$V_0 = \frac{1}{3}\frac{f^2}{\hbar c}m_\pi c^2 = 3.65\,\mathrm{MeV} \quad (3.103)$$

$$x = \frac{m_\pi c}{\hbar}r \quad (3.104)$$

$$Y(x) = \frac{1}{x}e^{-x} \quad (3.105)$$

$$Z(x) = \left(1 + \frac{3}{x} + \frac{3}{x^2}\right)Y(x) \quad (3.106)$$

で与えられると仮定する．

b. リードポテンシャル

リードハードコアポテンシャルでは，斥力芯の外側は

$$V = V_C(\mu r) + V_T(\mu r)S_{12} + V_{LS}(\mu r)\mathbf{L}\cdot\mathbf{S} \qquad (3.107)$$

で与えられると仮定し，動径依存性は

$$V_C(x) = \sum_{n=1}^{\infty} a_n \frac{e^{-nx}}{x},$$

$$V_T(x) = \frac{b_1}{x}\left\{\left(\frac{1}{3} + \frac{1}{x} + \frac{1}{x^2}\right)e^{-x} - \left(\frac{k}{x} + \frac{1}{x^2}\right)e^{-kx}\right\} + \sum_{n=2}^{\infty} b_n \frac{e^{-nx}}{x},$$

$$V_{LS}(x) = \sum_{n=1}^{\infty} c_n \frac{e^{-nx}}{x} \qquad (3.108)$$

のようにパラメター表示して考える．斥力芯の位置 r_C は2核子の合成アイソスピンに依存し，$T=1$ 状態では，^1S 状態に対しては $r_C = 0.42$ fm，その他の状態では 0.43 fm に，$T=0$ 状態では，$r_C = 0.55$ fm にとる．リードソフトコアポテンシャルでは到達距離の短い斥力型の湯川関数を加えて芯の効果を表現する．

浜田・ジョンストンポテンシャルにおける a_C や，リードポテンシャルにおける a_n などのパラメターは，実験データの解析から現象論的に決定する．

3.7　自由空間での核力のまとめ

ここで，自由空間での核力 (核子・核子散乱や重陽子の解析から得られる核力) についてまとめておこう．

図 3.6 は，中心力やテンソル力などが，2 核子間の距離 r の関数としてどのように変化するかを示したものである．^{31}E, ^{11}O など 2 核子系の状態ごとに記してあり[21] それぞれの空間領域の核力が，どのような中間子の寄与から生じているかについても記されている．

図に現れた核力の特徴は大まかに以下のようにまとめることができる．
(1) 重力や電磁気力と対照的に短距離力である．横軸が fm(10^{-15}m) 単位でとられていることに注意しよう．
(2) 遠方は，OPEP(one pion exchange potential) に支配され引力である．
(3) 核子が重なる近距離領域では，強い斥力である．
(4) テンソル力などを通して 2 核子系の状態に強く依存する．例えば，2 核子系で引力が十分強く束縛状態が存在するのは，合成アイソスピンが 0，合

---

[21]　図では空間運動の偶奇性とスピンの多重度が書かれており，^{3}E や ^{1}E の triplet や singlet は，スピン空間の多重度に対応する．

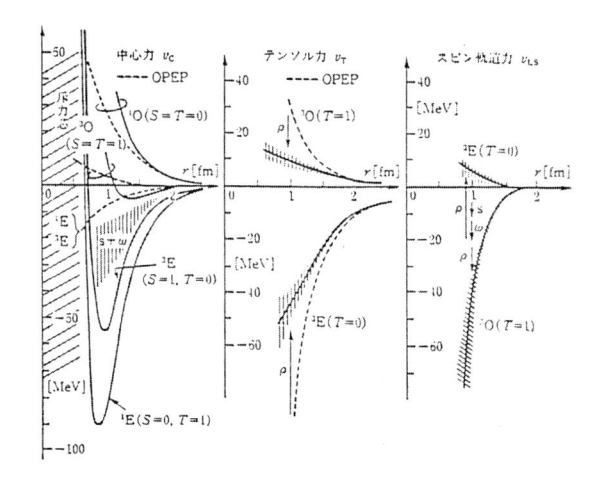

図 3.6 核力ポテンシャルのまとめ．玉垣良三「高密度核物質」(大槻義彦編『物理学最前線 15』所収，共立出版，1986 年) から引用．

成スピンが 1 の重陽子だけである．

3.8 核内での有効相互作用

3.8.1 G 行 列[17)]

裸の核力 (自由空間にある核子間に働く核力) が分かっても，核構造や核反応の研究に使うためにはさらに考察が必要である．前節で学んだように，ポテンシャルによって多少の違いはあるが，核力の近距離部分は，無限の硬さの斥力芯，あるいは，無限でないまでも強い斥力芯で表現される．例えば核構造研究の標準的な理論である平均場理論 (ハートリー・フォック理論) にハードコアのある裸の核力をそのまま用いると，相互作用の行列要素が発散してしまう．

ハードコアの問題など，核力が強いことに付随する困難を解決する一つの方法は G 行列理論 (ブルックナー (Brueckner) 理論) である．この方法では，核構造や核反応に関する理論的計算を行う際，2 核子間の核力として，生の核力ではなく，多重散乱の効果を取り入れた G 行列と呼ばれる有効核力を用いる[*22)](図 3.7)．自由空間の場合は，多重散乱の効果をとりいれた有効相互作用は T 行列と呼ばれ，2 核子系の全エネルギーが E のとき，演算子表示で

[*22)] G 行列理論は，通常のレイリー・シュレディンガー (Rayleigh・Schrödinger) 摂動論ではなく，特別な高次項 (繰り返し散乱：はしご (ladder) 散乱) を考慮するものである．

$$T = V + V \frac{1}{E - K_1 - K_2 + i\epsilon} T \qquad (3.109)$$

で与えられる. 右辺の T に次々に右辺全体を代入することを繰り返すことによって, T が多重散乱を考慮した実効的な核力であることが理解できよう. K_1, K_2 は, 核子 1 および 2 の中間状態における運動エネルギーを表す演算子である.

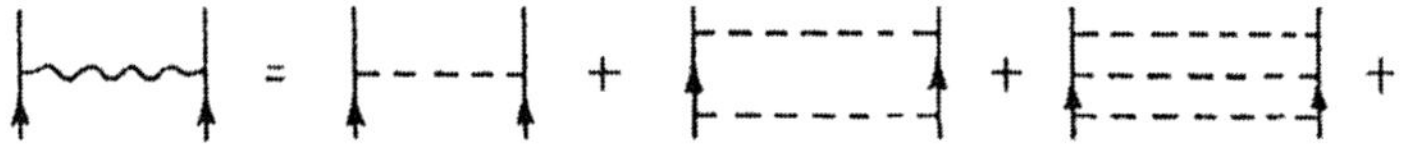

図 3.7 G 行列の概念図. 波線は G, 点線は裸のポテンシャル V.

G 行列は, T 行列を核内における核力に適用したものと考えることができる. 自由空間の場合からの重要な変化は, 多重散乱の中間状態において核子が取る状態を, 核内のほかの核子が既に占拠している状態を排除するようにパウリ排他律を考慮すること, および伝播子 (propagator) の計算に当たって, 媒質中のエネルギーを用いることである. 結局, G 行列は以下の式で与えられる

$$G = V + V \frac{Q}{E - H_1^{(0)} - H_2^{(0)}} G \qquad (3.110)$$

Q はパウリの排他律に基づいて中間状態を制限する演算子, $H_1^{(0)}, H_2^{(0)}$ は非摂動のハミルトニアンで, 例えば, 殻模型における平均場のハミルトニアンに対応する. (3.110) 式は, ベーテ・ゴールドストーン (Bethe-Goldstone) 方程式と呼ばれている.

行列という言葉の意味を明確にするために, (3.109) 式および (3.110) 式に対応する行列表示を与えておこう. T 行列の場合は, 平面波を規定する波数ベクトルを状態の指標に用いて

$$\begin{aligned} T^E_{\mathbf{k}_{1f}\mathbf{k}_{2f},\mathbf{k}_{1i}\mathbf{k}_{2i}} = & V_{\mathbf{k}_{1f}\mathbf{k}_{2f},\mathbf{k}_{1i}\mathbf{k}_{2i}} \\ & + \sum_{\mathbf{p}_1\mathbf{p}_2} V_{\mathbf{k}_{1f}\mathbf{k}_{2f},\mathbf{p}_1\mathbf{p}_2} \frac{1}{E - (\mathbf{p}_1^2/2M) - (\mathbf{p}_2^2/2M) + i\epsilon} T^E_{\mathbf{p}_1\mathbf{p}_2,\mathbf{k}_{1i}\mathbf{k}_{2i}} \end{aligned}$$
$$(3.111)$$

で与えられる. G 行列の場合は, 例えば殻模型の状態指標を行列の指標に用いて

$$G^E_{cd,ab} = V_{cd,ab} + \sum_{mn > \epsilon_F} V_{cd,mn} \frac{1}{E - \epsilon_m - \epsilon_n} G^E_{mn,ab} \qquad (3.112)$$

で与えられる.

G 行列理論の詳細は他書[17)] に譲るとして, ここでは, (3.112) 式の右辺で, 中

間状態の制限のために現れるフェルミエネルギー ϵ_F を介して，核内での有効核力が，密度に依存することを注意しておこう (フェルミエネルギーと密度との関係については 2.2 節参照).

3.8.2 現象論的有効相互作用

これまでみてきたように，核力を厳密に決定すること，また，中間子論や QCD などより基本的な立場から出発して核力を決定し，それをもとに多体問題の観点から核構造や核反応の研究を行うことは容易ではない. そこで, 3.6 節で述べた高度で実用的な現象論的核力や G 行列理論に基づく研究が進む一方，より簡便な現象論的相互作用に基づく研究も盛んである. それらの現象論的ポテンシャルは，密度の飽和性を保証するために強い交換項 (マヨラナ項) をもつことや，G 行列理論に言及して密度依存性を考慮するなど，機能的ないくつかの項から成り立っている. それらの現象論的有効相互作用の代表的な例をいくつか挙げておこう[*23)].

a. 動径形状因子および交換性の例

核力の動径依存性には，以下に記すような湯川型やガウス型, または, 到達距離の異なるいくつかのそれらの関数形を足し合わせたものがしばしば用いられる.

$$V(r) = -V_0 \frac{e^{-\mu r}}{\mu r} \qquad (湯川ポテンシャル) \qquad (3.113)$$

$$V(r) = -V_0 e^{-r^2/r_0^2} \qquad (ガウスポテンシャル) \qquad (3.114)$$

交換性に関しては，表 3.5 に代表的な例として, サーバー (Serber) 力およびローゼンフェルト (Rosenfeld) 力の場合を示した.

表 3.5 核力の交換性 (各交換項の係数)

ポテンシャル名	W	M	B	H	備考
サーバー	0.5	0.5	0.0	0.0	np 散乱の強い後方断面積をよく説明する
ローゼンフェルト	-0.13	0.93	0.46	0.26	

[*23)] 理論計算で用いられる有効核力は，フェッシュバッハ (Feshbach) の射影演算子法[26)] でも明らかなように，計算で露わに考慮する模型空間の広さにも依存する. unitary model operator approach(UMOA) はそのような理論の一つである. S. Fujii, R. Okamoto and K. Suzuki, Phys. Rev. Lett., Vol. 113, 182501-1-4(2009); 鈴木賢二, 岡本良治, 日本物理学会誌, 42 巻, 3 号, (1987), 263-270. K. Suzuki and S. Y. Lee, Prog. Theor. Phys. 64('80)2091.

b. 軽い核の変分計算に用いられる有効相互作用

ここでは，変分法による軽い核のクラスター構造の研究などにしばしば用いられるボルコフ力 (Volkov force)[*24] を，有効相互作用の例として挙げておこう[*25]．

$$V(r) = \left[-60\exp\{-(r/1.80)^2\} + 60\exp\{-(r/1.01)^2\}\right]$$
$$\times (1 - m + mP_x) \tag{3.115}$$

ボルコフ力では，マヨラナ交換項が原子核の飽和性を保証するために用いられている．軽い原子核のクラスター構造との関連でいうと，m が大きいほどより顕著なクラスター構造が予言される．

c. ハートリー・フォック計算に用いられる有効相互作用

このほか非相対論でのハートリー・フォック計算にしばしば用いられる有効相互作用として，スカーム力 (Skyrme force) やゴニー力 (Gogny force) があるが，前者については，第 6 章で改めて述べることにする．

[*24] A. B. Volkov, Phys. Lett. 12(1964)118; Nucl. Phys. 74(1965)33.

[*25] このほか，ブリンク・ベーカー力 (D. M. Brink and E. Boeker, Nucl. Phys. 91(1967)1.)，長谷川・永田力 (A. Hasegawa and S. Nagata, Prog. Theor. Phys. 45(1971)1786)，ミネソタ力 (D. R. Thompson and Y. C. Tang, Phys. Rev. 159(1967)806) などもしばしば用いられた．これらの力は，いずれも，調和振動子模型の波動関数を用いた行列の計算が容易であるようにガウス型の動径因子を仮定している点において共通しているが，長谷川・永田力は，スピン・軌道力およびテンソル力を含んでいることに特徴がある．一方ミネソタ力は，他の力がいくつかの原子核の半径や相対的な結合エネルギーを再現するようにパラメターを決定したのに対し，散乱データを再現するようにパラメターを決定することに特徴がある (いくつかの有効核力の特性および波動関数がスレーター行列で与えられる場合のハミルトニアンの行列要素の計算法については D. M. Brink, Proc. of the Int. School of Physics, ed. C. Bloch(Academic Press, New York, 1966, p.247. に詳しい)．

4 電磁場との相互作用：電磁多重極モーメント

シュテルン (Stern) が磁気モーメントの測定を通して陽子がディラック方程式で記述される理想的な点粒子ではないことを示したことを第1章で述べた．また，第3章では，磁気双極子モーメントから重陽子がスピン三重項，アイソスピン一重項状態にあること，さらに，D状態の混ざりを通してテンソル力の大きさについても情報を与えることを学んだ．このように，原子核の電磁的性質は核子や原子核の構造を調べる上で重要な情報を与える．また，輻射場との相互作用を通してガンマ線の放射や吸収を行い，それぞれのエネルギー準位の寿命を支配し，エネルギー準位間の電磁遷移強度を通して核構造や原子核の集団運動の解明に重要な情報を与える．さらに，カスケードガンマ線の角相関を測定することによって，エネルギー準位のスピンを決定することができる[*1)]．本章では，これら原子核の電磁的現象のうち，磁気双極子モーメントや，原子核の形に重要な情報を提供する四重極モーメントなど，電磁多重極モーメントについて学ぶことにする．ガンマ線放射による電磁遷移については，第5章と第7章で原子核の構造について学んだ後，8.3節で改めて学ぶ．

4.1 電磁相互作用のハミルトニアンおよび電磁多重極モーメント

原子核と電磁場との相互作用のハミルトニアンは

$$H_{em} = \int \rho_C(\mathbf{r})\varphi(\mathbf{r})d\mathbf{r} - \frac{1}{c}\int \mathbf{j}(\mathbf{r})\cdot\mathbf{A}(\mathbf{r})d\mathbf{r} \quad (4.1)$$

で与えられる．ここで，$\rho_C(\mathbf{r})$, $\mathbf{j}(\mathbf{r})$ は原子核の電荷密度および電流密度，$\varphi(\mathbf{r})$, $\mathbf{A}(\mathbf{r})$ は電磁場を表すスカラーおよびベクトルポテンシャルである．

$\varphi(\mathbf{r})$ と $\mathbf{A}(\mathbf{r})$ を原子核の中心の周りで展開することによって

[*1)] 電磁遷移は，放射性中性子捕獲 (radiative neutron capture) などによって元素の誕生にも重要な役割を演じる[15, 65]．

$$H_{em} = Q\varphi(0) - \mathbf{P} \cdot \mathbf{E}(0) - \boldsymbol{\mu} \cdot \mathbf{H}(0) - \frac{1}{6}\sum_{ij} Q_{ij}(\frac{\partial E_j}{\partial x_i})_0 + \ldots, \quad (4.2)$$

$$Q = \int \rho_C(\mathbf{r}) d\mathbf{r}, \quad (4.3)$$

$$\mathbf{P} = \int \mathbf{r}\rho_C(\mathbf{r}) d\mathbf{r}, \quad (4.4)$$

$$\boldsymbol{\mu} = \frac{1}{2c}\int \mathbf{r} \times \mathbf{j}(\mathbf{r}) d\mathbf{r}, \quad (4.5)$$

$$Q_{ij} = \int \rho_C(\mathbf{r})(3x_i x_j - \delta_{ij}r^2) d\mathbf{r}, \quad (4.6)$$

$$\mathbf{E} = -\nabla\varphi, \quad (4.7)$$

$$\mathbf{H} = \nabla \times \mathbf{A} \quad (4.8)$$

が得られる．原子核の大きさのスケールでは磁場は一様であると仮定し，その場合は $\mathbf{A} = \frac{1}{2}\mathbf{H} \times \mathbf{r}$ であることを用いた．Q は全電荷であり，$\mathbf{P}, \boldsymbol{\mu}, Q_{ij}$ は，それぞれ，電気双極子モーメント，磁気双極子モーメント，電気四重極モーメントと呼ばれる．

[課題] 一様磁場の場合，$\mathbf{A} = \frac{1}{2}\mathbf{H} \times \mathbf{r}$ は $\mathbf{H} = rot\mathbf{A}$ を満たすことを示せ．

4.1.1 双極子モーメントおよび四重極モーメントの演算子

これらの多重極モーメントの実験値および関連した遷移確率と理論値を比較するためには，電荷密度 ρ_C や電流密度 $\mathbf{j}$ を演算子 $\hat{\rho}_C, \hat{\mathbf{j}}$ と考える必要がある．第5章や第7章および8.3節で述べるように，核構造や核反応の記述には，殻模型のように核子の自由度を用いる微視的な方法や，核表面の変形パラメターを座標とする集団運動模型など様々な方法がある．$\hat{\rho}_C, \hat{\mathbf{j}}$ はそれらの座標を用いて表現する必要があるため，具体的な表現は，核構造や核反応を記述する模型 (方法) によって変わる．ここでは，核子の自由度を用いる微視的模型を想定して $\hat{\rho}_C, \hat{\mathbf{j}}$ の具体的な表現を書き下すことにしよう．それらは，核子を点粒子とみなし，k 番目の核子のスピンおよびアイソスピン演算子をそれぞれ $\hat{\mathbf{s}}_k, \hat{\mathbf{t}}_k$ と表すと

$$\hat{\rho}(\mathbf{r}) = e\sum_k (\frac{1}{2} - \hat{t}_z(k))\delta(\hat{\mathbf{r}} - \mathbf{r}_k), \quad (4.9)$$

$$\hat{\mathbf{j}}(\mathbf{r}) = e\sum_k (\frac{1}{2} - \hat{t}_z(k))\frac{1}{2}\{\hat{\mathbf{v}}_k\delta(\hat{\mathbf{r}} - \mathbf{r}_k) + \delta(\hat{\mathbf{r}} - \mathbf{r}_k)\hat{\mathbf{v}}_k\}$$
$$+ \frac{e\hbar}{2M_N}\sum_k g_s(k)\nabla \times \hat{\mathbf{s}}_k\delta(\hat{\mathbf{r}} - \mathbf{r}_k) \quad (4.10)$$

で与えられる．ここで

$$\hat{\mathbf{v}}_k = \frac{i}{\hbar}\left[\hat{H}, \hat{\mathbf{r}}_k\right] \sim \frac{1}{m}\hat{\mathbf{p}}_k, \tag{4.11}$$

$$g_s(k) \equiv \frac{1}{2}(g_n(k) + g_p(k)) + \hat{t}_z(k)(g_n(k) - g_p(k)) \tag{4.12}$$

である．g_s はスピン g 因子と呼ばれる．g_n と g_p には，第 1 章で述べた異常磁気能率の値，$g_n = 2\mu_n/\mu_N = -3.826, g_p = 2\mu_p/\mu_N = 5.586$ を用いる．(4.10) 式の右辺第一項および第二項は，それぞれ，対流電流 (convection current) および磁化電流 (magnetization current) と呼ばれている．前者は，陽子の運動による通常の電流であるが，後者は，陽子と中性子が磁気モーメントをもつことに付随する電流である．(4.10) 式は，本来フェルミ粒子が従うディラック方程式から出発し，非相対論的近似を導入することによって導き出すことができる．

[演習] ディラック理論では，流れの密度は $j^k = c\psi^\dagger \alpha^k \psi$，ただし $\alpha^k \equiv \begin{pmatrix} 0 & \sigma^k \\ \sigma^k & 0 \end{pmatrix}$，で与えられる．一方，粒子の速度が光速に比べ十分小さければ，ψ の第三および第四成分 (速度が小さいときは，小さい成分) を表す 2 次元スピノル χ は第一，第二成分を表す 2 次元スピノル φ を用いて，$\chi \approx \frac{\sigma \cdot \mathbf{P}}{2mc}\varphi$ と近似できる．このことに注目して (4.10) 式を導け．

(4.9) 式と (4.10) 式を (4.3)〜(4.6) 式に代入すると

$$\hat{Q} = e \sum_k \left(\frac{1}{2} - \hat{t}_z(k)\right), \tag{4.13}$$

$$\hat{\mathbf{P}} = e \sum_k \left(\frac{1}{2} - \hat{t}_z(k)\right) \hat{\mathbf{r}}_k, \tag{4.14}$$

$$\hat{\mu} = \frac{1}{2c} \int \mathbf{r} \times (\hat{\mathbf{j}}_c(\mathbf{r}) + \hat{\mathbf{j}}_{mag}(\mathbf{r})) d\mathbf{r} \equiv \hat{\mu}_c + \hat{\mu}_{mag}, \tag{4.15}$$

$$\hat{\mu}_c = \mu_N \sum_k (\frac{1}{2} - \hat{t}_z(k))\hat{\ell}_k, \tag{4.16}$$

$$\hat{\mu}_{mag} = \mu_N \sum_k g_s(k)\hat{\mathbf{s}}_k, \tag{4.17}$$

$$\hat{Q}_{ij} = e \sum_k \left(\frac{1}{2} - \hat{t}_z(k)\right)\{3\hat{x}_i(k)\hat{x}_j(k) - \delta_{ij}\hat{r}^2(k)\} \tag{4.18}$$

が得られる．

4.1.2 様々な補正

精度の良い議論をするには，(1) 核子が有限の大きさをもつことによる効果や (2)

スピン・軌道相互作用など速度に依存する相互作用が存在することによって，速度 $\hat{\mathbf{v}}_k \equiv \frac{i}{\hbar}[\hat{H}, \hat{\mathbf{r}}_k]$ が $\hat{\mathbf{p}}_k/M_N$ からずれる効果，(3) 中間子交換電流の効果 (核子間に交換される中間子に電磁場が直接作用する効果)，(4) クエンチング (quenching) 効果 (パウリ原理のため核内では核子の磁気能率の異常性が小さくなる効果)，(5) 相対論的効果，など様々な補正が必要である．

4.1.3 磁気モーメントの測定：超微細構造

原子による光の発光および吸収のスペクトルを詳しく調べると，電子の運動だけから期待されるものより複雑な構造をしている．それらの微細な構造を超微細構造 (hyperfine structure) という．今，原子核の質量数が奇数の原子を考えてみよう．原子核のスピンは半整数であり，そのスピン演算子を $\hat{\mathbf{I}}$ と書くことにする．この時，原子核の磁気モーメント $\hat{\boldsymbol{\mu}}_{nucleus}$ は，g 因子を用いて $\hat{\boldsymbol{\mu}}_{nucleus} = g\mu_N \hat{\mathbf{I}}$ で与えられる．この磁気モーメントを通して電子のつくる磁場の影響を受け，電子と原子核を含めた原子全体の基底状態近傍の状態は，いくつかの近接したエネルギー準位に分かれる．これが，光のスペクトルに超微細構造 (hyperfine structure) が現れる原因である．例として，図 4.1 に中性の水素原子の基底状態近傍のエネルギー準位を示した[31]．

上のことから想像できるように，超微細構造の研究は，原子核の磁気モーメントの大きさを決定する有力な方法である[*2]．以下では，その原理を少し詳しくみ

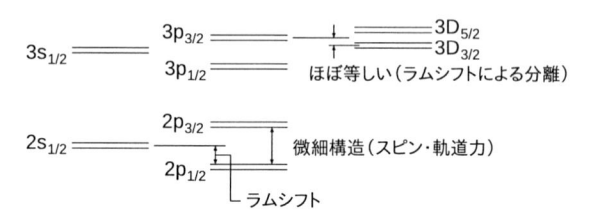

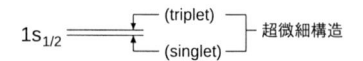

図 4.1 水素原子の基底状態近傍のエネルギー準位．文献[31] から引用．

[*2)] シュテルンは，理想化した理論でしばしば仮定される相互作用のない状況を実現するように希薄な分子線の技術を開発し，それらを，原子の角運動量の方向量子化を実験的に示したシュテルン・ゲルラッハ (Stern-Gerlach) の実験と同じように，不均一な磁場に通す実験によって，核子の異常磁気能率を発見した．

てみよう.

今, 電子のつくる磁場を $\hat{\mathbf{H}}_{el}$ と書くことにすると, 電子と原子核の相互作用のハミルトニアンは

$$\hat{H}_{hyperfine} = -\hat{\boldsymbol{\mu}}_{nucleus} \cdot \hat{\mathbf{H}}_{el} \tag{4.19}$$

で与えられる.

具体的な例として基底状態における電子の軌道角運動量が 0 である水素原子あるいは水素原子模型が適用できるアルカリ原子を考えてみよう. ボーア磁子を μ_B, 電子の波動関数の原点における値を $\psi(0)$, 電子のスピン演算子を $\hat{s}$ とすると,

$$\hat{\mathbf{H}}_{el} = -\frac{16\pi}{3}\mu_B |\psi(0)|^2 \hat{s} \tag{4.20}$$

なので[*3],

$$\hat{H}_{hyperfine} = \hat{H}_{spin\text{-}spin} = \frac{16\pi}{3} g \cdot \mu_N \mu_B |\psi(0)|^2 (\hat{s} \cdot \hat{\mathbf{I}}) \tag{4.21}$$

となる. (4.21) 式は, 電子のスピンと原子核のスピンの内積の期待値に応じてエネルギー準位が 2 本に分離することを示している. この特徴を表すために, (4.21) 式 2 項目ではハミルトニアン演算子にスピンスピン相互作用の意味で spin-spin の添字を付けた. 一般に, 電子の全角運動量が j の場合は, 原子全体の合成角運動量 $\hat{\mathbf{J}} \equiv \hat{\mathbf{j}} + \hat{\mathbf{I}}$ の大きさは, $J = I+j, I+j-1, ...|I-j|$ となり, エネルギー準位は I と j の大小関係に応じて $2I+1$ 本 ($I \leq j$ の場合), あるいは $2j+1$ 本 ($I \geq j$ の場合) に分かれる. したがって, 超微細構造に関するスペクトル線の数を数えれば, j や I の情報が得られる.

一方, (4.21) 式は, 超微細構造のスペクトルの測定を通して分岐した準位間隔を決めれば g 因子の大きさが決まり, 原子核の磁気モーメントが決定できることを示している[*4]. 電子が s 軌道にあるとき, 原点での存在確率は有限であることに注意しよう.

[演習] 水素原子の波動関数を用いて $|\psi(0)|^2$ の大きさを原子番号 Z および電子の主量子数 n の関数として求め, 電子が原子核の位置につくる磁場の強さが, 原子の大きさに応じて, $10^5 \sim 10^6$ ガウスになることを示せ.

[課題] 磁気モーメントを測定する有力な方法には, 超微細構造を調べること以

[*3] Landau-Lifshitz, "Quantum Mechanics" p.465.
[*4] 原子核の四重極モーメントが有限の場合は, 超微細構造のスペクトル (準位間隔) が, 本節で考えたスピンスピン相互作用から期待される値からずれる. その異常性の解析から四重極モーメントが求められる.

外に，核磁気共鳴法 (nuclear magnetic resonance)，分子線法，ラビ (Rabi) の再収斂法，摂動角相関法 (perturbed angular correlation method：PAC) など様々な方法がある．それらの方法について原理や特色について調べよ．

4.2　電磁多重極演算子

4.1.1 項で導入した低次のモーメントだけでなく，高次の多重極モーメントや光の放出・吸収を含めて原子核の電磁的性質をより統一的に議論するためには，一般化した定義から出発した方が便利である．

最初に，原子核から遠く離れた場所に原子核がつくる静的な電場のポテンシャル $\phi(\mathbf{r})$ を考えよう．原子核中の陽子の密度を $\rho_p(\mathbf{r})$ と書くことにする．$r > r'$ のときの $1/|\mathbf{r} - \mathbf{r}'|$ の多重極展開式を用いると

$$\phi(\mathbf{r}) = e \int \rho_p(\mathbf{r}') \frac{1}{|\mathbf{r} - \mathbf{r}'|} d\mathbf{r}'$$

$$= \frac{4\pi e}{r} \sum_{\ell m} \frac{1}{2\ell + 1} \left[\int d\mathbf{r}' \rho_p(\mathbf{r}')(r')^\ell Y_{\ell m}(\Omega_{r'}) \right] \frac{1}{r^\ell} Y^*_{\ell m}(\Omega_r) \quad (4.22)$$

となる．電気 2^λ 重極演算子の μ 成分を

$$\hat{Q}_{\lambda\mu} = \int \rho_p(\mathbf{r}) r^\lambda Y_{\lambda\mu}(\Omega_r) d\mathbf{r} \quad (4.23)$$

で定義すると，静的な電気ポテンシャルは

$$\phi(\mathbf{r}) = 4\pi e \sum_{\ell m} \frac{\hat{Q}_{\ell m}}{2\ell + 1} \cdot \frac{Y^*_{\ell m}(\Omega_r)}{r^{\ell+1}} \quad (4.24)$$

で与えられる．

同様に，磁気 2^λ 重極演算子の μ 成分を

$$\hat{M}_{\lambda\mu} \equiv \int \boldsymbol{\mu}(\mathbf{r}) \cdot \nabla (r^\lambda Y_{\lambda\mu}(\Omega_r)) d\mathbf{r} \quad (4.25)$$

$$= \frac{1}{c(\lambda + 1)} \int (\mathbf{r} \times \mathbf{j}(\mathbf{r})) \cdot \left[\nabla r^\lambda Y_{\lambda\mu}(\Omega_r) \right] d\mathbf{r} \quad (4.26)$$

で定義する．(4.25) 式から (4.26) 式に移行するときに，$\mathbf{A} \cdot (\mathbf{B} \times \mathbf{C}) = \mathbf{B} \cdot (\mathbf{C} \times \mathbf{A}) = \mathbf{C} \cdot (\mathbf{A} \times \mathbf{B})$ 式および関係式 $\mathbf{j}(\mathbf{r}) = c \nabla \times \boldsymbol{\mu}(\mathbf{r})$ を用いた．

(4.9) 式と (4.10) 式の結果を (4.23) 式と (4.26) 式に代入して，核子の座標を用いた電磁多重極演算子の表現が次のように得られる．

$$\hat{Q}_{\lambda\mu} = e \sum_k \left(\frac{1}{2} - \hat{t}_z(k) \right) r_k^\lambda Y_{\lambda\mu}(\theta_k, \varphi_k), \quad (4.27)$$

$$\hat{M}_{\lambda\mu} = \mu_N \sum_k \left\{ g_s(k) \hat{\mathbf{s}}_k + \frac{2}{\lambda + 1} g_\ell(k) \hat{\boldsymbol{\ell}}_k \right\} \cdot (\nabla r^\lambda Y_{\lambda\mu}(\theta, \varphi))_{\mathbf{r} = \mathbf{r}_k}. \quad (4.28)$$

4.3 電磁多重極演算子の性質

4.3.1 パリティ，テンソル性および選択則

a. パリティ

パリティ変換の演算子を $\hat{\mathcal{P}}$ とし，座標を極座標を用いて (r,θ,φ) とすると，$\hat{\mathcal{P}}$ の定義

$$\hat{\mathcal{P}}(r,\theta,\varphi)\hat{\mathcal{P}}^{-1} \equiv (r,\pi-\theta,\varphi+\pi) \tag{4.29}$$

から

$$\hat{\mathcal{P}} Y_{\lambda\mu}(r,\theta,\varphi)\hat{\mathcal{P}}^{-1} = Y_{\lambda\mu}(r,\pi-\theta,\varphi+\pi) = (-1)^\lambda Y_{\lambda\mu}(r,\theta,\varphi) \tag{4.30}$$

が得られる．したがって，(4.27) 式および (4.28) 式から，電気および磁気多重極演算子のパリティに関して

$$\hat{\mathcal{P}} \hat{Q}_{\lambda\mu} \hat{\mathcal{P}}^{-1} = (-1)^\lambda \hat{Q}_{\lambda\mu}, \tag{4.31}$$

$$\hat{\mathcal{P}} \hat{M}_{\lambda\mu} \hat{\mathcal{P}}^{-1} = (-1)^{\lambda+1} \hat{M}_{\lambda\mu} \tag{4.32}$$

という性質が導かれる．スピンおよび角運動量演算子はともにパリティ変換に対して不変であることに注意しよう．

b. テンソル性

さらに，(4.27) 式および (4.28) 式から，$\hat{Q}_{\lambda\mu}$ および $\hat{M}_{\lambda\mu}$ は，ともに，ランク λ のテンソル演算子の μ 成分であることが導かれる．前者は，球面調和関数 $Y_{\lambda\mu}$ に直接比例しているので，$Y_{\lambda\mu}$ がランク λ のテンソルの μ 成分であることから容易に証明できる．後者は，$Y_{\lambda\mu}$ の前にベクトル演算子の内積がついているので一見複雑であるが，ベクトルの内積はスカラー量 (0 位のテンソル) なので，テンソル性は相変わらず $Y_{\lambda\mu}$ のテンソル性と同じである．

c. 選 択 則

多重極モーメントの実験値と理論値を比べるためには，多重極演算子の期待値を計算する必要がある．原子核の状態を $|\psi_{IM}\rangle$ (I は角運動量の大きさ，M は空間に固定した z-軸への角運動量の成分) とすると，多重極演算子の期待値は，

$$Q_{\lambda\mu} = \langle \psi_{IM} | \hat{Q}_{\lambda\mu} | \psi_{IM} \rangle, \tag{4.33}$$

$$M_{\lambda\mu} = \langle \psi_{IM} | \hat{M}_{\lambda\mu} | \psi_{IM} \rangle \tag{4.34}$$

のように定義される．

上に述べた多重極演算子のパリティおよびテンソル性から，以下のような選択則を導くことができる．

$$Q_{\lambda\mu} = 0 \quad (\lambda が奇数の場合) \tag{4.35}$$

$$M_{\lambda\mu} = 0 \quad (\lambda が偶数の場合) \tag{4.36}$$

$$Q_{\lambda\mu}, M_{\lambda\mu} \neq 0 \quad (\mu = 0, かつ, 0 \leq \lambda \leq 2I の場合のみ) \tag{4.37}$$

(4.35) 式および (4.36) 式を導く際，強い相互作用の範囲ではそれぞれの状態 $|\psi_{IM}\rangle$ はパリティの固有状態であることを用いた．

4.3.2　電磁モーメントの定義

a.　ウィグナー・エッカートの定理

ランク λ のテンソルの μ 成分を $\hat{T}_{\lambda\mu}$ と書くとき，ウィグナー・エッカート (Wigner-Eckart) の定理

$$\langle \beta I_2 M_2 | \hat{T}_{\lambda\mu} | \alpha I_1 M_1 \rangle = (2I_2 + 1)^{-1/2} \langle I_1 \lambda M_1 \mu | I_2 M_2 \rangle$$
$$\times \langle \beta I_2 || \hat{T}_\lambda || \alpha I_1 \rangle \tag{4.38}$$

が成り立つ[*5]．(4.38) 式は，電磁多重極演算子の行列要素は特定の z-成分について決めれば十分であることを示している．他の z 成分に対する値はクレブシュ・ゴルダン (Clebsch-Gordan) 係数に従って自動的に決まる．

b.　磁気双極子モーメント

磁気双極子モーメントの演算子はランク 1 のテンソルなので，ウィグナー・エッカートの定理に基づいて，実験値と比べる磁気双極子モーメントを

$$\mu \equiv \langle II | \hat{\mu}_z | II \rangle \tag{4.39}$$

$$= \sqrt{\frac{4\pi}{3}} \langle II | \hat{M}_{10} | II \rangle \tag{4.40}$$

で定義する[*6]．

c.　電気四重極モーメント

同様に，電気四重極モーメントを

$$Q \equiv \sqrt{\frac{16\pi}{5}} \langle II | \hat{Q}_{20} | II \rangle \tag{4.41}$$

[*5] 右辺の係数 $(2I_2 + 1)^{-1/2}$ を付けずに定義する流儀もあるので注意すること．

[*6] ベクトルの場合，z 成分がランク 1 のテンソルの第 0 成分である，$V_z = \hat{T}_{10}$, ことに注意しよう (10.6.2 項参照)．

で定義する．(4.41) 式中の波動関数および演算子は実験室に固定した座標系に言及したものである．それに対して，静的に変形した原子核の場合は，その主軸方向に座標軸をとり，**内部電気四重極モーメント**または**固有電気四重極モーメント** (intrinsic electric quadrupole moment) を

$$Q_0 \equiv \sqrt{\frac{16\pi}{5}} \langle \hat{Q}'_{20} \rangle \tag{4.42}$$

$$= \int \rho_p(\mathbf{r}')(3z'^2 - r'^2)d\mathbf{r}' \tag{4.43}$$

で定義する．例えば軸対称楕円型変形の場合は，核分裂に対する安定性の議論と同じように，対称軸方向の半径を a，それと直角方向の半径を b，(2.66) 式で導入した変形パラメターを α_2，半径パラメターを R_0 とすると，

$$Q_0 = \frac{2}{5} Ze(a^2 - b^2) \tag{4.44}$$

$$= \frac{2}{5} Ze R_0^2 \cdot 3\alpha_2 \left(1 + \frac{1}{4}\alpha_2\right) \tag{4.45}$$

$$\sim Ze R_0^2 \cdot \frac{3}{4\pi} \sqrt{\frac{16\pi}{5}} \alpha_{20} \tag{4.46}$$

となる．

これらの式は，内部電気四重極モーメントの情報が得られれば，原子核の形 (正確には，原子核中での陽子分布の形) が分かることを示している．$Q_0 > 0$ ($Q_0 < 0$) は，対称軸方向に伸びた (縮んだ) 形を意味し，それぞれ，プロレイト変形 (prolate 変形，葉巻型変形，レモン型変形，ラグビーボール型変形)，オブレイト変形 (oblate 変形，パンケーキ型変形，みかん型変形，円盤型変形) と呼ばれる．(4.46) 式では，第 7 章で導入する変形パラメター α_{20} を用い，α_{20} の 2 次の項を無視した．

実験で測定できるのは Q_0 ではなく Q の値である．原子核が軸対称変形している場合は，角運動量の大きさ I と空間に固定した座標系の z 軸へのその射影成分 M に加えて，対称軸への射影成分 K が状態の良い量子数になる．この場合，偶 - 偶核，あるいは，すべての核子が同時に回転する奇核[*7)] で $I = K = 1/2$ か $K \geq 3/2$ の場合は，Q と Q_0 は

$$Q = Q_0 \frac{3K^2 - I(I+1)}{(2I+3)(I+1)} \tag{4.47}$$

[*7)] 奇核では，偶 - 偶核でできた芯の部分が集団運動としての回転運動を行い最後の奇数番目の核子はそれとはほぼ独立に運動する場合と，両者が全体として一緒に回転する場合が考えられる．前者は**弱結合** (weak coupling) 状態，後者は**強結合** (strong coupling) 状態と呼ばれる．

の関係にあることを示すことができる．特に基底状態のように $I = K$ の場合は，

$$Q = \frac{I}{I+1}\frac{2I-1}{2I+3}Q_0 \tag{4.48}$$

となる．(4.48) 式は，$I = 0, 1/2$ では Q_0 に無関係に $Q = 0$ であることを示している．これは，角運動量の合成則 (あるいは，テンソルの合成則) および異なる角運動量状態が直交することから当然期待される結果である．

5 殻構造

5.1 魔法数の存在

　密度の飽和性や結合エネルギーの飽和性は，原子核を液滴として捉える描像が有効であることを示唆している．質量公式もそのような描像 (液滴模型) に基づいて定式化され，核分裂の様々な基本的性質も液滴の描像に基づいて説明できる．また，代表的な核反応の一つである複合核反応 (compound nucleus reaction)[26]も，原子核に対する液滴模型の有効性を強く支持する．

　液滴模型は，物理量が質量数や原子番号に対して連続的 (単調) に変化し，特別な質量数や原子番号，中性子数は存在しないという描像である．しかし，この予測とは明確に矛盾するいくつかの実験事実が存在する．その代表的な例をいくつか述べておこう．

　図1.7は，中性子数 N が50, 82, 126である原子核が周りの原子核に比べ沢山存在することを示している．図2.6は，陽子数や中性子数が20, 28, 50, 82, 126の原子核は，液滴模型に基づく質量公式でよく再現できるそれ以外の原子核に比べ，核子当たりの結合エネルギーが大きく，より安定であることを示している．また，図2.17に関して述べたように，自発核分裂や低エネルギーの誘起核分裂は多くの場合非対称核分裂であり，生成量が大きな核分裂片の質量数や原子番号は，上に述べた特定の数と関連している．第7章で学ぶように，原子核の形も陽子数や中性子数と密接に関連し，上に述べた特定の陽子数や中性子数をもつ原子核の形は球形である (内部多重極モーメントの絶対値が0か小さい)．

　一方，陽子数と中性子数がともに2または8である $^{4}_{2}$He, $^{16}_{8}$O は，周りの原子核に比べ極めて安定である．

　このように，**2, 8, 20, 28, 50, 82, 126** は原子核にとって特別な数であり，原

子核における**魔法数** (magic number) と呼ばれる[*1]．

> [トピック]　酸素がたくさんあることの不思議：原子と原子核の魔法数の違い
> 元素の周期律表における不活性元素の原子番号 2, 10, 18, 36 . . . も，原子の魔法数と捉えることができる．原子核の魔法数が 10 でなく 8 であることによって酸素が沢山存在し生物が呼吸できる．次節で学ぶように 10 から 8 への魔法数の変化は，強い相互作用が短距離力であることに起因している．もし核力が短距離力でなかったら，生物は有機物を酸化する過程によってエネルギーを得る (呼吸 (respiration) する) ことができず，深刻な事態に陥るか他のエネルギー生成過程に頼る必要があった．

5.2　平均場理論による魔法数の説明

5.2.1　平　均　場

原子の魔法数は，原子核のつくるクーロン場 V_C の中を電子が独立に運動しているという描像で説明できる．その際中心的な役割を演じるのは，クーロン場が長距離力でその関数形が中心からの距離 r の逆数で与えられるということとパウリの排他律である．

原子核の場合も同じように，核内を個々の核子がパウリ原理を満たしながら独立に運動しているという描像で魔法数を導いてみよう．ただし，原子との重要な違いは，原子中の電子に対する原子核のような力を支配する中心的粒子が存在しないことである．その代わりに，核内の個々の核子は，お互いが作り合う平均的な場の中を運動していると考えればよい．この時，座標 **r** の位置における力の場は，核内の個々の核子が及ぼす力の場を足し合わせることによって

$$V(\mathbf{r}) = \sum_{i=1}^{A} v_{NN}(\mathbf{r} - \mathbf{r}_i) = \int v_{NN}(\mathbf{r} - \mathbf{r}')\rho(\mathbf{r}')d\mathbf{r}' \tag{5.1}$$

で与えられると考えられる．$v_{NN}(\mathbf{r} - \mathbf{r}')$ は **r** と **r**′ にいる核子間に働く核力ポテンシャル，$\rho(\mathbf{r})$ は場所 **r** における核子の数密度を表す．最終項への移行に当たっては，$\rho(\mathbf{r})$ が

[*1] 魔法数は，原子核の形が球形になる陽子数や中性子数，核子当たりの結合エネルギー (核子の分離エネルギー) が周りに比べ大きくなる陽子数や中性子数，その数を境として原子核の半径が急に変わる陽子数や中性子数などと捉えることができる．そのように捉えるとき，魔法数は陽子数と中性子数の兼ね合いで決まり，ベータ崩壊に対して不安定な中性子過剰核や中性子欠損核 (陽子過剰核) では，魔法数は安定な原子核に対する魔法数から変わる可能性がある．不安定核領域における魔法数の変化や新たな出現は近年の原子核物理学の中心的な研究テーマの一つである[7]．

5.2 平均場理論による魔法数の説明

$$\rho(\mathbf{r}) = \sum_{i=1}^{A} \delta(\mathbf{r} - \mathbf{r}_i) \tag{5.2}$$

で与えられることを用いた．

核力が短距離力であることに着目して，

$$v_{NN}(\mathbf{r}) = -V_0 \delta(\mathbf{r}) \qquad (V_0 > 0) \tag{5.3}$$

と近似すると，核力ポテンシャルに対して

$$V_N(\mathbf{r}) = -V_0 \rho(\mathbf{r}) \tag{5.4}$$

が得られる．このことから，核子が核内で感じる平均的ポテンシャルの核力部分は，原子核中の核子の数密度と同様な動径依存性をもつことが期待される．

このため，原子核中の核子の核力ポテンシャルとして，(2.22) 式に対応して，しばしば，

$$V_N(r) = -\frac{V_0}{1 + \exp\{(r-R)/a\}} \tag{5.5}$$

という形が仮定され，ウッズ-サクソンポテンシャルと呼ばれる．ここでは，球形核を想定した．

フェルミエネルギーが 33～40 MeV，核子当たりの結合エネルギーが約 8 MeV であることから，V_0 の値は 40～50 MeV と見積もることができる．

5.2.2 無限に深い箱型井戸模型の場合のエネルギー準位

陽子に対してはクーロン力の寄与を加えなければならないが，以下では，クーロン力の寄与を無視して考えよう．ウッズ-サクソンポテンシャル中のエネルギー準位を決定するためには数値計算が必要である．そこで，定性的な理解をするために，ポテンシャルを箱型の井戸で置き換え，さらに，ポテンシャル障壁が無限に高いとしてみよう

$$V(r) = \begin{cases} -V_0 & (0 \leq r < R \text{ の場合}) \\ +\infty & (r \geq R \text{ の場合}) \end{cases} \tag{5.6}$$

この時，井戸の領域での波動関数は

$$\psi(\mathbf{r}) = A_\ell j_\ell(Kr) Y_{\ell m}(\theta, \varphi), \tag{5.7}$$

$$K = \sqrt{\frac{2M_N}{\hbar^2}(E + V_0)}, \tag{5.8}$$

$$j_\ell(KR) = 0 \tag{5.9}$$

で与えられる．球ベッセル関数 $j_\ell(x)$ の n 番目のゼロ点の座標を $x_{n\ell}$ とすると，エネルギー準位を与える次の式が得られる．

$$E_{n\ell} = -V_0 + \frac{\hbar^2}{2M_N R^2} x_{n\ell}^2 \tag{5.10}$$

表 5.1 に，いくつかのゼロ点の値 $x_{n\ell}$ を示した．また，小さい値から数えた順番を丸で囲んだ数字で表した．

表 **5.1** 球ベッセル関数 $j_\ell(x)$ のゼロ点 $x_{n\ell}$

n \ ℓ	0	1	2	3	4	5	6
1	① 3.14	②4.49	③5.76	⑤6.99	⑦8.18	⑨9.36	⑫10.51
2	④6.28	⑥7.73	⑧9.10	⑪10.42	⑭11.70	12.97	14.21
3	⑩9.42	⑬10.90	⑮12.32	13.70	15.04	16.35	17.65
4	⑯12.57	14.07	15.51	16.92	18.30	19.65	20.98

5.2.3 調和振動子模型

より便利な方法として，平均場が次式で与えられる調和振動子模型がしばしば用いられる．

$$V(r) = \frac{1}{2} M_N \omega^2 r^2 \tag{5.11}$$

この時，エネルギー固有値および量子数は，デカルト (直角) 座標を用いると

$$E_{n_x,n_y,n_z} = \hbar\omega \left(N + \frac{3}{2}\right), \tag{5.12}$$

$$N = n_x + n_y + n_z, \tag{5.13}$$

$$n_x, n_y, n_z = 0, 1, 2, \ldots \tag{5.14}$$

で，極座標を用いると

$$E_{n\ell m} = \hbar\omega \left(N + \frac{3}{2}\right), \tag{5.15}$$

$$N = 2(n-1) + \ell, \qquad \text{(主量子数)} \tag{5.16}$$

$$n = 1, 2, 3, \ldots, \qquad \text{(動径量子数)} \tag{5.17}$$

$$\ell = 0, 1, 2, \ldots, \qquad \text{(方位量子数 (軌道角運動量))} \tag{5.18}$$

$$m = -\ell, -\ell+1, \ldots, \ell-1, \ell \qquad \text{(磁気量子数)} \tag{5.19}$$

で与えられる．

n は，同じ角運動量の状態を，エネルギーの低い順に並べたときの順番を表す

量子数 (指標) である. n の代わりに $n_r \equiv n - 1 = 0, 1, 2, \cdots$ もしばしば用いられる. n_r は, 動径波動関数が原点以外でもつ節 (node) の数である.

直角座標を用いた場合のエネルギー準位と波動関数は, 量子力学の標準的な教科書に書かれているように, 級数展開法あるいは生成消滅演算子法で容易に求めることができ, 波動関数は, エルミート多項式 H_n を用いて

$$\psi_{n_x}(x) = N_{n_x} H_{n_x}(\alpha x) \exp\left(-\frac{1}{2}\alpha^2 x^2\right), \tag{5.20}$$

$$\alpha^2 = a = M_N \omega / \hbar \tag{5.21}$$

で与えられる[*2)]. $N_{n_x} = (\alpha/\sqrt{\pi} 2^{n_x} (n_x)!)^{1/2}$ は規格化定数である.

極座標表示した場合に各エネルギー準位にどのような角運動量状態が存在するかは, 各準位のパリティと縮退度 (これらは直角座標表示で容易に求まる) を考慮し, 直角座標表示と極座標表示はユニタリー変換でお互いに変換できることを考えれば, 容易に推測することができる.

[課題] 極座標表示したときの波動関数を

$$\psi_{n_r \ell m}(\mathbf{r}) \equiv R_{n_r \ell}(r) Y_{lm}(\hat{\mathbf{r}}) = \frac{u_{n_r \ell}(r)}{r} Y_{lm}(\hat{\mathbf{r}}) \tag{5.22}$$

とすると, 規格化された動径波動関数 $u_{n_r \ell}$ は $x = \alpha r$ として

$$u_{n_r \ell}(r) = \frac{\sqrt{2\alpha}}{\Gamma(\ell + \frac{3}{2})} \left[\frac{\Gamma(n_r + \ell + \frac{3}{2})}{n_r!}\right]^{1/2} x^{\ell+1} e^{-\frac{1}{2}x^2} F\left(-n_r; \ell + \frac{3}{2}; x^2\right) \tag{5.23}$$

$$= \sqrt{2\alpha} \left[\frac{n_r!}{\Gamma(n_r + \ell + \frac{3}{2})}\right]^{1/2} x^{\ell+1} e^{-\frac{1}{2}x^2} L_{n_r}^{(\ell+1/2)}(x^2), \tag{5.24}$$

$$F\left(-n_r; \ell + \frac{3}{2}; z\right) = \sum_{k=0}^{n_r} (-1)^k 2^k \binom{n_r}{k} \frac{(2\ell+1)!!}{(2\ell+2k+1)!!} z^k \tag{5.25}$$

で与えられることを示せ. F は合流系超幾何関数, $L_{n_r}^{(\ell+1/2)}$ は一般化されたラゲール多項式 (generalized Laguerre polynomial) である.

5.2.4 短距離力による静的ポテンシャルでの魔法数

図 5.1 の左から 1 番目および 2 番目の欄に, (5.15) 式および (5.10) 式に基づいて, 一粒子状態のエネルギー準位を量子数とともに記した. 魔法数は, 一つのエ

[*2)] $b \equiv 1/\alpha = \sqrt{\hbar/M_N \omega}$ で定義されるパラメーター b もしばしば用いられ, 振動子パラメーター (oscillator parameter) と呼ばれる. 核子を閉じ込めるポテンシャルの強さの指標で, 長さの次元をもち, 0s 状態の広がりや α クラスターなどクラスターの大きさを与える.

ネルギー準位が占拠しつくされ，次の準位とのエネルギー差が大きいときに現れる．調和振動子模型に基づいて魔法数を予測するために主量子数が N の状態の状態数を $\mathcal{N}(N)$ とすると，N の偶奇性に無関係に

$$\mathcal{N}(N) = (N+1)(N+2) \tag{5.26}$$

となる．表 5.2 に，$\mathcal{N}(N)$ および主量子数が N 以下の状態数 $\mathcal{N}_{tot}(N) \equiv \sum_{N'=0}^{N} \mathcal{N}(N')$ を示した．

表 5.2 は，魔法数 2, 8, 20 は調和振動子模型で説明できることを示している．図 5.1 から，無限の箱型井戸模型も小さな魔法数 2, 8, 20 を説明することが分かる．

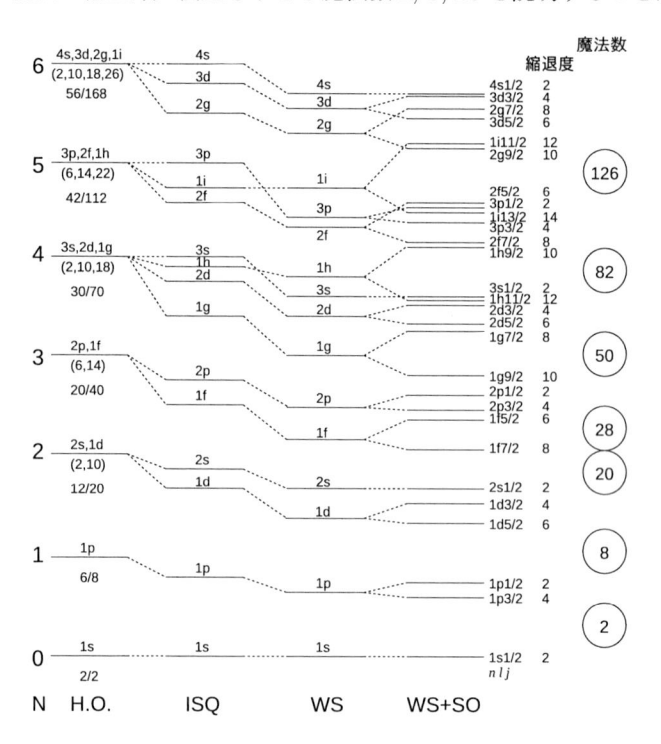

図 5.1 球形平均場中での核子のエネルギー準位．H. O. は調和振動子模型，ISQ は無限の箱型井戸模型，WS はウッズ・サクソン模型，最後の欄はスピン軌道相互作用を考慮した場合．

表 5.2 調和振動子模型での準位の縮退度および魔法数

N	0	1	2	3	4	5	6	7
$\mathcal{N}(N)$	2	6	12	20	30	42	56	72
$\mathcal{N}_{tot}(N)$	2	8	20	40	70	112	168	240

さらに，箱型井戸模型では角運動量に関する縮退が解け，角運動量が大きな準位がエネルギー的に低く現れることが注目される．これは，同じ主量子数の場合，軌道角運動量の大きな状態ほど表面領域の存在確率が高く，井戸型ポテンシャルと調和振動子ポテンシャルの違い (負の摂動) を強く感じるためである．

図 5.1 の三番目の欄にはウッズ - サクソンポテンシャルに対するエネルギー準位を示した．この場合の準位構造は箱型井戸ポテンシャルに対するエネルギー準位と似ている．

[課題] 磁気量子数およびスピンの縮退度を考慮して，$\mathcal{N}(N)$ が，$\sum_{\ell=0,2...}^{N}(2\ell+1) \times 2$ (N が偶数のとき)，または，$\mathcal{N}(N)$ が，$\sum_{\ell=1,3...}^{N}(2\ell+1) \times 2$ (N が奇数のとき) で与えられることを用いて，(5.26) 式を証明せよ．

5.2.5 スピン軌道相互作用

20 より大きな魔法数を説明するために，個々の核子には，静的な中心力に加えて，スピン・軌道相互作用も働くと仮定してみよう．このとき，核子のエネルギー準位を決定するシュレーディンガー方程式は

$$\left\{-\frac{\hbar^2}{2M_N}\triangle + V(r) + v_{LS}(\hat{\boldsymbol{\ell}}\cdot\hat{\boldsymbol{s}})\right\}\psi(\mathbf{r}) = \mathcal{E}\psi(\mathbf{r}) \quad (5.27)$$

で与えられる．正確には v_{LS} は r の関数だが，簡単のため，$v_{LS} = \xi_{LS}$ (定数) として考えてみる．

個々の N に対する新しいエネルギー準位は，縮退系に対する摂動論に従って，ハミルトニアンを縮退した状態群で対角化することによって得られるが，ここでは，より簡便な方法を用いることにする．演算子 $\hat{\boldsymbol{\ell}}\cdot\hat{\boldsymbol{s}}$ は，軌道角運動量およびスピン演算子のいずれの成分とも可換ではないので，それらの磁気量子数は個々には良い量子数にはなれない．一方，

$$\left[\hat{\boldsymbol{\ell}}\cdot\hat{\boldsymbol{s}}, \hat{\boldsymbol{\ell}}^2\right] = \left[\hat{\boldsymbol{\ell}}\cdot\hat{\boldsymbol{s}}, \hat{\boldsymbol{s}}^2\right] = \left[\hat{\boldsymbol{\ell}}\cdot\hat{\boldsymbol{s}}, \hat{\boldsymbol{j}}^2\right] = \left[\hat{\boldsymbol{\ell}}\cdot\hat{\boldsymbol{s}}, \hat{j}_\alpha\right] = 0 \quad (5.28)$$

なので，軌道角運動量の大きさ，スピンの大きさ，全角運動量 $\hat{\mathbf{j}} \equiv \hat{\boldsymbol{\ell}} + \hat{\boldsymbol{s}}$ の大きさ，その z 成分の大きさ，$\ell, s = 1/2, j, m$，を良い量子数として選ぶことができる．結局，エネルギー準位は，全角運動量の大きさに応じて

$$\mathcal{E}_{n\ell j} = \begin{cases} E_{n\ell} - \xi_{LS}\frac{1}{2}(\ell+1) & (j = \ell - 1/2 \text{ の場合}) \\ E_{n\ell} + \xi_{LS}\frac{1}{2}\ell & (j = \ell + 1/2 \text{ の場合}) \end{cases} \quad (5.29)$$

のように分離する．(5.29) 式を導くためには

$$\hat{\ell}\cdot\hat{s}|\ell sjm\rangle = \frac{1}{2}(\hat{j}^2 - \hat{\ell}^2 - \hat{s}^2)|\ell sjm\rangle$$
$$= \frac{1}{2}\left\{j(j+1) - \ell(\ell+1) - \frac{1}{2}\left(\frac{1}{2}+1\right)\right\}|\ell sjm\rangle \quad (5.30)$$

を用いた.

```
    1.27 ──── p_{1/2}  1/2^-      1.49 ──── p_{1/2}  1/2^-

         ──── p_{3/2}  3/2^-           ──── p_{3/2}  3/2^-
   -0.735    ⁵₂He₃                         ⁵₃Li₂
   ⁴He+n
                                     -1.96
                                     ⁴He+p
```

図 5.2 ^{5}He および ^{5}Li の基底状態および第一励起状態[12]. 左側の数値は励起エネルギーを表す (MeV). 図には中性子および陽子放出の敷居値も書かれている. 図でみるようにすべての準位は核子放出の敷居値の上にあり, 大きな幅をもつ共鳴状態である. 中性子崩壊および陽子崩壊の敷居値 (MeV) は National Nuclear Data Center, database, http://www.nndc.bnl.gov/nudat2/による.

スピン・軌道相互作用の強さと符号を学ぶために, 図 5.2 に ^{5}He および ^{5}Li の基底状態および第一励起状態を示す. この図から, ξ_{LS} の符号は負であり[*3], スピン・軌道相互作用によって $j=\ell+1/2$ 状態のエネルギーが下がり, $j=\ell-1/2$ 状態のエネルギーが上がることが示唆される[*4].

[課題] 図 5.2 から, 中性子および陽子に対する ξ_{LS} の大きさを評価せよ[*5]. 準位幅 Γ は, ^{5}He の場合, $p_{3/2}$ 状態が $\Gamma = 648\,\mathrm{keV}$, $p_{1/2}$ 状態が $\Gamma = 5.57\,\mathrm{MeV}$,

---

[*3] 図 4.1 に示したように, 原子の場合は, スピン・軌道相互作用は斥力で, $j=\ell-1/2$ 状態のエネルギーが下がる.

[*4] 大きな幅をもつ場合, 準位の位置など共鳴状態のパラメターを決めることは難しい. 実際, 文献[13] では, $p_{1/2}$ 状態と $p_{3/2}$ 状態のエネルギー間隔に対して図 5.2 とは大きく異なる数値が与えられている. 例えば ^{5}He の場合, $p_{1/2}$ 状態の励起エネルギーは 4.6 MeV である. 文献[12] でも解析の方法によって異なる 2 組のパラメターの組が与えられている. 図 5.2 および課題に挙げた共鳴状態の位置および幅は, 複素エネルギー面上の S 行列の極から求めたものである (extended R-Matrix method) (原典: A. Csótó and G. M. Hale, Phys. Rev. C55(1997)536.). 一方, 従来の方法 (standard R-Matrix method) ではエネルギーを実験が行われる実数に制限し断面積の極から決定している. 前者は, 結果が R 行列理論に現れる境界条件やチャネル半径などのとり方によらないのが強みである. R 行列理論について詳しくは, 文献[20, 47] 参照.

[*5] 正確な定量的評価をするためには図 5.2 にある基底状態および励起状態を本来の共鳴状態として取り扱う必要があるが, ここでは, ξ_{LS} を大まかに評価するために, 調和振動子模型を用い, また, スピン軌道力の動径依存性を無視して考えるものとする.

^{5}Li の場合は，$p_{3/2}$ 状態が $\Gamma = 1.23\,\mathrm{MeV}$，$p_{1/2}$ 状態が $\Gamma = 6.60\,\mathrm{MeV}$ である[12]．これらの情報から，^{5}He および ^{5}Li の基底状態および励起状態の半減期および平均寿命を評価せよ．

図 5.1 の最後の欄は，以上の考察に基づいてスピン軌道相互作用を加えた場合のエネルギー準位を表したものである．それぞれのエネルギー準位は，動径量子数 n，方位量子数 ℓ および合成角運動量 j の組を量子数の指標として区別されている．図は，魔法数 28, 50, 82, 126 が，スピン・軌道相互作用の働きによって説明されることを示している[*6]．角運動量が j のエネルギー準位には，磁気量子数が異なる $2j+1$ 個の状態が縮退していることに注意しよう．

魔法数 50, 82, 126 は，スピン・軌道相互作用および表面効果 (表面領域のポテンシャルが実際には調和振動子模型に比べて深いこと) によって，軌道角運動量 ℓ が大きく，合成角運動量が $j = \ell + 1/2$ の状態が，もともと主量子数 N が一つ小さな状態群に混ざりこむことによって生じることに注意しよう．これらの状態は侵入者状態 (intruder states) と呼ばれる．

[演習] $|\ell s = \frac{1}{2} m_\ell m_s\rangle$ 基底から $|\ell s j m_j\rangle$ 基底への変換について以下の問に答えよ．
(1) いずれの基底でも，全状態数は $(2\ell+1) \times 2$ であることを示せ．
(2) 前者では，状態は $|Y_{\ell m}\alpha\rangle, |Y_{\ell m}\beta\rangle$ で与えられる．ただし，α, β はスピン上向き，スピン下向きの状態を表す．$|\ell s j = \ell + \frac{1}{2} m_j\rangle, |\ell s j = \ell - \frac{1}{2} m_j\rangle$ 状態を $|\ell s m_\ell m_s\rangle$ 基底で表すユニタリー変換の一般形を書け．また $|f_{7/2}\ m = 7/2\rangle$ および $|f_{5/2}\ m = 5/2\rangle$ を，Y_{3m}, α, β を用いて書き下せ．

[トピック] 殻模型は日本でも誕生していた：歴史の先駆者たち (彦坂忠義，山之内恭彦)

このように，独立粒子模型 (殻模型) は，核子の状態やエネルギー準位が殻状に分布することおよびパウリ原理を通して，魔法数の存在とその数を見事に説明する．実は，独立粒子模型 (殻模型) は，彦坂忠義 (東北大) や山之内恭彦 (東大) によって，日本でも先駆的な研究が行われていた．しかし，正しく有効な理論として定着する以前に忘却されてしまった．彦坂も，山之内も，ニールス・ボーアと議論した際，核分裂や複合核反応に対する液滴模型の成功を理由に強い反論を受けたそうで

[*6] テンソル力も魔法数や原子核の形に重要な影響を及ぼし，不安定原子核の構造 (魔法数の変化，例えば N = 20 の同調核の場合，^{40}Ca は球形だが ^{32}Mg は変形している) などに関連して近年の話題の一つである．T. Otsuka, T. Suzuki, R. Fujimoto, H. Grawe and Y. Akaishi, Phys. Rev. Lett.95(2005)232502.

ある．それに対して，歴史が下って殻模型を確立したメイヤー (Mayer) とイェンゼン (Jensen) の場合は，魔法数の存在が強力な実験的証拠となった．イェンゼンは，舞踏会の最中にスピン・軌道相互作用の着想に至ったという逸話が残っている．ちなみに，彦坂は，非均質炉の提唱者でもある．

[演習] **魔法数の謎：原子およびマイクロクラスターとの比較** フェルミ粒子の多体系について，粒子間の相互作用が第ゼロ近似で以下に示す一体場 (平均場) で近似できる場合に期待される魔法数について論ぜよ．
  (1) ポテンシャル中心からの距離を r とするとき，$1/r$ の引力ポテンシャル (元素の周期律表)
  (2) 球対称のウッズ - サクソンポテンシャル (アルカリ金属クラスターの魔法数[*7])
  (3) 3次元の調和振動子+引力型のスピン・軌道相互作用 (原子核の魔法数)
  (4) 3次元の調和振動子+斥力型のスピン・軌道相互作用
  (5) 2次元の調和振動子

5.3 二重魔法数 ±1 核の基底状態および低励起状態のスピン・パリティ

$^{16}_{8}$O$_8$ や $^{208}_{82}$Pb$_{126}$ のように，陽子の数も中性子の数も魔法数である原子核を二重魔法数核 (double magic nuclei) または二重閉殻核 (double closed shell nuclei) という．殻模型を用いると，二重魔法数核に比べ陽子または中性子数が一つだけ大きいか小さい原子核の基底状態のスピンとパリティを予言することができる．また，それらの原子核の低励起状態のスピン，パリティについても，ある程度の予測が可能である．

例として $^{209}_{82}$Pb を考えてみよう．基底状態では，エネルギーの低い準位からパウリ原理に従って順次核子を詰めていく．図 5.1 を参考にすると，陽子については，$n\ell_j = 1s_{1/2}$ の準位から $3s_{1/2}$ までが詰まると，ちょうど 82 個のすべての陽子を詰めることになる．中性子の場合は，まず，$1s_{1/2}$ 準位から $2f_{5/2}$ 準位まで 126 個の中性子を詰める．この二重魔法数に当たる部分を芯 (core) の部分と呼ぶことにしよう．最後に残った 127 番目の中性子 (valence neutron：芯外中性子，活性中性子) を，次のエネルギー準位 $2g_{9/2}$ 状態に詰める．一つの $n\ell_j$ レベルを縮退度と同数の $2j+1$ 個の粒子で満杯にする状態は一つしかないので，これらの

[*7)] W. D. Knight et al., Phys. Rev. Lett.52(1984)2141.

5.3 二重魔法数 ±1 核の基底状態および低励起状態のスピン・パリティ

$2j+1$ 個の粒子の合成角運動量を J_{tot} とすると，$2J_{tot}+1=1$ から，$J_{tot}=0$ である．また，$2j+1$ は偶数なので，ℓ の偶奇性によらず，これらの粒子全体のパリティは + である．その結果，芯を構成する核子の合成スピン・パリティは 0^+ である．結局，原子核全体のスピン・パリティは，芯外中性子のスピン・パリティで決まることになる．したがって，$^{209}_{82}\text{Pb}$ の基底状態のスピン・パリティは $\frac{9}{2}^+$ であることが予想される．

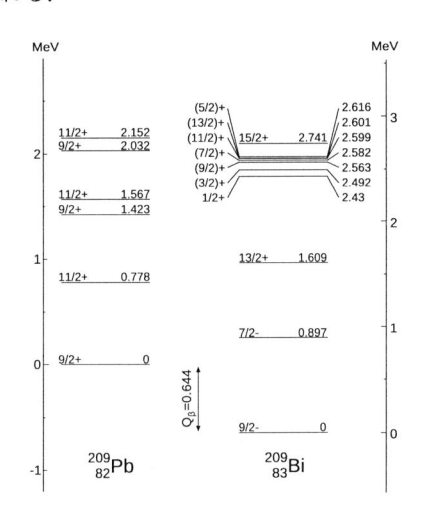

図 5.3 ^{209}Pb および ^{209}Bi の基底状態および低励起状態 (エネルギーは MeV 単位).

図 5.3 の左図は $^{209}_{82}\text{Pb}$ の基底状態および低い励起状態の準位構造 (実験データ) を示したものである[13]．基底状態のスピン・パリティは，上に述べた殻模型の予測と一致している．他の状態のスピン・パリティを予測するためには，芯の部分をそのままにして芯外中性子を詰めるエネルギー準位を $2g_{9/2}$ 状態の代わりに順次エネルギーがより高い準位に変えていけばよい．他の可能性として，芯を壊し，芯の中の $n_h \ell_{h j_h}$ 準位にある核子を芯の外の $n_p \ell_{p j_p}$ に遷移させた状態が考えられる．もともと芯外にあった核子が $n\ell_j$ 状態にあったとすると，対応する波動関数は，例えば，$\left| \left[[(n_h \ell_{h j_h})^{-1} \otimes [(n_p \ell_{p j_p}) \otimes (n\ell_j)]^{[J']}\right]^{[j']} ; j'm' \right\rangle$ と書くことができる[*8]．このような配位の状態を 2 粒子 1 空孔状態という．孔の作り方，行き先の粒子状態，角運動量の合成の仕方に応じて様々な可能性があるが，核子間の対相関のため，芯内中性子を芯外中性子と同じ準位に上げ，2 個の芯外中性子の合

[*8] 配位を書くときは，芯の部分を基準として，その部分は書かないことが通例である．

成角運動量 J' を 0 に組む状態がエネルギー的に低いところに現れる．この時，原子核全体のスピン・パリティは，空孔状態のスピン・パリティと同じ $j_h,(-1)^{\ell_h}$ になる．

興味深いもう一つの可能性は，芯の部分がエネルギーの低い集団運動励起をし，それと芯外核子が弱く結合することによって，特徴的な一連の状態群が現れることである．その一例は，図 5.3 の右図に示した ^{209}Bi にみることができる[13]．基底状態および第一から第三励起状態までは，殻模型の一粒子状態あるいは 2 粒子 1 空孔状態として理解することができる．その上に現れる七重項準位 ($\frac{3}{2}^+,\frac{5}{2}^+,\frac{7}{2}^+,\frac{9}{2}^+,\frac{11}{2}^+,\frac{13}{2}^+,\frac{15}{2}^+$) は，^{209}Bi の芯が八重極型の振動励起 (第 7 章参照) を起こし，それと $h_{9/2}$ 軌道にある活性陽子が弱く結合した状態であり，$|[3^-\otimes h_{9/2}]^J;J^+\rangle$ と表すことができる[*9]．

[課題]
(1) $^{209}_{82}$Pb の低い励起状態の配位を予測せよ．
(2) ^{17}O, ^{15}O および $^{209}_{83}$Bi の基底状態およびいくつかの低い励起状態の配位と，スピン・パリティを予測し，実験データ[13]と比較せよ．

ちなみに，陽子数も中性子数も奇数の奇‐奇核の場合は，最後の陽子および中性子が詰まる軌道の量子数 ℓ_p, j_p, ℓ_n, j_n を用いて，基底状態および低励起状態のパリティは $(-1)^{\ell_p+\ell_n}$，スピンは，$|j_p-j_n|$ から j_p+j_n の何れかであることが予想される．例えば $^{14}_{7}$N では，$\ell_p=\ell_n=1, j_p=j_n=1/2$ であり，基底状態のスピン，パリティの実験値は 1^+ である．

5.4 奇核の基底状態の磁気双極子モーメント：1 粒子模型

二重閉殻 ±1 の原子核に限らず，一般に，質量数が奇数の原子核 (偶‐奇核あるいは奇‐偶核あるいは単に奇核) の特性を，総数が奇数である陽子あるいは中性子の最後の核子に帰せしめる模型を **1 粒子模型** (single particle model) という．1 粒子模型は，奇核の基底状態およびその近傍の状態のスピンやパリティをしばしば正確に予言する．これは，芯の外側に複数の活性核子があっても，芯の内側の準位に複数の孔が存在しても，対相関 (5.8 節参照) のために，それらは 2 個ず

[*9] I. Hamamoto, Nucl. Phys. A126(1969)545;A141(1970)1;A155(1970)362; 文献[10] も参照．

つ合成角運動量とパリティが 0^+ の対となって運動し，結局，原子核全体のスピンとパリティは対をつくらず最後に残された1個の粒子あるいは空孔のスピンとパリティで決まることになるためである．

[演習] $^{45}_{21}\text{Sc}$ の基底状態およびいくつかの低い励起状態の配位と，スピン・パリティを予測し，実験データ[13]と比較せよ．

ここでは，一粒子模型が，奇核の磁気双極子モーメントの大局的な振る舞いをうまく説明すること，さらに，実験データと一粒子模型の予測値の間のズレが，芯のくずれ (または 芯の偏極：core polarization) という概念によっていかに説明されるかをみてみよう．

5.4.1 シュミット線

1粒子模型では，磁気双極子モーメントは (4.39) 式から，$\mu \equiv \langle jj|\hat{\mu}_z|jj\rangle$ で定義される．また，磁気能率の演算子 $\hat{\boldsymbol{\mu}}$ は，(4.15)〜(4.17) 式から，

$$\hat{\boldsymbol{\mu}} = \mu_N(g_s\hat{\boldsymbol{s}} + g_\ell\hat{\boldsymbol{\ell}}) \tag{5.31}$$

で与えられる．

ここでは，ベクトル演算子の期待値に対して成り立つ射影定理 (10.6.4項参照) を用いて μ を求めることにしよう．(10.106) 式から

$$\mu = \langle jj|\hat{j}_z|jj\rangle\langle jj|(\hat{\boldsymbol{\mu}}\cdot\hat{\boldsymbol{j}})|jj\rangle/j(j+1) \tag{5.32}$$

$$= \langle jj|(\hat{\boldsymbol{\mu}}\cdot\hat{\boldsymbol{j}})|jj\rangle/(j+1) \tag{5.33}$$

$\langle jj|(\hat{\boldsymbol{\mu}}\cdot\hat{\boldsymbol{j}})|jj\rangle$ の評価に必要な演算子 $\hat{\boldsymbol{s}}\cdot\hat{\boldsymbol{j}}$ と $\hat{\boldsymbol{\ell}}\cdot\hat{\boldsymbol{j}}$ の期待値は，5.2.5項で演算子 $\hat{\boldsymbol{\ell}}\cdot\hat{\boldsymbol{s}}$ の期待値を求めたと同じ方法で容易に求められる．結局，μ は

$$\mu = \mu_N \begin{cases} g_\ell(j-\frac{1}{2}) + \frac{1}{2}g_s & (j = \ell + 1/2 \text{ の場合}) \\ \left[g_\ell(j+\frac{3}{2}) - \frac{1}{2}g_s\right]\frac{j}{j+1} & (j = \ell - 1/2 \text{ の場合}) \end{cases} \tag{5.34}$$

で与えられる．

陽子数が奇数の場合は $g_\ell = 1.0, g_s = g_p \approx 5.58$，中性子数が奇数の場合は $g_\ell = 0.0, g_s = g_n \approx -3.82$ であることに注目すると，磁気モーメントは，$j = \ell - 1/2$ か $j = \ell + 1/2$ に応じて，図 5.4 の実線のように予測される．これらの線はシュミット線 (Schmidt lines) と呼ばれる．実験値は，$^3\text{H}, ^3\text{He}, ^{13}\text{C}, ^{189}_{76}\text{Os}$ など少数の例外を除いて，シュミット線に囲まれた領域に分布している．

[演習] $|jj\rangle$ 状態の波動関数が

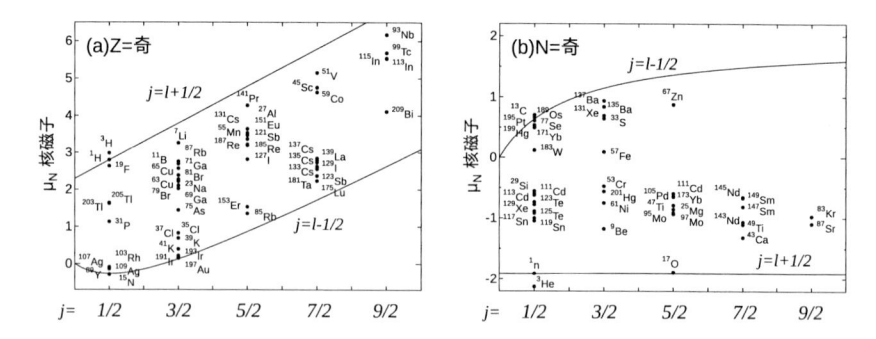

図 5.4 奇質量数核の磁気モーメント．(a)Z が奇数の核 (b) N が奇数の核．N. J. Stone "Table of Nuclear Magnetic Dipole and Electric Quadrupole Moments" INDC-NDS-0594(2011) から作成．

$$|jj\rangle = \begin{cases} Y_{\ell\ell}|\alpha\rangle & (j = \ell + 1/2 \text{ の場合}) \\ \frac{1}{\sqrt{2(\ell+\frac{1}{2})}} \left[-Y_{\ell\ell-1}|\alpha\rangle + \sqrt{2\ell}Y_{\ell\ell}|\beta\rangle \right] & (j = \ell - 1/2 \text{ の場合}) \end{cases} \quad (5.35)$$

で与えられることを用いて，シュミット線の式 (5.34) を導け．

5.4.2 配位混合および芯偏極

図 5.4 は，磁気能率の大局的な振る舞いを説明するという意味で殻模型の成功を示すと同時に，大きさの再現という点からの 1 粒子模型の限界も示している．シュミット線からのずれの多くは，平均場に取り込まれない残留相互作用による配位混合 (configuration mixing) を考えることにより説明することができる[48]．残留相互作用を V とする．V が二体力として，残留相互作用を考慮した波動関数を

$$|jj\rangle\rangle = \alpha_0|jj\rangle + \sum_{ph} \alpha_{ph} \left[j' \otimes \left[j_h^{-1} \otimes j_p \right]^{[J]} \right]^{[j]} ; jj\rangle + \ldots \quad (5.36)$$

$$= \alpha_0|jj\rangle + \sum_{i=1}^{n} \alpha_i |C_i\rangle \quad (5.37)$$

と書くことにしよう (図 5.5)．$|jj\rangle = |jm_j = j\rangle$ は，殻模型 (1 粒子模型) における第 0 近似の波動関数である．(5.37) 式では，配位混合する付加項については簡便な表示 $|C_i\rangle$ を用いた．

配位混合効果は，しばしば，芯偏極 (core polarization) の効果とも云われる．実際，二重魔法数核に近い核では，配位混合で加わる補正項，あるいはその一部は，芯が偏極する効果を表す．ただし，配位混合効果は，単純に考えた芯偏極効

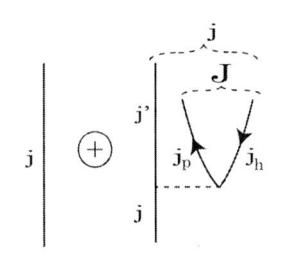

図 5.5 芯の偏極による配位混合.

果より広い概念ととられた方が適切である．(5.36)式では，イメージを捉えやすくするために量子数の指標として粒子状態および空孔状態を想定する添字 p および h を用いた．

配位混合 (あるいは芯偏極) がある場合，磁気能率は

$$\mu = |\alpha_0|^2 \langle jj|\hat{\mu}_Z|jj\rangle + 2Re\sum_{i=1}^{n}\alpha_0^*\alpha_i\langle jj|\hat{\mu}_Z|C_i\rangle + 2 \text{次} \quad (5.38)$$

で与えられる．今，$n = 20, \alpha_i = 0.1 (i = 1\sim 20), \alpha_0^2 = 0.80, \alpha_0 = 0.89$ とすると $\alpha_0 \sum_{i=1}^{20}\alpha_i = 1.78$ となる．したがって，個々の芯偏極の混ざりの振幅が小さくても，たくさんの芯偏極の可能性があり，それらが，同位相で寄与すれば，大きな補正効果が生じることが期待できる．有馬と堀江は，実際，芯偏極の効果を取り入れることによって，磁気能率の実験値を再現することに成功した[48]．

残留相互作用に応じて様々な混合配位が考えられるが，例えば，$V = (\sigma_1\cdot\sigma_2)V_\sigma(r)$ や $V = (\sigma_1\cdot\sigma_2)(\tau_1\cdot\tau_2)V_{\sigma\tau}(r)$ の場合，(5.36)式の $J = 1$ となり，芯偏極の効果は，スピン・軌道相互作用で分離する組のうち $j = \ell + 1/2$ の状態群が占拠され $j = \ell - 1/2$ の準位があいている核において大きくなることが期待される．

これまでの議論では，核子の g 因子として，自由な核子の値を用いた．4.1.2項で触れたように，それらの値は核内では変化している可能性がある (クエンチング効果)．より一般的には，中間子や核子の励起状態 Δ_{33} の効果もシュミット線からのずれに寄与する．特に，実験値がシュミット線の外側にずれた ^{3}H や ^{3}He の磁気能率は中間子効果で説明される．π 中間子と核子の相互作用やそれらの粒子の電磁形状因子に関する詳しい考察から，核子の異常磁気モーメントは，核内では 10% 程度弱まっていることが示唆されている．関連して，中間子効果の一つとして，陽子の g_ℓ 因子が 10% 程度大きくなっている ($g_\ell \sim 1.1$) ことが，$^{210}_{84}$Po の $I^\pi = 11^-$ アイソマー状態の研究を通して明らかにされたことに言及しておこ

う[*10].

5.4.3 補足:クォーク模型による核子の異常磁気能率の理解

第1章では,核子の異常磁気能率を中間子雲の効果として理解した.ここでは,もう一つの視点として,異常磁気能率が核子のクォーク模型の観点から自然に導かれることを示そう.

クォーク模型では,陽子は2個の u クォークと1個の d クォークからなる.自然界に存在するすべてのバリオンはカラー(色)の自由度については反対称の一重項 (color singlet) 状態にあり,エネルギーの低い状態では空間的には対称の状態にあると考えられるので,陽子の波動関数は,スピンとフレーバー空間からなる合成空間では全体として対称な状態となり,

$$|p\uparrow\rangle = \sqrt{\frac{1}{18}}\{uud(\uparrow\downarrow\uparrow + \downarrow\uparrow\uparrow - 2\uparrow\uparrow\downarrow) + udu(\uparrow\uparrow\downarrow + \downarrow\uparrow\uparrow - 2\uparrow\downarrow\uparrow) \\ + duu(\uparrow\downarrow\uparrow + \uparrow\uparrow\downarrow - 2\downarrow\uparrow\uparrow)\} \tag{5.39}$$

で与えられる[32].同様に,$|n\uparrow\rangle$ 状態の波動関数は,u クォークと d クォークを入れ替えることによって得られる.

一方,クォークを内部構造を持たないディラック粒子と考えると,i クォークの磁気モーメントの演算子は,電荷を $Q_i^{(q)}e$,質量を $m_i^{(q)}$ とすると

$$\hat{\boldsymbol{\mu}}_i^{(q)} = Q_i^{(q)} \frac{e\hbar}{2m_i^{(q)}c} \hat{\boldsymbol{\sigma}}_i^{(q)} \equiv \mu_i \hat{\boldsymbol{\sigma}}_i^{(q)} \tag{5.40}$$

で与えられる.また,磁気双極子モーメントの定義 (4.39) に従い,陽子の磁気双極子モーメントは

$$\mu_p = \sum_{i=1}^{3} \langle p\uparrow|\hat{\mu}_{iZ}^{(q)}|p\uparrow\rangle \tag{5.41}$$

で与えられる.(5.39) 式を (5.41) 式に用いることによって

$$\mu_p = \frac{1}{3}(4\mu_u - \mu_d) \tag{5.42}$$

が得られる.同様に,中性子の磁気双極子モーメントは

$$\mu_n = \frac{1}{3}(4\mu_d - \mu_u) \tag{5.43}$$

で与えられる.クォークは構成子クォーク (constituent quark) と考え,$m_u = m_d$ を仮定すると

[*10] T. Yamazaki, T. Nomura, S. Nagamiya and T. Katou, Phys. Rev. Lett.25(1970)547.

$$\frac{\mu_n}{\mu_p} = -\frac{2}{3} \tag{5.44}$$

となる．この値は，実験値 $\mu_n/\mu_p \approx -0.685$ と良く一致している．

[演習] $m_u c^2 = m_d c^2 \approx 300\,\mathrm{MeV}$ として μ_p の大きさを評価し，実験データと比較せよ．

5.5 準位間隔 $\hbar\omega$ の質量数依存性

殻模型 (shell model) では，各エネルギー準位間の間隔 (調和振動子模型では $\hbar\omega$) が中心的役割を演じる．ここでは，その大きさを評価することにしよう．

2.1 節では，安定核の平均二乗半径が，定数 $r_0 \sim 1.2\,\mathrm{fm}$ と質量数 A を用いて，

$$\langle r^2 \rangle = \frac{3}{5} R_{eq}^2 \approx \frac{3}{5} r_0^2 A^{2/3} \tag{5.45}$$

のように与えられることを学んだ．

平均二乗半径の定義から

$$\langle r^2 \rangle \equiv \frac{1}{A} \sum_{k=1}^{A} \langle r_k^2 \rangle \tag{5.46}$$

$$= \frac{1}{A} \sum_{N=0}^{N_{max}} \frac{\hbar}{M_N \omega} \left(N + \frac{3}{2}\right)(N+1)(N+2) \times 2 \tag{5.47}$$

$$\approx \frac{1}{A} \frac{\hbar}{M_N \omega} \frac{1}{2} (N_{max} + 2)^4 \tag{5.48}$$

が得られる．(5.46) 式から (5.47) 式に移行する際には次のビリアル定理を用いた

$$\frac{1}{2} M \omega^2 \langle r^2 \rangle_N = \langle V \rangle_N = \frac{1}{2} E_N = \frac{1}{2} \hbar \omega \left(N + \frac{3}{2}\right) \tag{5.49}$$

一方，

$$A = \sum_{N=0}^{N_{max}} (N+1)(N+2) \times 2 \approx \frac{2}{3} (N_{max} + 2)^3 \tag{5.50}$$

となる．(5.48) 式と (5.50) 式の導出に当たっては，$N_{max} + 2 \gg 1$ を仮定した．(5.48) 式と (5.50) 式から

$$\langle r^2 \rangle = \frac{1}{2} \left(\frac{3}{2}\right)^{4/3} \frac{\hbar}{M_N \omega} A^{1/3} \tag{5.51}$$

となり，(5.45) 式から，結局次式が得られる．

$$\hbar\omega = \frac{1}{2} \left(\frac{3}{2}\right)^{4/3} \frac{(\hbar c)^2}{M_N c^2} \cdot \frac{5}{3} \cdot r_0^{-2} A^{-1/3} \sim 41.1 A^{-1/3}\,\mathrm{MeV} \tag{5.52}$$

5.6 スピン・軌道力の大きさと起源

スピン・軌道相互作用の大きさについて述べておこう．スピン・軌道相互作用で分離される $j=\ell+1/2$ 状態と $j=\ell-1/2$ 状態のエネルギー差の実験データから，質量数が大きな原子核では，スピン・軌道相互作用は

$$V_{LS} \sim -20(\hat{\boldsymbol{\ell}}\cdot\hat{\boldsymbol{s}})A^{-2/3}\,\mathrm{MeV} \tag{5.53}$$

のように評価される[9]．フェルミ面近傍の核子については $\ell \sim k_F R = (9\pi/8)^{1/3}A^{1/3}$ なので，V_{LS} は，(5.52) 式で与えられる $\hbar\omega$ の値に比べ無視できない大きさとなり，魔法数の決定に大きな役割を演じることになる．

(5.27) 式で用いられているのは一体のスピン・軌道相互作用である．その起源についてコメントしておこう[9]．3.2.2 項で学んだ二体のスピン・軌道相互作用を片方の核子について平均化することによって一体のスピン・軌道相互作用が得られる．その他，テンソル力からも一体のスピン・軌道相互作用が得られる．また，6.3 節で学ぶ相対論的平均場理論では，スピン・軌道相互作用は核子と σ, ρ, ω 中間子との結合から生じ，ρ 中間子の寄与を通して核子のアイソスピンに依存することになる．

5.7　陽子と中性子のポテンシャルの違い：レインポテンシャル

(5.1) 式で与えられるポテンシャルは，6.1 節で学ぶハートリーポテンシャルに対応する．より正確には，交換力の効果などを反映してポテンシャルの強さ V_0 は核子のアイソスピンに依存し

$$V = V_0 - \frac{1}{2}\hat{t}_z \frac{N-Z}{A}V_1 \tag{5.54}$$

に置き換えられる．ただし，$\hat{t}_z|n\rangle = \frac{1}{2}|n\rangle, \hat{t}_z|p\rangle = -\frac{1}{2}|p\rangle$ とする．この結果，核子の感じるポテンシャルは核子のアイソスピンに依存することになる．そのアイソスピンに依存する項をレインポテンシャル (Lane potential) という．V_1 の強さは，質量公式に於ける対称エネルギー項に対するポテンシャルエネルギーの寄与の大きさから $V_1 \sim 4(b_{sym})_{pot} = 4\,[b_{sym} - (b_{sym})_{kin}] \sim 100\,\mathrm{MeV}$ と見積もることができる．

[課題]　レインポテンシャルで記述されるポテンシャルエネルギーの大きさを

$(E_{sym})_{pot}$ と書くことにすると,

$$(E_{sym})_{pot} \approx \frac{1}{8}\frac{(N-Z)^2}{A}V_1 \quad (5.55)$$

であること,したがって,$V_1 \sim 4(b_{sym})_{pot}$ であることを示せ.

レインポテンシャルは以下のようにして導くことができる.核子間の力を

$$V(x_1, x_2) = -V_0(w + mP_M)v(\mathbf{r}_1 - \mathbf{r}_2) = -V_0(w + mP_M)v(\mathbf{r}_{12}) \quad (5.56)$$

$$= -V_0\left\{w - m\frac{1}{4}(1+\boldsymbol{\tau}_1\cdot\boldsymbol{\tau}_2)(1+\boldsymbol{\sigma}_1\cdot\boldsymbol{\sigma}_2)\right\}v(\mathbf{r}_{12}) \quad (5.57)$$

と仮定してみよう.P_M はマヨラナ演算子,w, m はウィグナー力およびマヨラナ力の強さを表すパラメターである.核子間の相関を無視し,2番目の核子について平均的に足し合わせることによって,核子に対するポテンシャルとして

$$V(\mathbf{r}_1) = -V_0\left(w - \frac{m}{4}\right)\left\{1 - \frac{m}{w-\frac{m}{4}}\cdot\frac{1}{A}(\hat{\mathbf{t}}\cdot\hat{\mathbf{T}})\right\}\mathcal{V}(\mathbf{r}_1) \quad (5.58)$$

$$\mathcal{V}(\mathbf{r}_1) \equiv \int \rho(\mathbf{r}_2)v(\mathbf{r}_{12})d\mathbf{r}_2 \quad (5.59)$$

が得られる.$\hat{\mathbf{T}}$ は,注目した核子以外の核子の合成アイソスピン演算子である.アイソスピンに依存する項はレインポテンシャルに他ならない.強さを評価するために2つの場合を考えてみよう.サーバー交換ポテンシャルと呼ばれる力では,$m = w = 1/2$ にとられる.この時,$w - m/4 = 3/8$, $\frac{m}{w-m/4} = 4/3$ となる.軽い核のクラスター構造の研究にしばしば用いられるボルコフ力の場合は,妥当な一つの選択は,$m = 0.6, w = 1 - m = 0.4$ である.このとき,$w - m/4 = 0.25$, $\frac{m}{w-m/4} = 2.4$ となる.(5.54) 式に現れる V_0 と V_1 は,それぞれ,約,40 MeV と 100 MeV なので,ボルコフ力は,レインポテンシャルの現象論的な強さと良く一致している.

物理的には,レインポテンシャルは,中性子と陽子間の力の方が同種粒子間の力より強いことを反映していると考えることができる.その違いは,テンソル力の効き方と密接に関連しているので,ボルコフ力は,テンソル力の効果を実効的に取り込んだ力であることが想像される.

5.8 二重閉殻 ±2 核の低エネルギー状態のスピン・パリティと対相関

5.8.1 $^{210}_{82}\mathrm{Pb}$ の基底状態および低励起状態のスピン・パリティ

魔法数 ±2 核の基底状態および低励起状態のスピン・パリティは,原子核にお

ける対相関 (pairing correlation) の重要性を学ぶ格好の素材である.

例として $^{210}_{82}\text{Pb}$ を考えてみよう. 図 5.1 を参考にすると, 基底状態を含む低いエネルギー状態の配位は, $(2g_{9/2})^2_n$ である. 上付き添字の 2 は, 核子を 2 個詰めることを表す[*11]. したがって, 角運動量の合成則から $0^+, 1^+, \ldots, 7^+, 8^+$ 状態が低いエネルギー領域に現れることが予想される.

図 5.6 は, $^{210}_{82}\text{Pb}_{128}$ および $^{210}_{84}\text{Po}_{126}$ の低いエネルギー領域における準位構造の実験データを示したものである[13]. $^{210}_{82}\text{Pb}$ の図には, 予想通り, $0^+, 2^+, \ldots, 8^+$ 状態が低いエネルギー領域に現れている. パウリ原理によって奇数スピンの状態は排除されることが次のように証明できる.

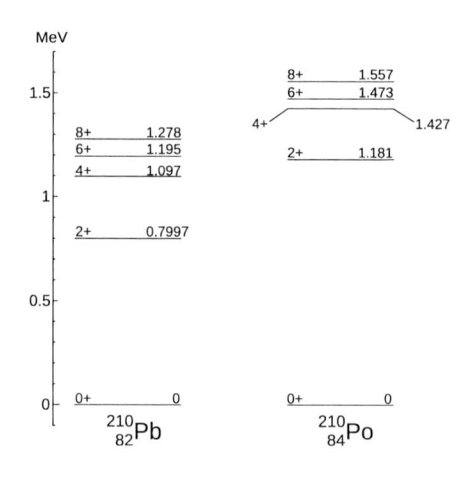

図 5.6 ^{210}Pb および ^{210}Po の基底状態および低励起状態 (エネルギーは MeV 単位).

1 粒子準位の量子数を合成角運動量 j で代表させることにする. その時, j_α, j_β 状態に 2 個の中性子あるいは 2 個の陽子を詰めた状態は, パウリ原理を満たすために反対称化して

$$|(j_\alpha j_\beta)JM\rangle_a = N\{|(j_\alpha j_\beta)JM\rangle - P_{12}|(j_\alpha j_\beta)JM\rangle\} \qquad (5.60)$$

で与えられる. N は規格化定数, 下付きの添字 a は反対称化を表し, P_{12} は粒子 1 と粒子 2 を交換する演算子である. 同種核子を考えたので, アイソスピン空間の波動関数は核子の入れ替えに関して対称であることを用いた.

(5.60) 式の 2 項目は, 次のように書き換えることができる.

[*11] 中性子の準位であることを表すために, 下付きの添字 n を付けた.

5.8 二重閉殻 ±2 核の低エネルギー状態のスピン・パリティと対相関

$$\begin{aligned}
P_{12}|(j_\alpha j_\beta)JM\rangle &= P_{12} \sum_{m_\alpha,m_\beta} \langle j_\alpha j_\beta m_\alpha m_\beta|JM\rangle \varphi_1(j_\alpha m_\alpha)\varphi_2(j_\beta m_\beta) \\
&= \sum_{m_\alpha,m_\beta} \langle j_\alpha j_\beta m_\alpha m_\beta|JM\rangle \varphi_2(j_\alpha m_\alpha)\varphi_1(j_\beta m_\beta) \\
&= (-1)^{j_\alpha+j_\beta-J} \sum_{m_\alpha,m_\beta} \langle j_\beta j_\alpha m_\beta m_\alpha|JM\rangle \varphi_1(j_\beta m_\beta)\varphi_2(j_\alpha m_\alpha) \\
&= (-1)^{j_\alpha+j_\beta-J}|(j_\beta j_\alpha)JM\rangle \quad (5.61)
\end{aligned}$$

2 項目から 3 項目に移行する際には，クレブシュ・ゴルダン係数の

$$\langle j_\alpha j_\beta m_\alpha m_\beta|JM\rangle = (-1)^{j_\alpha+j_\beta-J} \langle j_\beta j_\alpha m_\beta m_\alpha|JM\rangle \quad (5.62)$$

という性質を用いた．結局

$$|(j_\alpha j_\beta)JM\rangle_a = N\{|(j_\alpha j_\beta)JM\rangle - (-1)^{j_\alpha+j_\beta-J}|(j_\beta j_\alpha)JM\rangle\} \quad (5.63)$$

が得られる．同種核子を同じ軌道 $j_\alpha = j_\beta = j$ に詰めた場合は，$2j$ は奇数なので，合成角運動量としては偶数だけが許されることが (5.63) 式から分かる．

5.8.2 δ 型残留相互作用の影響：対相関

平均場の中を核子がパウリ原理に従いながら独立に運動するという殻模型の描像は，魔法数など原子核の基本的な特性をうまく説明するが，実験データに現れる詳細を理解するためには，残留相互作用の効果を考慮する必要がある．

二体力 v で相互作用しあう A 核子系に対するシュレーディンガー方程式

$$\left\{-\sum_i \frac{\hbar^2}{2M_N}\nabla_i^2 + \sum_{i>j} v_{ij}\right\}\Psi(x_1,\ldots,x_A) = E\Psi(x_1,\ldots,x_A) \quad (5.64)$$

を，平均場 $U(x)$ を導入して

$$\left\{\sum_i \left[-\frac{\hbar^2}{2M_N}\nabla_i^2 + U(x_i)\right] + \sum_{i>j} V_{ij}\right\}\Psi(x_1,\ldots,x_A) = E\Psi(x_1,\ldots,x_A) \quad (5.65)$$

のように書き換える．$\hat{h}^{(0)} \equiv -\frac{\hbar^2}{2M_N}\nabla^2 + U$ を例えば調和振動子ポテンシャルを用いた殻模型の非摂動の一粒子ハミルトニアンと考えるとき，V が残留相互作用である．

本書では，残留相互作用が重要な役割を演じる例を磁気能率に関して既に学んだ．$^{210}_{82}$Pb に関連して，縮退した $0^+, 2^+, \ldots, 8^+$ 状態も，残留相互作用によって分離することになる．

2核子間の残留相互作用を

$$V(\mathbf{r}_1 - \mathbf{r}_2) = -V_0 \cdot \delta(\mathbf{r}_1 - \mathbf{r}_2) \tag{5.66}$$

と仮定してみよう．この時，摂動論を用いると，$(n_\alpha \ell_\alpha j_\alpha)$ 準位と $(n_\beta \ell_\beta j_\beta)$ 準位に核子が一個ずつ詰まり合成角運動量が J に組んだ2核子系のエネルギーは

$$\Delta E((n_\alpha \ell_\alpha j_\alpha, n_\beta \ell_\beta j_\beta)J) = -\frac{1}{2}\{1 + (-1)^{\ell_\alpha + \ell_\beta - J}\}$$
$$\times V_0 \cdot F(n_\alpha \ell_\alpha, n_\beta \ell_\beta) \cdot A(j_\alpha j_\beta J) \tag{5.67}$$

$$F(n_\alpha \ell_\alpha, n_\beta \ell_\beta) = \int_0^\infty \frac{1}{r^2} R_{n_\alpha \ell_\alpha}^2(r) R_{n_\beta \ell_\beta}^2(r) dr \tag{5.68}$$

$$A(j_\alpha j_\beta J) = \frac{1}{1 + \delta(n_\alpha \ell_\alpha j_\alpha, n_\beta \ell_\beta j_\beta)} \cdot \frac{1}{4\pi}$$
$$\times \frac{(2j_\alpha + 1)(2j_\beta + 1)}{2J + 1} \left\langle j_\alpha j_\beta \frac{1}{2} - \frac{1}{2} \middle| J0 \right\rangle^2 \tag{5.69}$$

だけ変化することを示すことができる．$R_{n\ell}(r)$ は動径波動関数である．(5.67) から (5.69) 式は，エネルギー変化が，クレブシュ・ゴルダン係数と $2J+1$ を介して因子 A を通してのみ合成スピン J に依存することを示している．表 5.3 に同じ $j_\alpha = j_\beta = 9/2$ 軌道に2個の同種核子を詰めた場合の因子 A を J の関数として示した．この表から，図 5.6 に示した $0^+, 2^+, .., 8^+$ 状態のエネルギーの分離が，δ 関数型の短距離の残留相互作用によって引き起こされると考えることができることが分かる．$J=0$ の状態がエネルギー的に一番下に現れるのは，その状態では，2つの核子が同じ軌道を逆向きに運動しているため，空間的重なりが大きく，引力の δ 関数型の相関エネルギーを最も大きくすることができるためである．J が大きくなるにつれ2核子の空間的重なりが小さくなり，独立粒子模型のときのエネルギーからのズレが小さくなる．$J=0$ の状態でのエネルギーのズレが特に大きく，J が大きくなるにつれて，次のエネルギー準位との間隔が次第に狭くなっていくことに注意しよう．表 5.3 に示した J 依存性は，j と J が共にある程度大きいときに成り立つ漸近式[*12)]

$$\left\langle jj \frac{1}{2} - \frac{1}{2} \middle| J0 \right\rangle^2 \sim \frac{2}{\pi} \frac{1}{j + \frac{1}{2}} \sqrt{\frac{4j(j+1)}{(2j+1)^2} \frac{(J+\frac{1}{2})^2}{J(J+1)} - \frac{(J+\frac{1}{2})^2}{(2j+1)^2}}$$
$$\sim \frac{2}{\pi j} \sqrt{1 - \left(\frac{J}{2j}\right)^2} \tag{5.70}$$

から，定性的には理解することができる．

[*12)] A. Molinari, M. B. Johnson, H. A. Bethe and W. M. Alberico, Nucl. Phys. A239(1975)45.

表 5.3 δ-関数型残留相互作用によるエネルギー変化強度因子の角運動量依存性.

j_α	j_β	J	$8\pi A$
9/2	9/2	0	10
		2	80/33 (2.42)
		4	180/143 (1.26)
		6	320/429 (0.75)
		8	980/2439 (0.40)

このように,基底状態では,2 個の同種核子は互いに時間反転の関係にある軌道上を $J = 0$ の対をなして運動している.これを,原子核における対相関といい,物性物理学などで現れるクーパー対 (Cooper pair) や超流動状態に対応する[*13].

---

tea time　　超重元素

核分裂に対する安定性の項で述べたように,液滴模型では,原子番号が大体 100 を超すと核分裂に抗する表面張力に比べ核分裂を志向するクーロン力が優位になり,核分裂に対する障壁が消滅し,それらの重い原子核は存在しないことが示唆される.しかし,理論的計算では,殻効果のため核分裂障壁が存在し,原子番号 Z が 114,中性子数 N が 184[*14]が既知の $Z = 82$, $N = 126$ の次の魔法数であり,核図表でそれらの数の組の周りに比較的安定な原子核の領域が存在することが予言され,**超重核** (superheavy nuclei),あるいは元素として**超重元素** (superheavy elements：SHE) と呼ばれている.現在,それらの理論的予測を検証し,重い領域における原子核の存在限界を探求する研究が精力的に進められている[*15].

図 5.7 と図 5.8 には,現在,実験的研究を中心的に行っているフレロフ原子核反応研究所 (ドゥブナ,ロシア) と理化学研究所 (理研) の資料を示した.図 5.7 には,Cf や Cm などアクチノイド核を標的とし ^{48}Ca を入射核とする熱い核融合 (**hot fusion**) と呼ばれる反応で生成された超重核が丸印で,Pb や Bi に Ni などを入射する冷たい核融合 (**cold fusion**) で生成された超重核が+印で示されている.等高線の数値は殻補正エネルギーの大きさである.

cold fusion や hot fusion という名前が示すように,超重元素は重い原子核 (原子番号 Z_1) ともう一つの原子核 (Z_2) をぶつけて融合させ,より大きい原子番号

[*13] 合成スピンが $J = 0$ に組んだ対にのみ余分の引力が働くと単純化して考えると,対相関による準位構造を擬スピン法によって代数的に見通し良く議論することができる[17].
[*14] これらの値は,模型によって多少変動する.
[*15] 原子番号が 108 のハッシウム (元素記号 Hs) など重い元素の化学的性質の研究も進んでいる.

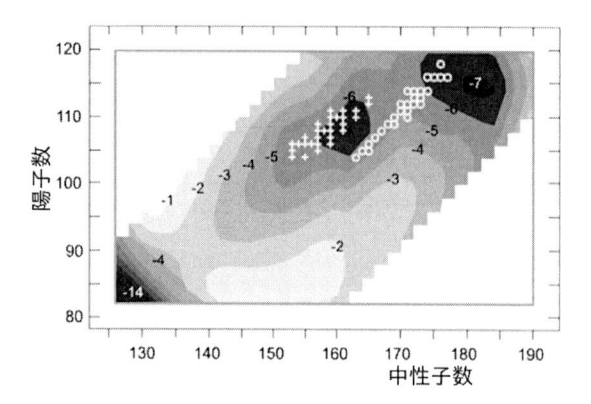

図 5.7 超重元素および殻補正エネルギー (MeV 単位).
Yu. Oganessian, J. Phys. G.34(2007)R165.

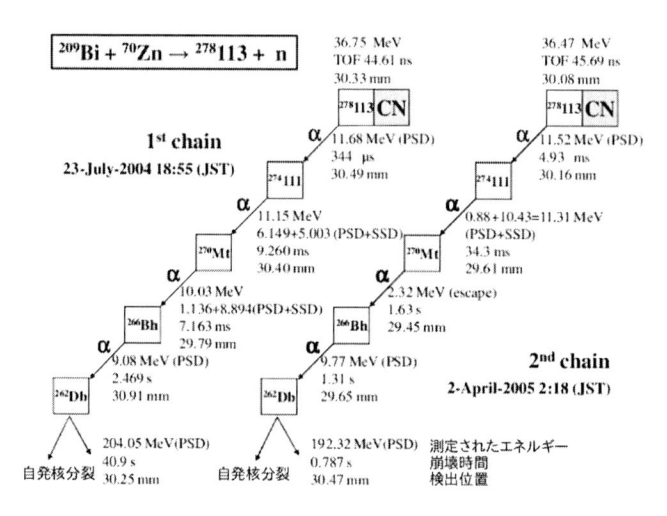

図 5.8 超重元素の生成反応. K. Morita, private communication.

$(Z_1 + Z_2)$ をもつ原子核を合成することによってつくられる*16). 強いクーロン斥力と 2 つの核が融合する際のエネルギー散逸のためこの融合反応の確率は小さく，また融合した原子核が脱励起する間に再分裂せずに生き残る確率も極めて小さいため，超重元素合成は極めて困難な実験である. 融合過程や再分裂と脱励起の競合過程の理論的研究には，確率微分方程式を用いた手法を初めとする輸送理論や様々な手法が用いられている*17).

一方，超重元素は短寿命であり，また数カ月の実験で数個観測される程度の頻度でしか合成されないため超重元素が合成されたかどうかの確認は困難な作業である. 原子番号が 107 から 112 までの元素は，ドイツの重イオン研究所 (GSI) において Bi や Pb を標的核とする cold fusion 反応を用いて合成された. 一連の実験には SHIP と呼ばれる粒子分離装置が用いられ，合成された超重核がアルファ崩壊を繰り返して既知の原子核にたどりつくことを確認することにより，合成された超重核の核種が確定された. 図 5.8 が示すように，理研の実験でも超重核から放出されるアルファ粒子の連鎖を観測し，最後に自発核分裂した娘核 $^{262}_{105}$Db (ドビニウム) の寿命が既知の自発核分裂の寿命と矛盾しないことが $Z = 113$ 元素生成の根拠として用いられた*18). これに対して，hot fusion を用いるドゥブナの実験では超重核からの崩壊連鎖が既知の領域とつながらないことが認定の障害となっていたが，その後 GSI での追試実験で 112 番元素 (^{283}Cn) (コペルニシウム) の hot fusion による合成が再現され，また Dubna-LLNL (ローレンスリバモア国立研究所，アメリカ) 共同研究グループの追試実験によって 114 番と 116 番元素のイベント数が増え，それらの崩壊が ^{283}Cn を経由するとして合理的に解釈できることが認められ，これらの元素が IUPAC により認定された*19).

---

*16) 反応の Q 値が大きく，蒸発過程によって 3 個程度の中性子を放出した後蒸発残留核 (evaporation residue) として超重核が形成される反応を hot fusion, Q 値が小さく超重核形成にあたって 1 個の中性子が放出される反応を cold fusion という. 核子の平均的な束縛エネルギーは約 8 MeV なので，励起エネルギー約 8 MeV ごとに 1 個の中性子が放出される.

*17) 確率微分方程式に関連して，Y. Aritomo, T. Wada, M. Ohta and Y. Abe, Phys. Rev. C59(1999)796; C. Shen, G. Kosenko and Y. Abe, Phys. Rev. C66(2002)R061602; Y. Abe, D. Boilley, G. Kosenko and C. Shen, Acta Physica Polonica B34(2003)2091; Y. Aritomo, Phys. Rev. C80(2009)064604; V. Zagrebaev and W. Greiner, Phys. Rev. C 78(2008)034610; 量子拡散理論に関連して，N. Takigawa, S. Ayik, K. Washiyama and S. Kimura, Phys. Rev. C69 (2004) 054605; 結合チャネル法に関連して，N. Rowley, N. Grar, and K. Hagino, Phys. Lett. B632(2006)243. しかし，反応全体を統一的に記述し，反応断面積を定量的に予言できる理論はまだ確立されていない.

*18) 2012 年 8 月に行われた ^{70}Zn+^{209}Bi の衝突実験で，$^{254}_{101}$Md (メンデレビウム) に至る 6 つの α 崩壊連鎖が観測され，113 番元素の同位体 ^{278}113 の生成が確認された (K. Morita et al., J. Phys. Soc. Jpn 81(2012)103201).

*19) 2012 年 5 月に，$Z = 114$ が Fl (フレロビウム)，$Z = 116$ が Lv (リバモリウム) と命名された.

6 微視的平均場理論（ハートリー‐フォック理論）

前章では，ウッズ‐サクソンポテンシャルなど現実に近い単純化した平均場を仮定して，原子核の殻構造について論じた．しかし，平均場自身核子間の相互作用に基づいてつくられるので，本来は，平均場と原子核全体や原子核中の核子の個々の状態を，自己無撞着に決定する必要がある．本章では，その代表的な理論としてハートリー‐フォック理論および関連したいくつかの微視的理論の基本的事項を述べることにしよう．核構造に関する近年の理論的研究の中心は，微視的観点からの自己無撞着計算にあると言っても過言ではない．

ハートリー‐フォック計算など微視的計算を実行する際重要なことは，構成粒子間の相互作用がよく分かったクーロン力である物性物理学などで対象とする系とは異なり，構成粒子間の力 (核力) が必ずしも確立されていないか理論的取り扱いを困難にする特徴を含んでいることである．そのため，微視的理論による研究は，もっともらしい核力に基づく理論で実験データを解析し，その結果を核力の改良を通して新たに理論に取り込み，さらに，理論的予測を実験で検証するという実験と理論の間のフィードバックを大きな原動力として発展してきた．

6.1　ハートリー‐フォック方程式

ハートリー‐フォック理論では，(5.64) 式の解が一つのスレーター行列式

$$\Psi(x_1,..x_A) = \frac{1}{\sqrt{A!}} \begin{vmatrix} \psi_1(x_1) & \psi_1(x_2) & . & . & . & \psi_1(x_A) \\ \psi_2(x_1) & \psi_2(x_2) & . & . & . & \psi_2(x_A) \\ . & & & & & . \\ . & & & & & . \\ . & & & & & . \\ \psi_A(x_1) & \psi_A(x_2) & . & . & . & \psi_A(x_A) \end{vmatrix} \quad (6.1)$$

で与えられると近似し，変分法で一粒子波動関数 $\{\psi\}$ を決定する．変分条件

6.1 ハートリー・フォック方程式

$$\frac{\delta}{\delta \psi_i^*(x_j)}\{\langle\Psi|H|\Psi\rangle - E\langle\Psi|\Psi\rangle\} = 0 \tag{6.2}$$

から，

$$\left\{-\frac{\hbar^2}{2M_N}\triangle + \Gamma_H(\mathbf{r})\right\}\psi_k(\mathbf{r}) + \int \Gamma_{EX}(\mathbf{r},\mathbf{r}')\psi_k(\mathbf{r}')d\mathbf{r}' = \epsilon_k \psi_k(\mathbf{r}), \tag{6.3}$$

$$\Gamma_H(\mathbf{r}) = \int v(\mathbf{r}-\mathbf{r}')\sum_{j=1}^{A}|\psi_j(\mathbf{r}')|^2 d\mathbf{r}' = \int v(\mathbf{r}-\mathbf{r}')\rho(\mathbf{r}')d\mathbf{r}', \tag{6.4}$$

$$\Gamma_{EX}(\mathbf{r},\mathbf{r}') = -v(\mathbf{r}-\mathbf{r}')\sum_{j=1}^{A}\psi_j^*(\mathbf{r}')\psi_j(\mathbf{r}) = -v(\mathbf{r}-\mathbf{r}')\rho(\mathbf{r},\mathbf{r}'), \tag{6.5}$$

$$\hat{\rho} \equiv \sum_{j\,:\,占拠された状態}|j\rangle\langle j| \tag{6.6}$$

が導かれる．ただし，ウィグナー型の中心力ポテンシャルを仮定した．(6.3) 式はハートリー・フォック方程式 (Hartree-Fock equation)，Γ_H はハートリーポテンシャル，Γ_{EX} はフォックポテンシャルと呼ばれる．ハートリーポテンシャルは (5.1) 式で仮定されたポテンシャルと一致すること，力の到達距離が有限であれば，フォックポテンシャルは非局所ポテンシャルであることに注意しよう．

　ポテンシャルが原子核の密度に依存するため，核子の波動関数およびエネルギーを決定する方程式 (6.3) は，自己無撞着に解く必要がある．その際，歴史的に標準的な方法は，前章で学んだ調和振動子殻模型の波動関数を基底として一粒子状態を展開し，展開係数を反復法 (iteration method) によって決める方法である．ただし，最近では，空間を格子状に分割し，展開基底を導入することなくハートリー・フォック方程式の解を直接数値積分で求める手法も用いられるようになった．展開法の精度は基底が張る空間の広さに左右されるため，特に近年活発な研究が行われているバレンス核子 (valence nucleon) の結合エネルギーが小さい不安定核の研究においては，直接積分法が有効である．

6.1.1 等価局所ポテンシャル，有効質量

　前章で学んだように，殻模型では，標準的には局所的な平均場が仮定される．条件が満たされれば，非局所ポテンシャルによる微積分方程式を等価な局所的方程式で置き換えることができ，それによって，非局所ポテンシャルがもたらす特異な効果を他の物理的表現で把握することができる．

　付録の 10.5 節で一般的な非局所ポテンシャルについて記すように，一波長内でのポテンシャルの変化が小さく，波動関数が平面波を拡張した WKB 近似での

波動関数で近似できる場合には，ポテンシャルの非局所効果は，有効ポテンシャルのエネルギー依存性あるいは**運動量依存性**で表現できる．さらに，非局所性が適度であれば，非局所効果は質量を場所に依存する**有効質量**に置き換えることによって表現できる．

6.1.2 核物質および局所密度近似

a. 局所密度近似

(6.5) 式が示すように，フォックポテンシャルは密度演算子の非対角行列 $\rho(\mathbf{r},\mathbf{r}')$ に依存する．その大まかな振る舞いは，原子核を局所的に核物質[*1)] と考え，核子の波動関数をその場所場所の密度 $\rho(\frac{\mathbf{r}+\mathbf{r}'}{2})$ に対応するフェルミ面まで分布した平面波で近似することによって，調べることができる．これを局所密度近似 (local density approximation) と呼ぶ．

この考えに従えば，$\rho(\mathbf{r},\mathbf{r}')$ は

$$\rho_{LDA}(\mathbf{r},\mathbf{r}') \equiv \left(\frac{1}{\sqrt{V}}\right)^2 \int_0^{k_F(R)} e^{-i\mathbf{k}\cdot\mathbf{r}'} e^{i\mathbf{k}\cdot\mathbf{r}} d\mathbf{k} \times \frac{V}{(2\pi)^3} \times 2 \times 2 \quad (6.7)$$

$$= 3\rho(R) \cdot \frac{1}{k_F(R)s} \cdot j_1(k_F(R)s) \quad (6.8)$$

で与えられる．ここで，$\mathbf{s} \equiv \mathbf{r}-\mathbf{r}'$, $\mathbf{R} = \frac{\mathbf{r}+\mathbf{r}'}{2}$ である．

[課題] (6.3) 式および (6.8) 式から，密度が一様な場合には，クーロンエネルギーに対するフォック項の寄与は

$$\mathcal{E}_{Coul}^{(exch)} = -\frac{1}{2}e^2 \int\int \frac{\left[\langle \mathbf{r}_1|\hat{\rho}^{(p)}|\mathbf{r}_2\rangle\right]^2}{|\mathbf{r}_1-\mathbf{r}_2|} d\mathbf{r}_1 d\mathbf{r}_2 \times \frac{1}{2} = -\frac{27}{16}\frac{Z^2e^2}{R^3}\frac{1}{(k_F^{(p)})^2} \quad (6.9)$$

で与えられることを示せ．2 項目の 2 番目の因子 1/2 は，2 個の陽子を交換したときのスピン空間の直交性を考慮する因子である．

(6.9) 式から，質量数が大きな原子核では，局所密度近似の考えに基づいてフォック項まで含めたクーロンエネルギーが

$$\mathcal{E}_{Coul} \approx \frac{3}{5}\frac{e^2 Z^2}{R}\left[1 - 5\left(\frac{3}{16\pi Z}\right)^{2/3}\right] \quad (6.10)$$

で与えられることが分かる．

[*1)] 核子からできた一様密度の無限の広がりをもつ物質．

b. 局所密度近似での有効質量

局所密度近似を用いて，有効質量が核力のパラメターや原子核の密度にどのように依存するか調べてみよう[*2]．

まず，ハートリー・フォック近似でのポテンシャルエネルギー U が，一般的に

$$U = \frac{1}{2} \sum_{\alpha,\beta=occupied} \langle \alpha\beta | v | \alpha\beta \rangle_a \qquad (6.11)$$

で与えられることから出発する．α, β は，通常の空間，スピン空間およびアイソスピン空間の量子数の総称であり，ケット状態 $|\alpha\beta\rangle_a$ は反対称化された状態 $\{|\alpha\beta\rangle - |\beta\alpha\rangle\}$ を表す．和はフェルミ面以下のすべての状態について行う．核力は (3.62) 式と同じ湯川型の中心力ポテンシャル

$$v(r) = V_0 \frac{e^{-\mu r}}{\mu r} \{w + mP_M\} = v_0(r)\{1 - m + mP_M\} \qquad (6.12)$$

であると仮定する．v を 2 核子状態への射影演算子を用いて (3.29) 式のように表現すると，射影されたそれぞれの状態でのポテンシャルは

$$V_{tt}(r) = V_{ss}(r) = V_0(1-2m)\frac{e^{-\mu r}}{\mu r}, \qquad V_{st}(r) = V_{ts}(r) = V_0 \frac{e^{-\mu r}}{\mu r} \qquad (6.13)$$

で与えられる．

特に，中性子数と陽子数が等しく，スピン上向きと下向きの状態がともに占拠されている無限核物質を考えてみよう．その時，2 核子系のそれぞれの状態について，縮退度からくる統計的重みと空間波動関数の対称性を考慮することによって，全ポテンシャルエネルギーは

$$\begin{aligned}
U = \frac{1}{2}\left[\frac{\Omega}{(2\pi)^3}\right]^2 &\int^{k_F} d^3k \int^{k_F} d^3k' \\
&\{(9V_{tt}^{(0)} + 3V_{ts}^{(0)} + 3V_{st}^{(0)} + V_{ss}^{(0)})\langle \mathbf{kk'}|\hat{v}_0|\mathbf{kk'}\rangle \\
&-(9V_{tt}^{(0)} - 3V_{ts}^{(0)} - 3V_{st}^{(0)} + V_{ss}^{(0)})\langle \mathbf{kk'}|\hat{v}_0|\mathbf{k'k}\rangle\} \qquad (6.14)
\end{aligned}$$

のように表すことができる．直接項および交換項の重みは

$$\begin{aligned}
9V_{tt}^{(0)} + 3V_{ts}^{(0)} + 3V_{st}^{(0)} + V_{ss}^{(0)} &= 16 - 20m, \\
9V_{tt}^{(0)} - 3V_{ts}^{(0)} - 3V_{st}^{(0)} + V_{ss}^{(0)} &= 4 - 20m \qquad (6.15)
\end{aligned}$$

で与えられる．

U を $\psi_k^*(\mathbf{r})$ で汎関数微分することにより，(6.3) 式における局所項および非局

[*2] 同様な考察は，文献[3, 17]でも行われている．

所項に対して次の表現が得られる.

$$\Gamma_H(\mathbf{r}) = (4 - 5m) \int v_0(|\mathbf{r} - \mathbf{r}'|)\rho'(\mathbf{r}')d\mathbf{r}', \tag{6.16}$$

$$\Gamma_{EX}(\mathbf{r}, \mathbf{r}') = -(1 - 5m)v_0(|\mathbf{r} - \mathbf{r}'|)\rho'(\mathbf{r}, \mathbf{r}'), \tag{6.17}$$

$$\hat{\rho}' \equiv \sum_{\mathbf{k}'=0}^{k_F} |\mathbf{k}'\rangle\langle\mathbf{k}'| = \sum_{\mathbf{k}'=0}^{k_F} |\psi_{\mathbf{k}'}\rangle\langle\psi_{\mathbf{k}'}|. \tag{6.18}$$

変分に際しては，スピンおよびアイソスピンを特定して，各項を重み 4 で割った.

核力の具体的な形 $v_0(\mathbf{r} - \mathbf{r}') = V_0 \frac{e^{-\mu|\mathbf{r} - \mathbf{r}'|}}{\mu|\mathbf{r} - \mathbf{r}'|}$ と (6.8) 式の結果を用いて，ハートリー・フォック方程式中のフォック項の計算をしてみよう．その際，波動関数は核物質近似に対応して平面波で表されるとする．その時，フォック項は，$\Gamma_{EX}^{(ELP)}(\mathbf{r})\psi_{\mathbf{k}}(\mathbf{r})$ と表現でき，フォック項に対する等価局所ポテンシャル (equivalent local potential) $\Gamma_{EX}^{(ELP)}(\mathbf{r})$ は $\rho'(\mathbf{r}, \mathbf{r}') = \rho(\mathbf{r}, \mathbf{r}')/4$ に注意して

$$\Gamma_{EX}^{(ELP)}(\mathbf{r}) = -\frac{1}{4}(1 - 5m)V_0 3\rho(\mathbf{r}) \int \frac{e^{-\mu s}}{\mu s} \frac{j_1(k_F(\mathbf{r})s)}{k_F(\mathbf{r})s} e^{i\mathbf{k}\cdot\mathbf{s}} d\mathbf{s} \tag{6.19}$$

$$= -(1 - 5m)V_0 \left\{ \left[3\pi\rho(\mathbf{r}) \frac{1}{\mu k_F(\mathbf{r})} \int_0^\infty e^{-\mu s} j_1(k_F(\mathbf{r})s) ds \right. \right.$$

$$\left. \left. -\pi\rho(\mathbf{r}) \cdot \frac{1}{\mu(\mu^2 + k_F^2)^2} \cdot k^2 + \ldots \right] \right\} \tag{6.20}$$

で与えられる．この式から，有効質量に対して

$$\frac{1}{M^*} = \frac{1}{M_N} \left\{ 1 + 2\pi(1 - 5m)V_0 \frac{M_N c^2}{(\hbar c)^2} \rho(\mathbf{r}) \frac{1}{\mu(\mu^2 + k_F^2)^2} \right\} \tag{6.21}$$

という式が導かれる．(6.21) 式が示すように，フォック項の有効質量への影響は，核力の到達距離が $0(\mu \to \infty)$ の極限では存在しない ($M^* = M_N$) が，到達距離が長くなるにつれて大きくなる.

(6.21) 式と同じ式は，運動量が $\hbar k$ の核子のエネルギーの評価からも導くことができる．$k_F = 1.27\,\mathrm{fm}^{-1}$, $\rho = 0.138\,\mathrm{fm}^{-3}$ (表 2.2), $m = 0.5$ (サーバー力), $V_0 = -48.1\,\mathrm{MeV}$, $a = 1.17\,\mathrm{fm}$ ((3.65) 式参照) ととると，$M_N^* = 0.76\,M_N$ となり，次節で述べるスカーム・ハートリー・フォック (Skyrme Hartree-Fock) 計算など，標準的なハートリー・フォック計算の結果と良く一致する.

ちなみに，核物質近似の場合，(6.16) 式で与えられるハートリーポテンシャルは

$$\Gamma_H(\mathbf{r}) = V_0(4 - 5m)\frac{2}{3\pi}\left(\frac{k_F}{\mu}\right)^3 \tag{6.22}$$

となる.

6.1.3 振る舞いの良いポテンシャルでの飽和性，交換特性への制約

第3章で導入した斥力芯をもつポテンシャルに比べて (6.12) 式で与えたポテンシャルの特徴は，核力の行列要素が発散しないため[*3]，そのままでハートリー・フォック計算などの摂動計算が可能なことである．そのような性質の良いポテンシャルで，原子核がつぶれない (有限の密度で存在する) こと (飽和性) がハートリー・フォック理論の枠内でどのように保証されるかについてコメントしておこう．6.1.2 項の b と同じように，中性子数と陽子数が等しく，スピン上向きと下向きの状態が共に占拠されている無限核物質を考え，核力の動径 (r) 依存性が (6.12) 式と同じように $v_0(r) = V_0 \frac{e^{-r/a}}{r/a}$ で与えられるとすると，(6.22) 式から分かるように，原子核が有限の密度で存在するためには

$$16 - 20m < 0, \quad つまり \quad m > \frac{4}{5} \tag{6.23}$$

という条件が必要である．

(6.23) 式の条件は，$m \sim 1/2$ (例えばサーバー力) を要求する 2 核子散乱の要請と矛盾する．このように，(6.12) 式で与えられるような性質の良いポテンシャルを用いて交換力の特性だけで飽和性を満たすことは困難であり，これから述べるスカーム力のように媒質効果を取り入れた有効多体相互作用などに飽和性の起源を求めることが必要である[*4]．

6.2 有限核に対するスカーム・ハートリー・フォック計算

6.2.1 スカーム力

ブルックナー理論 (3.8 節参照) に基づく多体問題の観点から系統的に核構造の研究を行うことは容易ではない．それに対して，現象論的核力を用いたハートリー・フォック計算が 1970 年代初頭から始められ，現在も精力的に行われている．中でも，スカームが導入した[49] 簡便な相互作用を用いたハートリー・フォック計算は，スカーム・ハートリー・フォック計算[50] の名の下に，標準的な核構造計算として定着している．

a．スカーム力

T. H. R. スカーム (Skyrme) は，核力が短距離力であることに着目し，大胆な

[*3] そのようなポテンシャルは，しばしば，性質の良いポテンシャルと呼ばれる．
[*4] 単純な完全剛体球モデルを用いて状態方程式を調べることによって，斥力芯の半径が 0.4 fm とすると，密度が標準密度 $\rho_0 \sim 0.14$ fm^{-3} の約 6 倍以上の高密度領域の飽和性は斥力芯によって保証されることが分かる．

δ 関数型の核力を仮定し，さらに，飽和性を保証するために三体力を導入した．

$$V = \sum_{i<j} V(i,j) + \sum_{i<j<k} V(i,j,k) \tag{6.24}$$

(1) 二体力　スカーム自身が当初提案した形より拡張され，現在スカーム力として用いられている力は，基本的に，以下のような形をしている．

$$\begin{aligned}V(1,2) = {} & t_0(1+x_0 P_\sigma)\delta(\mathbf{r}_1-\mathbf{r}_2) \\ & + \frac{1}{2}t_1(1+x_1 P_\sigma)\left[\delta(\mathbf{r}_1-\mathbf{r}_2)\mathbf{k}_R^2 + \mathbf{k}_L^2 \delta(\mathbf{r}_1-\mathbf{r}_2)\right] \\ & + t_2(1+x_2 P_\sigma)\mathbf{k}_L \cdot \delta(\mathbf{r}_1-\mathbf{r}_2)\mathbf{k}_R \\ & + iW_0(\boldsymbol{\sigma}_1+\boldsymbol{\sigma}_2)\cdot \mathbf{k}_L \times \delta(\mathbf{r}_1-\mathbf{r}_2)\mathbf{k}_R \end{aligned} \tag{6.25}$$

ただし，P_σ は (3.18) 式で定義されるスピン交換演算子であり，$\mathbf{k}_R$ と $\mathbf{k}_L$ は

$$\mathbf{k}_R \equiv \frac{1}{2i}(\boldsymbol{\nabla}_1 - \boldsymbol{\nabla}_2) \tag{6.26}$$

$$\mathbf{k}_L \equiv -\frac{1}{2i}(\boldsymbol{\nabla}_1 - \boldsymbol{\nabla}_2) \tag{6.27}$$

で定義され，それぞれ，右側および左側に作用するものとする．

(2) 三体力[*5)]　スカームが最初に導入した三体力は

$$V(1,2,3) = t_3 \delta(\mathbf{r}_1-\mathbf{r}_2)\delta(\mathbf{r}_2-\mathbf{r}_3) \tag{6.28}$$

の形をしている．ただし，近年は，三体力項 $\sum_{i<j<k} V(i,j,k)$ の代わりに，密度に依存する二体力

$$V_{DD}(1,2) = \frac{1}{6}t_3(1+x_3 P_\sigma)\rho^\alpha\left(\frac{\mathbf{r}_1+\mathbf{r}_2}{2}\right)\delta(\mathbf{r}_1-\mathbf{r}_2) \tag{6.29}$$

を用いた付加的二体力項 $\sum_{i<j} V_{DD}(i,j)$ を仮定するのが標準的である．α の値は原子核の圧縮率を支配し，1/3 や 1/6 という値が用いられる．もちろん，後者の方が非圧縮率は小さくなる．

(6.25) 式中の W_0 項は二体のスピン・軌道相互作用である．t_0 項は核力の到達距離を 0 とした極限に対応し，原子核を自己束縛系として成り立たせるために不可欠な引力項である．t_1 と t_2 項は核力が有限の到達距離をもつことを代弁するために導入したものである．このことを理解するために，有限の到達距離をもつ

[*5)] この項は，G 行列理論に現れる多体効果や斥力芯の効果などを代弁し原子核がつぶれないように導入された有効相互作用であり，中間子論にたって核力を議論する際に 3 つの核子に絡んで生じる三体力[17)] とは区別して考えるべきものである．後者については，その寄与の大きさが，t や ^{3}He など軽い原子核の結合エネルギーや形状因子のファデーエフ (Faddeev) 方程式などによる詳しい計算を通して議論されている．

6.2 有限核に対するスカーム・ハートリー・フォック計算

二体の中心力

$$v(r) = V_0 e^{-(\frac{r}{\mu})^2} \tag{6.30}$$

を考えてみよう*6)*7). この時, 運動量演算子の固有状態を用いた行列要素は

$$\langle \mathbf{k}|\hat{v}|\mathbf{k}'\rangle = \frac{1}{\Omega}(\mu\sqrt{\pi})^3 V_0 e^{-\frac{1}{4}\mu^2(\mathbf{k}-\mathbf{k}')^2} \tag{6.31}$$

$$= \frac{1}{\Omega}(\mu\sqrt{\pi})^3 V_0 \left[1 - \frac{1}{4}\mu^2(\mathbf{k}-\mathbf{k}')^2 + \dots\right] \tag{6.32}$$

で与えられる. (6.32) 式は, 演算子 $\hat{v}$ の両側に, 完全性 $\int d\mathbf{r}|\mathbf{r}\rangle\langle\mathbf{r}| = 1$ を代入し, $\langle\mathbf{r}|\mathbf{k}\rangle = \frac{1}{\sqrt{\Omega}}e^{i\mathbf{k}\cdot\mathbf{r}}$ であること, および, 局所ポテンシャル $\hat{v}$ に対するディラック表示での行列要素が

$$\langle \mathbf{r}|\hat{v}|\mathbf{r}'\rangle = \delta(\mathbf{r}-\mathbf{r}')v(\mathbf{r}) \tag{6.33}$$

で与えられることを用いて導くことができる.

(6.32) 式は, 核力の到達距離 μ に対する展開式になっているので, 有限の到達距離の効果を表す最初の項 ([...] 内の 2 項目) までを保持して, 座標表示に戻すと

$$\langle \mathbf{r}|\hat{v}|\mathbf{r}'\rangle = (\mu\sqrt{\pi})^3 V_0 \Big\{\delta(\mathbf{r})\delta(\mathbf{r}')$$
$$+\frac{1}{4}\mu^2 \left[\boldsymbol{\nabla}_r^2\delta(\mathbf{r})\delta(\mathbf{r}') + \delta(\mathbf{r})\boldsymbol{\nabla}_{r'}^2\delta(\mathbf{r}') + 2\boldsymbol{\nabla}_r\delta(\mathbf{r})\cdot\boldsymbol{\nabla}_{r'}\delta(\mathbf{r}')\right]\Big\} \tag{6.34}$$

となる. (6.34) 式の導出に当たっては, 完全性の条件 $\frac{\Omega}{(2\pi)^3}\int d\mathbf{k}|\mathbf{k}\rangle\langle\mathbf{k}| = 1$ を左辺の $\hat{v}$ の両側に挿入すれば良い. 対応して, 関数 $F(\mathbf{r}), G(\mathbf{r}')$ に対して

$$\int d\mathbf{r}d\mathbf{r}' F(\mathbf{r})\langle\mathbf{r}|\hat{v}|\mathbf{r}'\rangle G(\mathbf{r}')$$
$$= (\mu\sqrt{\pi})^3 V_0 \Big\{\int d\mathbf{r}d\mathbf{r}'\delta(\mathbf{r})F(\mathbf{r})\delta(\mathbf{r}')G(\mathbf{r}')$$
$$+\frac{1}{4}\mu^2 \int d\mathbf{r}d\mathbf{r}'\delta(\mathbf{r})\left[(\boldsymbol{\nabla}_r^2 F(\mathbf{r}))\delta(\mathbf{r}')G(\mathbf{r}') + F(\mathbf{r})\delta(\mathbf{r}')(\boldsymbol{\nabla}_{r'}^2 G(\mathbf{r}'))\right]$$
$$+\frac{1}{2}\mu^2 \int d\mathbf{r}d\mathbf{r}'\delta(\mathbf{r})\boldsymbol{\nabla}_r F(\mathbf{r})\delta(\mathbf{r}')\cdot\boldsymbol{\nabla}_{r'}G(\mathbf{r}')\Big\} \tag{6.35}$$

が得られる. このことは, 到達距離の 2 次までで近似した $v(\mathbf{r})$ が

$$v(\mathbf{r}) \approx (\mu\sqrt{\pi})^3 V_0 \Big\{\delta(\mathbf{r})$$
$$-\frac{1}{4}\mu^2 \left[(-\frac{1}{i}\boldsymbol{\nabla})_L^2\delta(\mathbf{r}) + \delta(\mathbf{r})(\frac{1}{i}\boldsymbol{\nabla})_R^2\right] + \frac{1}{2}\mu^2(-\frac{1}{i}\boldsymbol{\nabla})_L\delta(\mathbf{r})(\frac{1}{i}\boldsymbol{\nabla})_R\Big\} \tag{6.36}$$

---

*6) 計算を簡単にするために湯川型ではなくガウス型を仮定した.
*7) ここでは, 重心運動をはずし, 相対運動に対応する一体問題化して定式化する.

で与えられることを意味している．(6.25) 式と (6.36) 式を比較することによって，$t_0 < 0, t_1 > 0, t_2 < 0$ であることが予想される．また，(6.36) 式の係数 $(\mu\sqrt{\pi})^3$ は δ 関数の一つの定義式 $\lim_{\mu\to 0}\frac{1}{\sqrt{\pi}\mu}e^{-(\frac{x}{\mu})^2} = \delta(x)$ から理解できよう．

6.2.2 ハートリー・フォック方程式

スカーム・ハートリー・フォック計算では，δ 関数型の相互作用の特徴を活かして，ハートリー・フォック方程式を力のパラメターと核子密度 ρ を用いて書き下すことができる[50]．クーロン力を無視しスカームが最初に仮定した力の場合 (二体力では $x_1 = x_2 = 0$ とし (6.28) 式で与えられる有効三体力を仮定した場合) のハートリー・フォック方程式を $N = Z$ の場合に対して書き下しておこう．

$$\left[-\nabla \cdot \frac{\hbar^2}{2M_N^*}\nabla + U(\mathbf{r}) - i\boldsymbol{W}(\mathbf{r}) \cdot (\nabla \times \boldsymbol{\sigma})\right]\psi_i = \epsilon_i\psi_i, \qquad (6.37)$$

$$\frac{\hbar^2}{2M_N^*} = \frac{\hbar^2}{2M_N} + \frac{1}{16}(3t_1 + 5t_2)\rho(\mathbf{r}), \qquad (6.38)$$

$$U(\mathbf{r}) = \frac{3}{4}t_0\rho + \frac{3}{16}t_3\rho^2 + \frac{1}{16}(3t_1 + 5t_2)\tau + \frac{1}{32}(5t_2 - 9t_1)\nabla^2\rho$$
$$- \frac{3}{4}W_0\nabla \cdot \mathbf{J}, \qquad (6.39)$$

$$\boldsymbol{W}(\mathbf{r}) = \frac{3}{4}W_0\nabla\rho + \frac{1}{16}(t_1 - t_2)\mathbf{J}, \qquad (6.40)$$

$$\mathbf{J} = -2i\sum_{q=p,n}\sum_{j,s_3,s_3'}\psi_j^*(\mathbf{r}, s_3, q)\left[\nabla\psi_j(\mathbf{r}, s_3', q) \times \langle s_3|\mathbf{s}|s_3'\rangle\right], \qquad (6.41)$$

$$\tau = \sum_{q=p,n}\sum_{j,s_3}|\nabla\psi_j(\mathbf{r}, s_3, q)|^2 \sim \frac{3}{5}k_F^2\rho. \qquad (6.42)$$

τ および $\boldsymbol{J}$ は，運動エネルギー密度およびスピン密度である．スカーム力 ((6.25) 式) 中の運動量依存項を反映して，ハートリー・フォック方程式には有効質量 $M_N^*(r)$ が現れる．(6.21) 式の結果と符合して，核力の到達距離が 0 の極限 ($t_1 = 0, t_2 = 0$ の極限) では有効質量は裸の核子の質量のままであり，核力の到達距離が増加するにつれて有効質量は小さくなる．

6.2.3 エネルギー密度およびパラメターの決定

スカーム力の場合，相互作用エネルギーを核子密度の汎関数として表現することができる．一方，運動エネルギーは，トーマス・フェルミ近似を用いると，例えば陽子に対して

$$E_{kin}^{(p)} = \frac{1}{(2\pi\hbar)^3}\int^{p_F^{(p)}(r)}\frac{p^2}{2M_N}d\mathbf{p}d\mathbf{r} \times 2 = \int \frac{3}{5}\frac{(\hbar k_F^{(p)}(r))^2}{2M_N}\rho^{(p)}(\mathbf{r})d\mathbf{r} \quad (6.43)$$

で与えられる．結局，全エネルギーをエネルギー密度 $\mathcal{H}$ を用いて

$$E = E_{Skyrme,total} = \int \mathcal{H}(\mathbf{r}) d\mathbf{r} \tag{6.44}$$

と表すと，$\mathcal{H}$ を陽子および中性子の密度の汎関数として表現することができる．特に，$N = Z$ の場合を考え，クーロン力を無視すると，(6.37) から (6.42) 式に対応して，$\mathcal{H}$ は

$$\begin{aligned}\mathcal{H} &= \frac{\hbar^2}{2M_N}\tau + \frac{3}{8}t_0\rho^2 + \frac{1}{16}t_3\rho^3 + \frac{1}{16}(3t_1 + 5t_2)\rho\tau \\ &\quad + \frac{1}{64}(9t_1 - 5t_2)(\boldsymbol{\nabla}\rho)^2 - \frac{3}{4}W_0\rho\boldsymbol{\nabla}\cdot\mathbf{J}\end{aligned} \tag{6.45}$$

で与えられる．

次に，t_0 や t_1 などの値をどのように決定するかという問題に移ろう．そのために，$N = Z$ で，かつ，表面効果を無視できる核物質を考える．このとき (6.45) 式中の微分項は無視できるので核子当たりの全エネルギーは

$$\frac{E}{A} = \frac{\mathcal{H}V}{\rho V} = \frac{3}{5}T_F + \frac{3}{8}t_0\rho + \frac{1}{16}t_3\rho^2 + \frac{3}{80}(3t_1 + 5t_2)\rho k_F^2 \tag{6.46}$$

で与えられる．$T_F = \frac{\hbar^2 k_F^2}{2M_N}$ はフェルミエネルギーである．(6.46) 式を用いると，核物質の非圧縮率 (incompressibility) に対して

$$K \equiv k_F^2 \frac{\partial^2}{\partial k_F^2}\left(\frac{E}{A}\right) = \frac{6}{5}T_F + \frac{9}{4}t_0\rho + \frac{15}{8}t_3\rho^2 + \frac{3}{4}(3t_1 + 5t_2)\rho k_F^2 \tag{6.47}$$

という式が導かれる[*8)]．一方，温度 0 では，圧力は定義式によって

$$P = -\frac{\partial}{\partial V}E = \rho^2 \frac{\partial}{\partial \rho}\left(\frac{E}{A}\right) \tag{6.48}$$

で与えられる．

[演習] 圧力を密度 ρ および力のパラメターの関数として求めよ．

質量公式から，核物質での核子当たりの結合エネルギーは約 15 MeV であることが分かっている．また，非圧縮率 K は，アイソスカラー型の単極子振動運動 (breathing mode：陽子と中性子が同位相で集団運動を行い原子核が形を変えず体積の膨張，収縮を繰り返す励起運動) の励起エネルギー[*9)]や中性子星や超新星

[*8)] 非圧縮率は，$k \equiv -V\frac{\partial}{\partial V}P = \rho\frac{\partial P}{\partial \rho}$ で定義されることもある．2 つの非圧縮率は，平衡状態の密度を ρ_0 とすると $(P(\rho_0) = 0), K = 9k(\rho_0)/\rho_0$ の関係にある．

[*9)] J. P. Blaizot, Phys. Rep.64(1980)171. ただし，有限な質量をもつ実際の原子核のデータから核物質の非圧縮率を精度良く決めることは，単純ではない．

爆発など天体現象の研究から，$K \sim 200\,\mathrm{MeV}$ であることが示唆されている．また，原子核は孤立系なので，標準密度 (飽和密度) $\rho = \rho_0 \sim 0.14\,\mathrm{fm}^{-3}$ で圧力は 0 でなければならない．スカーム力のパラメターは，これらの条件や，$^{16}\mathrm{O}$, $^{208}\mathrm{Pb}$ などいくつかの代表的な原子核の半径や結合エネルギーを再現するように決定され，どのデータを尊重するかによって異なるパラメターセットが提案されている．表 6.1 にその例を示した．

SIII[*10)]は頻繁に用いられるパラメターセットの一つで，パラメターの値を球形核 $^{16}\mathrm{O}$, $^{40}\mathrm{Ca}$, $^{48}\mathrm{Ca}$, $^{56}\mathrm{Ni}$, $^{90}\mathrm{Zr}$, $^{140}\mathrm{Ce}$, $^{208}\mathrm{Pb}$ の結合エネルギーと荷電半径を良く再現するように決めたものである．SkM* [*11)]は，それらの情報に加えて $^{240}\mathrm{Pu}$ の核分裂障壁の高さを再現するように決めたものである．一方，SLy4[*12)]はアイソスピン自由度に注目し中性子過剰核や中性子物質の研究に適切なようにパラメ

表 6.1 スカーム力のパラメターの値，および，それらのパラメターで計算した核物質の特性．ρ_0 はバリオン数密度．E/A は核子当たりの結合エネルギー．K は原子核の非圧縮率 (nuclear incompressibility)．m_N^* は中心領域での核子の有効質量．

	SIII	SkM*	SLy4
t_0 (MeV fm^3)	-1128.75	-2645.00	-2488.91
t_1 (MeV fm^5)	395.00	410.00	486.82
t_2 (MeV fm^5)	-95.00	-135.00	-546.39
t_3 (MeV fm$^{3+\alpha}$)	14000.00	15595.00	13777.0
x_0	0.45	0.09	0.834
x_1	0.00	0.00	-0.344
x_2	0.00	0.00	-1.000
x_3	1.00	0.00	1.354
α	1	1/6	1/6
W_0 (MeV fm^5)	120.0	130.0	123.0
核物質の性質			
ρ_0 (fm^{-3})	0.145	0.1603	0.160
E/A (MeV)	-15.87	-15.78	-15.969
m_N^*/M_N	0.76	0.79	0.70
K (MeV)	356	216.7	229.9

[*10)] M. Beiner, H. Flocard, Nguyen Van Giai and P. Quentin, NPA238(1975)29.
[*11)] J. Bartel, P. Quentin, M. Brack, C. Guet and H. B. Hakansson, Nucl. Phys. A386(1982)79.
[*12)] E. Chabanat, P. Bonche, P. Haensel, J. Meyer and R. Schaeffer, Nucl. Phys. A627(1997)710; Nucl. Phys. A635(1998)231.

ターを決定したものである．表には，それぞれのパラメターセットで計算した核物質の特性も示した．前にのべたように，圧縮性振動 (単極子振動) の励起エネルギーや，星の大きさ，超新星爆発などから原子核の非圧縮率 K は大体 200 MeV 程度と考えられているので，柔らかい状態方程式 (soft EOS) に対応する SkM* と SLy4 は妥当であり，SIII は状態方程式が堅過ぎるきらいがある．[*13)]

6.2.4 実験データとの比較

スカーム力を仮定したハートリー‐フォック計算は，原子核の半径や電荷分布などの実験データをよく再現する．実験データとの比較の例として，図 6.1 に，SkM* および SLy4 力を用いたハートリー‐フォック計算によって得られた核子のエネルギー準位と実験データを比較した．図が示すように，スカーム力を仮定したハートリー‐フォック計算は 1 粒子準位に関する実験データの特徴を良く再現する．

しかし，詳細をみると，ハートリー‐フォック計算の結果は，実験データに比べ，準位間隔が大きすぎる (準位密度が小さすぎる) ことが注目される．その傾向は，中性子に対しては SkM* 力に比べ SLy4 力の方が著しい．一方，陽子に対しては 2 つの力で類似している．この問題とその特徴の原因を探るために，図 6.2 に，それぞれの計算で得られた核子の有効質量と核子のポテンシャルを比較した．図は，ハートリー‐フォック計算の有効質量が裸の質量に比べ有意に小さくなって

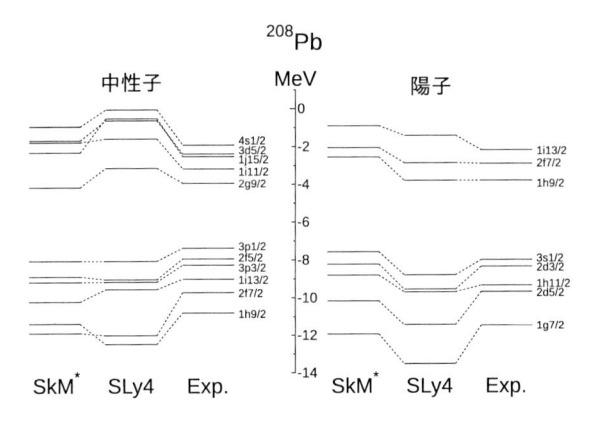

図 6.1 フェルミ面近傍の核子のエネルギー準位，実験データと SkM* および SLy4 力を用いたハートリー‐フォック計算の比較．

[*13)] 中高エネルギーの原子核原子核衝突で観測される核破砕反応も，状態方程式の柔らかさを反映することが知られている．A. Ono and H. Horiuchi, Prog. Part. Nucl. Phys. 53 (2004) 501.

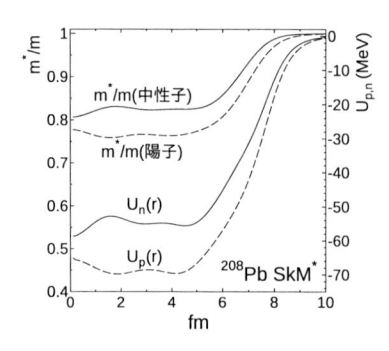

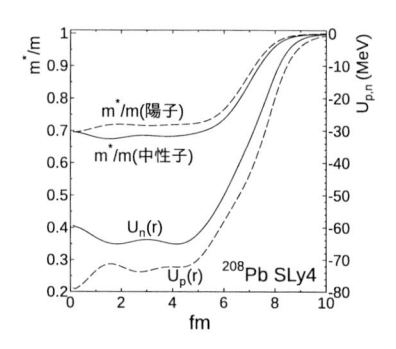

図 6.2 有効質量および核子のポテンシャル.

いること,しかも,中性子の有効質量は SkM* 力に比べ SLy4 力では著しく小さいこと,一方,陽子の有効質量は 2 つの力の間にあまり差がみられないことを示している.箱型の井戸中の準位間隔が質量が小さくなるにつれて大きくなる ((5.10) 式参照) ことから,上で注目した核子の準位密度の大きさに関するハートリー・フォック計算の問題は,e 質量 (6.2.6 項参照) を無視したことなど有効質量が正しく取り扱われていないことにその一因があると考えられる.

6.2.5 状態方程式,飽和性,スピノダル線,核表面の厚み

a. 状態方程式および飽和性

状態方程式 (equation of state:EOS) は,物理系の基本的な特性の一つであり,しばしば,圧力を密度の関数として表すことによって表現される.スカーム力を仮定すると,状態方程式を解析的に書き下すことが可能になる.状態方程式は,原子核の飽和性や,圧縮性の振動励起,核破砕反応[*14],中性子星や超新星爆発などの天体核現象など様々な問題で重要な役割を演じる.ここでは,$N = Z$ の核物質を考え,スカーム力に立脚して状態方程式を論じることにしよう.ただし,クーロン力の寄与は無視する.

有限温度の場合,圧力はヘルムホルツ (Helmholtz) の自由エネルギー $F = E - TS$ の微分で与えられる:

$$P = -\left(\frac{\partial}{\partial V}F\right)_T. \tag{6.49}$$

内部エネルギー E が相互作用エネルギー E_{int} と運動エネルギー E_{kin} の和で与えられることに対応して,圧力を,相互作用エネルギーに起因する部分と,運動

[*14] 衝突エネルギーが核子当たり数十 MeV の中高エネルギー原子核・原子核衝突で観測される反応で,原子核が核子をはじめ様々な質量数の原子核 (破砕片) に分解する反応.

エネルギーに起因する部分の和で

$$P = P_V + P_T \tag{6.50}$$

のように分けて考えることにしよう．

(1) 相互作用に起因する圧力 P_V　相互作用に起因する圧力は，温度が0の時の公式 (6.48) 式で，全エネルギー E を相互作用のエネルギー E_{int} で置き換えたもので評価することにする．いま，(6.46) 式に対応して，核子当たりの相互作用エネルギーを

$$\frac{E_{int}}{A} = -C_1\rho + C_2\rho^{1+\alpha} \tag{6.51}$$

と仮定する．(6.46) 式は $\alpha = 1$ の場合に対応するが，核力を (6.28) 式の代わりに一般的に (6.29) 式のようにとる場合を考えて，(6.51) 式右辺2項目のべき乗を変えた[*15]．この時，相互作用に起因する圧力は

$$P_V = -C_1\rho^2 + (1+\alpha)C_2\rho^{2+\alpha} \tag{6.52}$$

で与えられる．

(2) 運動エネルギーに起因する圧力 P_T　運動エネルギーに起因する圧力を求めるためには，まず，単位体積当たりの運動エネルギーを

$$\frac{E_{kin}}{V} = \frac{4}{(2\pi)^3}\int d^3k \frac{\hbar^2 k^2}{2M_N} \frac{1}{\exp(\frac{\hbar^2 k^2}{2M_N} - \lambda)/T + 1} \tag{6.53}$$

に基づいて計算し，その後，統計性に無関係に古典系，量子系を問わず理想気体に対して成り立つベルヌーイの公式[33,37] (Bernoulli's formula)，

$$PV = \frac{2}{3}E \tag{6.54}$$

の E に E_{kin} を代入して，P_T を求めることにする．(6.53) 式で，λ はフェルミ準位 (またはフェルミポテンシャル) である．

(2a) 縮退極限：$T = 0$ の場合　温度が0の場合は，

$$P_T = \frac{2}{5}\rho \cdot \epsilon_F = \frac{2}{5}\rho \cdot \frac{\hbar^2 k_F^2}{2M_N} \propto \rho^{5/3} \tag{6.55}$$

であることが容易に導かれる．ϵ_F は温度0でのフェルミ準位 (フェルミエネルギー) である．

[*15] (6.46) 式右辺最終項は $\rho^{5/3}$ に比例するので，α として 2/3 より小さな値を用いるときは，スカームの方法に従って t_1 と t_2 項を通して核力の有限到達性を取り入れるやり方は，飽和性の議論をする際には再考が必要であろう．

(2b) 高温で非縮退系の場合　高温では，フェルミ分布をボルツマン分布で近似できるようになる．この場合

$$\frac{E_{kin}}{V} \sim \frac{4}{(2\pi)^3} 4\pi \frac{\hbar^2}{2M_N} \int_0^\infty dk\, k^4 e^{-(\frac{\hbar^2 k^2}{2M_N} - \lambda)/T}$$

$$\sim \frac{4}{(2\pi)^3} 4\pi \frac{1}{2M_N} \frac{1}{\hbar^3} e^{\frac{\lambda}{T}} \frac{3}{8} \sqrt{\pi} (2M_N T)^{5/2}, \qquad (6.56)$$

$$\frac{N}{V} \sim \frac{4}{(2\pi)^3} 4\pi \int_0^\infty dk\, k^2 e^{-(\frac{\hbar^2 k^2}{2M_N} - \lambda)/T}$$

$$\sim \frac{4}{(2\pi)^3} 4\pi \frac{1}{\hbar^3} e^{\frac{\lambda}{T}} \frac{1}{4} \sqrt{\pi} (2M_N T)^{3/2} \qquad (6.57)$$

から

$$\frac{E_{kin}}{V} = \frac{3}{2} \rho T \qquad (6.58)$$

が得られる．ベルヌーイの公式 (Bernoulli's formula) をもちいると，結局，運動エネルギーに起因する圧力は，理想気体に対して良く知られた

$$P_T = \rho T \qquad (6.59)$$

という式で与えられる．

(2c) 低温のフェルミ気体の場合　温度 T が，$T \ll \lambda$ (λ はフェルミ準位) を満たす場合，運動エネルギーは

$$E_{kin}(T) = E_{kin}(T=0) + \frac{1}{4} \frac{\pi^2}{\epsilon_F} \cdot A \cdot T^2 \qquad (6.60)$$

で与えられる[33]．したがって，運動エネルギーに基づく圧力は，(6.54) 式を用いて，

$$P_T = \frac{2}{5} \rho \cdot \epsilon_F \left\{ 1 + \frac{5}{12} \pi^2 \left(\frac{T}{\epsilon_F} \right)^2 \right\} \qquad (6.61)$$

で与えられる．

　これらの結果をもとに，状態方程式がどのように振舞うかを想像してみよう．まず，温度が 0 の場合を考える．(6.52) 式と (6.55) 式から，密度が小さい領域では運動エネルギー効果が勝り圧力は正の値をとり密度とともに上昇する．やがて，引力の 2 体部分が勝り，圧力は密度とともに減少し，負の値に転じる．密度がさらに増すと，飽和性を保証するために導入された三体力あるいは密度依存力 ((6.52) 式の右辺 2 項目) の効果によって圧力は増加に転じ，原子核が安定した孤立系として存在する標準密度 $\rho_0 \sim 0.14\,\mathrm{fm}^{-3}$ で 0 になった後，増加を続ける．ただし，密度が非常に大きくなった領域では，斥力芯の効果を初め (6.55) 式では無視され

ている様々な効果[*16]を考慮した改良が必要である．(6.61) 式が示すように温度が上昇するにつれ圧力は増加し，やがて (6.59) 式で与えられる古典理想気体の状態方程式に収束していく．

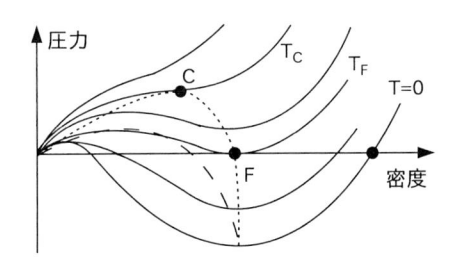

図 **6.3** 核物質の状態方程式 (等温曲線) の概念図 (実線)．点線および破線は，それぞれ，等温および等エントロピーのスピノダル線．

図 6.3 はこれらの考察をもとにして描いた状態方程式である．低温領域では，大まかに述べて圧力は密度の 3 次関数のように振る舞い，臨界温度 T_C より高温では，密度の単調増加関数になる．

最後に，状態方程式をエネルギー密度 $\mathcal{H}(\rho)$ の形で記しておこう．そのために，(6.47) 式で定義される非圧縮率は

$$K = 9\rho^2 \frac{\partial^2}{\partial \rho^2} \left(\frac{E}{A} \right) |_{\rho=\rho_0} \tag{6.62}$$

とも表せることに注目しよう．ρ_0 は原子核の基底状態での密度である．(6.62) 式は，非圧縮率が核子当たりのエネルギー E/A を ρ_0 の近傍で密度 ρ の関数として展開したときの曲率に当たることを，示している．したがって，$\mathcal{H}(\rho)$ は

$$\mathcal{H} = \frac{E}{A}\rho = \rho \left\{ \frac{K}{18}(1 - \frac{\rho}{\rho_0})^2 + \epsilon_0 \right\} + \frac{1}{2} B \cdot (\boldsymbol{\nabla}\rho)^2, \tag{6.63}$$

$$B = \frac{1}{32}\{9t_1 - (5 + 4x_2)t_2\} + \delta B_W, \tag{6.64}$$

$$\delta B_W = \frac{1}{18} \frac{\hbar^2}{2M_N} \frac{1}{\rho} \tag{6.65}$$

と表される．ϵ_0 は，核子当たりの結合エネルギー $\sim -15\,\mathrm{MeV}$ である．相互作用エネルギーの中で表面エネルギーに関係する $(\boldsymbol{\nabla}\rho)^2$ 項を考慮したので，対応して，運動エネルギーについても拡張されたトーマス - フェルミ近似

[*16] 高い密度領域の振る舞いは中性子星や超新星爆発などの研究で注目を集めている．そこでは，陽子と中性子以外のバリオンを考慮することによって圧力が小さくなることなどが報告されている．

$$\tau(\rho) = \tau_{TF}(\rho) + \tau_2(\rho) = \frac{3}{5}(3\pi^2)^{2/3}\rho^{5/3} + \tau_2(\rho), \qquad (6.66)$$

$$\tau_2(\rho) = \frac{1}{36}\frac{(\boldsymbol{\nabla}\rho)^2}{\rho} + \frac{1}{3}\Delta\rho \qquad (6.67)$$

を用いた. (6.67) 式の右辺一項目は, ワイツゼッカー補正 (Weizsaecker correction) と呼ばれる. (6.64) 中の最後の項 δB_W は, ワイツゼッカー補正を表す項である.

b. 液相・気相相転移, スピノダル線

図 6.3 に示した振る舞いは, ファン・デル・ワールスの状態方程式 (van der Waals equation of state) の振る舞いと似ている. ファン・デル・ワールスと同じように, この状態方程式に基づいて, 強い相互作用で自己束縛した有限量子多体系である原子核における液相・気相相転移の問題が, 中高エネルギー原子核・原子核衝突における核破砕反応との関連で議論されている[*17)].

高いエネルギーで衝突した原子核は, 一度, 高温高密度の状態になり, 膨張とともにほぼ断熱的に冷却し, やがて, ある程度大きな質量の原子核を含む様々な質量の破砕片として観測される. この過程で, 非圧縮率が負の値になる ($\partial P/\partial\rho < 0$) 領域は, 力学的に不安定な領域 (mechanical instability 領域) として重要な役割を演じる. このことは, 次のように理解できる.

いま, (6.44) 式で導入されたハミルトニアン密度 $\mathcal{H} \equiv \frac{E}{A}\rho$ に対応して, ヘルムホルツの自由エネルギー密度 $\mathcal{F} \equiv \frac{F}{A}\rho$ を考える. 密度に関して 2 階微分をとると

$$\frac{\partial^2 \mathcal{F}}{\partial \rho^2} = 2\frac{\partial}{\partial \rho}\left(\frac{F}{A}\right) + \rho\frac{\partial^2}{\partial \rho^2}\left(\frac{F}{A}\right) \qquad (6.68)$$

が得られる. 一方, 圧力の定義式 (6.49) から

$$\frac{\partial P}{\partial \rho} = 2\rho\frac{\partial}{\partial \rho}\left(\frac{F}{A}\right) + \rho^2\frac{\partial^2}{\partial \rho^2}\left(\frac{F}{A}\right) \qquad (6.69)$$

が得られる. (6.68) 式と (6.69) 式から

$$\frac{\partial^2 \mathcal{F}}{\partial \rho^2} = \frac{1}{\rho}\frac{\partial P}{\partial \rho} \qquad (6.70)$$

という関係式が得られる. このことから, 負の圧力勾配, つまり, 負の非圧縮率と自由エネルギー密度の密度に関する 2 階微分が負ということの同値性が導かれる.

$$\frac{\partial P}{\partial \rho} < 0 \quad \leftrightarrow \quad \frac{\partial^2 \mathcal{F}}{\partial \rho^2} < 0 \qquad (6.71)$$

[*17)] T. Furuta and A. Ono, Phys. Rev. C74(2006)014612; T. Furuta and A. Ono, Phys. Rev. C79 (2009)014608.

$\partial^2 \mathcal{F}/\partial \rho^2 < 0$ の条件は，系が密度の揺らぎに対して不安定である力学的不安定性 (mechanical instability) を表す．なぜなら，場所的に密度が揺らいだ場合に対する自由エネルギー密度の変化は

$$\Delta \mathcal{F} = \frac{1}{2}\{\mathcal{F}(\rho+\Delta\rho)+\mathcal{F}(\rho-\Delta\rho)\}-\mathcal{F}(\rho) = \frac{1}{2}\frac{\partial^2 \mathcal{F}}{\partial \rho^2}(\Delta\rho)^2 \qquad (6.72)$$

で与えられ，$\partial^2 \mathcal{F}/\partial \rho^2 < 0$ であれば，$\Delta\mathcal{F} < 0$ になるからである．後者は，密度の揺らぎを持つ状態の方が自由エネルギーが低いことを表す．

図 6.4 に，力学的に不安定な領域 (境界はスピノダル線と呼ばれる) と，中高エネルギーの原子核原子核散乱で冷却後力学的に不安定な領域に到達するために必要と予想される反応直後の圧縮領域を示した．

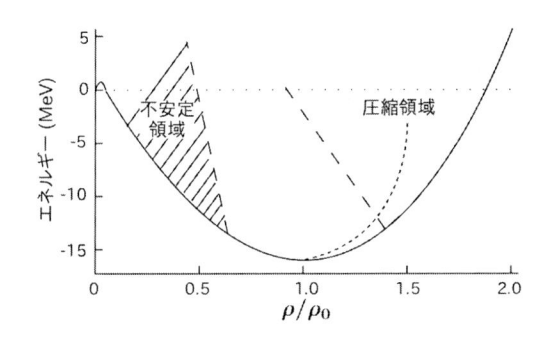

図 6.4 不安定領域 (斜線：境界はスピノダル線) および重イオン衝突で核破砕過程に導くと期待される圧縮領域 (影をつけた領域)．点線は重イオン衝突での軌跡の例．

c. 表面の厚み

原子核の表面領域の厚みは，核構造や核反応における興味深い物理量の一つである．(6.63) 式は，(6.64) 式で与えられるパラメター B が，表面の厚みに関係していることを示唆する．実際，(6.63) 式を用いると，原子核の密度分布が

$$\rho = \rho_0 \tanh^2\left(\frac{r-R}{2b}\right) \qquad (6.73)$$

$$b^2 = 9\frac{B}{K}\rho_0 \qquad (6.74)$$

で与えられることが示せる[49]．(6.73) 式の関数形を標準的なウッズ - サクソン型で近似すると，$a \approx \frac{2}{3}b$ である．(6.74) 式と (6.64) 式は，原子核の表面領域の厚さは，非圧縮率と，密度が極めて小さい表面先端領域ではワイツゼッカー項に，また，それより内側の領域はパラメター $9t_1 - (5+4x_2)t_2$ を通して核力の到達距離に，それぞれ支配されることを示唆する．

6.2.6 ハートリー・フォックを越える：核子・振動運動相互作用，ω 質量

6.2.4 項では，ハートリー・フォック計算で求めた一粒子準位の準位密度が実験データに比べ小さすぎることを述べ，その原因の一つが有効質量にある可能性を指摘した．

これまでに議論した有効質量は，ハートリー・フォック理論の枠内で，核子の反対称化の結果現れたものである．ハートリー・フォックを越える改良された理論では，例えば，核子と原子核の集団励起運動の一つである表面振動との相互作用を通して，1 粒子状態のポテンシャルにはハートリー・フォック理論でのポテンシャル U_{HF} にエネルギーに依存する補正項が加わる．その結果，1 粒子状態のエネルギーは

$$e = \frac{p^2}{2m} + U_{HF}(r,p(r)) + U_{pV}(r,e) \tag{6.75}$$

で与えられることになる．右辺第三項の下付きの添字 pV は particle-vibration coupling を表す．核子の質量 M_N は m で表した．また，ハートリー・フォックポテンシャルは一般的に非局所ポテンシャルであるが，WKB 近似の思想を用いて運動量に依存する等価な局所ポテンシャルで表した．

(6.75) 式の両辺を p で微分し，有効質量の定義式 $\frac{1}{m^*} \equiv \frac{1}{p}\frac{de}{dp}$ を用いると

$$\frac{m^*}{m} = \frac{m_k}{m} \cdot \frac{m_\omega}{m}, \tag{6.76}$$

$$\frac{m_k}{m} = \left(1 + \frac{m}{p}\frac{\partial U_{HF}}{\partial p}\right)^{-1}, \tag{6.77}$$

$$\frac{m_\omega}{m} = 1 - \frac{\partial U_{pV}}{\partial e} \tag{6.78}$$

が得られる．m_k および m_ω は，それぞれ，**k 質量** (k-mass)，**ω 質量** (ω-mass) あるいは **e 質量** (e-mass) と呼ばれる．

ω 質量 m_ω は生の質量 m より大きく，核子と表面振動運動の結合を反映して，核表面に集中しているのが特徴である[18]．ω 質量の効果によって，最終的な有効質量は，ハートリー・フォック近似で導入された k 質量より大きくなるので，核子と振動運動の結合効果を考慮することによって，1 粒子準位密度に対する理論値と実験データの一致が改良される．

因みに，このことは，準位密度パラメターと呼ばれるパラメター a[19]が比較的

---

[18] C. Mahaux et al., Phys. Rep.120(1985)2
[19] 原子核をフェルミ気体と考えると，準位密度 ρ_L は励起エネルギー E と共に指数関数的に増加し，大まかには $\rho_L(E) \sim \exp(aE)^{1/2}$ で与えられる (詳しくは文献[9] 参照).

低い励起エネルギー領域では予測に反して $A/8$ (MeV)$^{-1}$ となることと関連している. ω 質量は, 原子核の励起エネルギーとともに 1 に近づく. その結果, 準位密度パラメーター a は予測値 $A/15$ (MeV)$^{-1}$ に近づいていくことが予想されるが, 実際にそうなっていることは, 励起された原子核からのアルファ粒子の蒸発スペクトルの励起エネルギー依存性の研究などから確かめられている[*20].

6.3 相対論的平均場理論 (σ, ω, ρ 模型)

スカーム力を仮定した非相対論的ハートリー・フォック理論と並んで, 相対論の枠組みを用い, 核子と力を媒介する中間子を道具立てとし, 平均場理論の枠内で原子核の結合エネルギーや形などを理論的に求める研究が精力的に行われている. 相対論に基づくとスピン・軌道力が自然に導入されるなどの強みがある[*21)*22]. 本節では, 相対論的平均場理論 (relativistic mean field theory:RMF) の代表的な例であり, 最も標準的に用いられている σ, ω, ρ 模型について学ぶことにしよう[51,52)*23].

6.3.1 ラグランジアン

この模型では, ラグランジアン密度が, 核子および中間子の場の演算子 $\psi, \sigma, \omega, \rho$ を用いて

$$\begin{aligned}
\mathcal{L} = &\bar{\psi}(i\gamma_\mu \partial^\mu - M_N - g_\sigma \sigma - g_\omega \gamma_\mu \omega^\mu - g_\rho \gamma_\mu \tau_a \rho^{a\mu})\psi \\
&+ \frac{1}{2}\partial_\mu \sigma \partial^\mu \sigma - U(\sigma) - \frac{1}{4}\Omega_{\mu\nu}\Omega^{\mu\nu} - \frac{1}{4}R^a_{\mu\nu}R^{a\mu\nu} + \frac{1}{2}m_\omega^2 \omega_\mu \omega^\mu \\
&+ \frac{1}{2}m_\rho^2 \rho^a_\mu \rho^{a\mu} - \frac{1}{4}F_{\mu\nu}F^{\mu\nu} - e\bar{\psi}\gamma_\mu \frac{1-\tau_3}{2}\psi A^\mu
\end{aligned} \quad (6.79)$$

[*20)] S. Shlomo and J. B. Natowitz, Phys. Lett. B252(1990)187.
[*21)] 平均場理論の枠内で核物質の飽和性を再現できることも相対論的取り扱いの魅力の一つである. 本節で述べる相対論的平均場理論とは異なるが, 核子・核子散乱の実験データから得られた核力を用いたブルックナー・ハートリー・フォック計算の場合, 相対論的取り扱いでは, 核物質のフェルミ運動量と核子当たりの結合エネルギーを同時に再現できるが, 非相対論を用いると, フェルミ運動量と核子当たりの結合エネルギーの間にはケスター線 (Coester line) と呼ばれる相関があり, 核力の種類によらず, 質量公式に整合する両者の値を同時に再現することはできない.
[*22)] 相対論は, 陽子・原子核散乱における偏極現象の記述においても, 非相対論に比べ, はるかに良く実験データを再現することに成功している.
[*23)] π 中間子を導入しないのは, 後に述べる平均場近似のもとで理論を発展させるためである. 最近では, π 中間子をあからさまに登場させる研究も進んでいる.

で与えられると仮定する*24)*25). $U(\sigma)$ は σ 粒子のポテンシャルエネルギー項で

$$U(\sigma) = \frac{1}{2}m_\sigma^2\sigma^2 + \frac{1}{3}g_2\sigma^3 + \frac{1}{4}g_3\sigma^4 \tag{6.80}$$

で与えられるものとする．(6.80) 式の右辺第二項および第三項 (しばしば非線形項と呼ばれる) は，σ 中間子の自己相互作用項で，核物質における核子当たりの結合エネルギーとフェルミ運動量および原子核の表面エネルギーと表面の厚みに対する実験データを再現できるように導入された*26).

場のテンソルは，

$$\Omega^{\mu\nu} = \partial^\mu\omega^\nu - \partial^\nu\omega^\mu, \tag{6.81}$$

$$R^{a\mu\nu} = \partial^\mu\rho^{a\nu} - \partial^\nu\rho^{a\mu} - g_\rho\epsilon^{abc}\rho^{b\mu}\rho^{c\nu}, \tag{6.82}$$

$$F^{\mu\nu} = \partial^\mu A^\nu - \partial^\nu A^\mu \tag{6.83}$$

で与えられる．ϵ^{abc} はレヴィ・チヴィタ (Levi-Civita) 記号である．

6.3.2 場の方程式

場の演算子が従う方程式は，オイラー・ラグランジュ方程式

$$\frac{\partial}{\partial x^\mu}\left[\frac{\partial \mathcal{L}}{\partial(\partial q_i/\partial x^\mu)}\right] - \frac{\partial \mathcal{L}}{\partial q_i} = 0 \tag{6.84}$$

(q_i は場の演算子) に従って，

$$\left\{\gamma^\mu\left(-i\partial_\mu + g_\omega\omega_\mu + g_\rho\tau_a\rho_\mu^a + e\frac{(1-\tau_3)}{2}A_\mu\right) + (M_N + g_\sigma\sigma)\right\}\psi = 0, \tag{6.85}$$

$$\partial^\nu\partial_\nu\sigma + \frac{dU(\sigma)}{d\sigma} = -g_\sigma\rho_S, \tag{6.86}$$

$$\{\partial^\nu\partial_\nu + m_\omega^2\}\omega^\mu = g_\omega j^\mu, \tag{6.87}$$

$$\{\partial^\nu\partial_\nu + m_\rho^2\}\rho^{a\mu} = g_\rho j^{a\mu}, \tag{6.88}$$

$$\partial^\nu\partial_\nu A^\mu = ej_p^\mu \tag{6.89}$$

のように求まる．(6.85) 式はディラック方程式，(6.86)〜(6.88) はクライン・ゴル

---

*24) この節では，$\hbar = 1, c = 1$ とする自然単位系を用いる．
*25) μ, ν は 4 次元時空の成分 (10.10 節参照)，a はアイソスピン空間の成分を表す．
*26) (6.74) 式が示すように，原子核の表面の厚みは原子核の非圧縮率と密接に関連している．非線形項を導入しない場合には，非圧縮率 K は 500 MeV 程度の大きな値になり，原子核の表面特性をうまく再現しない．また，$K \sim 500$ MeV は，呼吸運動 (膨張収縮運動：breathing mode) の励起エネルギーの実験値から推定されている約 210 MeV という値に比べて大きすぎる値である．

ドン方程式，(8.3.3) はダランベールの方程式である．ここで，それぞれの中間子場および電磁場の元になる項は

$$\rho_S(x) = \sum_{i=1}^{A} \bar{\psi}_i(x)\psi_i(x), \tag{6.90}$$

$$j^\mu(x) = \sum_{i=1}^{A} \bar{\psi}_i(x)\gamma^\mu \psi_i(x), \tag{6.91}$$

$$j^{a\mu}(x) = \sum_{i=1}^{A} \bar{\psi}_i(x)\gamma^\mu \tau_a \psi_i(x), \tag{6.92}$$

$$j_p^\mu(x) = \sum_{i=1}^{A} \bar{\psi}_i(x)\gamma^\mu \frac{1-\tau_3}{2}\psi_i(x) \tag{6.93}$$

で与えられる．

6.3.3 平均場理論

(6.85)〜(6.89) 式は場の演算子に対する方程式であり，そのまま解くことは容易ではない．そのため，通常は，演算子をそれらの期待値のc数に置き換える近似：

$$\sigma \to \langle \sigma \rangle = \sigma(\mathbf{r}), \tag{6.94}$$

$$\omega^\mu \to \langle \omega^\mu \rangle = \omega^\mu(\mathbf{r}) \tag{6.95}$$

が行われ，平均場理論と呼ばれている．

その結果，定常状態に対する平均場の従う式として，核子に対して

$$\{\boldsymbol{\alpha} \cdot (-i\boldsymbol{\nabla} - \mathbf{V}(\mathbf{r})) + \beta M^*(\mathbf{r}) + V(\mathbf{r})\}\psi_i(\mathbf{r}) = \epsilon_i \psi_i(\mathbf{r}), \tag{6.96}$$

$$M^*(\mathbf{r}) = M_N + g_\sigma \sigma(\mathbf{r}) = M_N + S(\mathbf{r}), \tag{6.97}$$

$$V(\mathbf{r}) = g_\omega \omega^0(\mathbf{r}) + g_\rho \tau_a \rho^{a0}(\mathbf{r}) + e\frac{1-\tau_3}{2}A^0(\mathbf{r}), \tag{6.98}$$

$$\mathbf{V}(\mathbf{r}) = g_\omega \boldsymbol{\omega}(\mathbf{r}) + g_\rho \tau_a \boldsymbol{\rho}^a(\mathbf{r}) + e\frac{1-\tau_3}{2}\mathbf{A}(\mathbf{r}). \tag{6.99}$$

中間子場および電磁場に対して

$$(-\Delta + m_\sigma^2)\sigma(\mathbf{r}) = -g_\sigma \rho_S(\mathbf{r}) - g_2 \sigma^2(\mathbf{r}) - g_3 \sigma^3(\mathbf{r}), \tag{6.100}$$

$$(-\Delta + m_\omega^2)\omega^\mu(\mathbf{r}) = g_\omega j^\mu(\mathbf{r}), \tag{6.101}$$

$$(-\Delta + m_\rho^2)\rho^{a\mu}(\mathbf{r}) = g_\rho j^{a\mu}(\mathbf{r}), \tag{6.102}$$

$$-\Delta A^\mu(\mathbf{r}) = e j_p^\mu(\mathbf{r}) \tag{6.103}$$

が導かれる．

(6.96)～(6.99) 式は，中間子場および電磁場との相互作用の結果，核子にはスカラー場とベクトル場が働くこと，シグマ粒子の影響は，空間に依存する有効質量として現れることを示している．

相対論的平均場理論は，通常，時間反転対称性を仮定し，偶‐偶核に対して適用される．この時は，全体としての流れの密度は 0 になるので，(6.101)～(6.103) 式から，ベクトルポテンシャルの空間成分は 0 となる ($\boldsymbol{V}(\boldsymbol{r}) = 0$)．

6.3.4 解き方への序章

RMF 方程式の具体的解き方に少し言及しておこう．球形の原子核の場合[*27)]は，6.3.5 項で述べるスピン・軌道相互作用の存在によって良い量子数が ($\ell, s = 1/2, m_\ell, m_s$) ではなく ($\ell, s, j, m_j = m$) となることに注意して，$i$ 状態の核子の波動関数を

$$\psi_i(\boldsymbol{r}, s, t) = \begin{pmatrix} i\frac{G_i^{\ell j}(r)}{r} \mathcal{Y}_{jm}^\ell(\theta, \phi) \\ \frac{F_i^{\ell j}(r)}{r} (\boldsymbol{\sigma} \cdot \hat{\boldsymbol{r}}) \mathcal{Y}_{jm}^\ell(\theta, \phi) \end{pmatrix} \chi_i(t) \qquad (6.104)$$

とおく．$\mathcal{Y}_{jm}^\ell$ は，角運動量の状態を表す球面スピノル関数で

$$\mathcal{Y}_{jm}^\ell = \sum_{m_\ell m_s} \left\langle \ell \frac{1}{2} m_\ell m_s \middle| jm \right\rangle Y_{\ell m_\ell} \left| \frac{1}{2} m_s \right\rangle \qquad (6.105)$$

で定義される．また，$\chi(t)$ はアイソスピン空間の波動関数である．

(6.104) 式を (6.96) 式に代入することによって，動径波動関数 $G_i^{\ell j}(r), F_i^{\ell j}(r)$ に対する連立微分方程式

$$\epsilon_i G_i^{\ell j}(r) = \left(-\frac{\partial}{\partial r} + \frac{\kappa_i}{r} \right) F_i^{\ell j}(r) + (M_N + S(r) + V(r)) G_i^{\ell j}(r), \quad (6.106)$$

$$\epsilon_i F_i^{\ell j}(r) = \left(+\frac{\partial}{\partial r} + \frac{\kappa_i}{r} \right) G_i^{\ell j}(r) - (M_N + S(r) - V(r)) F_i^{\ell j}(r) \quad (6.107)$$

が得られる．ただし，κ は

$$\kappa = \begin{cases} -(j + 1/2) & (j = \ell + 1/2 \text{ の場合}) \\ +(j + 1/2) & (j = \ell - 1/2 \text{ の場合}) \end{cases} \qquad (6.108)$$

で定義される．

一方，中間子場および電磁場は，動径ラプラス方程式に従い，

[*27)] 文献[38)] および J. Meng, Nucl. Phys. A635(1998)3.

$$\left(-\frac{\partial^2}{\partial r^2} - \frac{2}{r} + m_\Phi^2\right)\Phi = S_\Phi(r), \tag{6.109}$$

$$S_\Phi(r) = \begin{cases} -g_\sigma \rho_S - g_2 \sigma^2(r) - g_3 \sigma^3(r) & (\sigma \text{ 場の場合}) \\ g_\omega \rho_B(r) & (\omega \text{ 場の場合}) \\ g_\rho \rho_3(r) & (\rho \text{ 場の場合}) \\ e\rho_C(r) & (\text{クーロン場の場合}), \end{cases} \tag{6.110}$$

$$\begin{cases} 4\pi r^2 \rho_S(r) = \sum_{i=1}^{A}(|G_i(r)|^2 - |F_i(r)|^2), \\ 4\pi r^2 \rho_B(r) = \sum_{i=1}^{A}(|G_i(r)|^2 + |F_i(r)|^2), \\ 4\pi r^2 \rho_3(r) = \sum_{n=1}^{N}(|G_n(r)|^2 + |F_n(r)|^2) - \sum_{p=1}^{Z}(|G_p(r)|^2 + |F_p(r)|^2), \\ 4\pi r^2 \rho_C(r) = \sum_{p=1}^{Z}(|G_p(r)|^2 + |F_p(r)|^2) \end{cases} \tag{6.111}$$

で与えられる．m_Φ は，Φ が σ, ω, ρ のいずれかの場合はそれらの中間子の質量，Φ が光子の場合は 0 ととる．これらの連立方程式を，調和振動子の波動関数による展開法や空間を格子状に分割した直接積分法を用いて，反復法で自己無撞着に解くことになる．

具体的な応用については，対相関について学んだ後，原子核の形の研究を例にとり第 7 章の 7.6.2 項で述べることにする．

6.3.5 非相対論的近似とスピン・軌道相互作用

5.2.5 項で，スピン軌道相互作用が魔法数や原子核の安定性に重要な役割を演じることを学んだ．ここでは，谷 - フォルディ - ボートホイゼン変換 (Tani-Foldy-Wouthuysen transformation：TFW 変換) を用いて非相対論的近似を導入し，相対論的平均場理論から，一体のスピン軌道相互作用への情報を得ることにしよう．

TFW 変換は，相対論的波動関数に含まれる小成分 (第三，第四成分) を小さくするユニタリー変換を繰り返すことによって，方程式の中から小成分と大成分を混ぜる α の奇数次の項を次々に取り除き，1/(質量) のべき乗で，近似をあげていく変換である[31, 38]．

(6.96) 式に TFW 変換を施すことにより，スピン・軌道相互作用のハミルトニアンとして

$$\hat{H}_{\ell s} = \frac{1}{2}\frac{1}{M_N^2}\left\{\frac{1}{r}\frac{\partial V}{\partial r} - \beta\frac{1}{r}\frac{\partial S}{\partial r}\right\}\boldsymbol{\ell}\cdot\mathbf{s} \tag{6.112}$$

$$\sim \frac{1}{2}\frac{1}{M_N^2}\left[\frac{1}{r}\frac{\partial}{\partial r}(V(r) - S(r))\right]\boldsymbol{\ell}\cdot\mathbf{s} \tag{6.113}$$

が得られる．(6.113) 式は，大きな成分 (ディラックスピノルの第一および第二成分) に対する式である[*28)][*29)]．

$V(r) - S(r)$ を (6.97) 式と (6.98) 式を用いて中間子場で表現し，それぞれの中間子場を (6.109) 式の左辺を質量項で近似する方法で決定すると，

$$V(r) - S(r) \sim \frac{1}{m_\sigma^2} g_\sigma^2 \rho_S + \frac{1}{m_\omega^2} g_\omega^2 \rho_B + \frac{1}{m_\rho^2} g_\rho^2 \tau_3 \rho_3 \quad (6.114)$$

$$\approx \frac{1}{m_\sigma^2} g_\sigma^2 \rho_B + \frac{1}{m_\omega^2} g_\omega^2 \rho_B + \frac{1}{m_\rho^2} g_\rho^2 (\rho_E - \rho_{NE}) \quad (6.115)$$

となる．ρ_B はバリオン密度 (核子密度)，ρ_E および ρ_{NE} は，それぞれ，注目している核子と同じアイソスピンおよび異なるアイソスピンをもつ核子の密度である．(6.114) 式から (6.115) 式に移行する際には，(6.111) 式に着目し，ディラックスピノルの主成分が小成分に比べはるかに大きいとした ($|G| \gg |F|$)．

核子密度は r とともに減少するので，(6.113) 式と (6.115) 式の結果は，第 5 章で現象論的にみたスピン軌道相互作用が引力的であることと一致する．また，スピン軌道相互作用は，密度の変化が大きな表面領域で強くなることを示している．さらに，(6.115) 式は，ρ 中間子との相互作用項から生じるスピン軌道相互作用のため，スピン軌道相互作用がアイソスピンに依存し，したがって，初期のスカーム力で仮定されたアイソスピンに依存しないスピン依存項 (W_0 項) を修正する必要があることを示唆している．この効果は，例えば，一つの閉殻をまたぐ広い範囲で核半径のアイソトープシフトを理解する上で重要である[*30)]．

表面特性やアイソスピンへの依存性を通してスピン軌道相互作用は安定核と存在限界近傍の不安定原子核の間で異なる効果を持つことが期待され，その解明は興味深い問題である．

6.3.6 パラメターセット

表 6.2 に，実際の計算に用いられたいくつかのパラメーターセットを示した．共通の記号 NL は非線形 (non-linear) を意味する．

[*28)] $\boldsymbol{\ell} \cdot \mathbf{s}$ 力と対照的に中心力は $V + S$ に支配されることに注意しよう ((6.106) 式参照)．

[*29)] 原子中の電子の場合は V 項だけが存在する場合に対応する．S 項によって核内の核子に対するスピン軌道ポテンシャルの符号は原子中の電子に対するそれと逆になる (倉沢治樹：日本物理学会誌 49(1994)628)．

[*30)] M. M. Sharma, Phys. Rev. Lett.74(1995)3744 では，(6.25) 式中の W_0 項を $W_0(1 + x_w P^\tau)(\boldsymbol{\sigma}^{(1)} + \boldsymbol{\sigma}^{(2)}) \mathbf{k} \times \delta(\mathbf{r}_1 - \mathbf{r}_2) \mathbf{k}$ に置き換えた研究が行われ，鉛の同位体の半径が魔法数 (N = 126) を境として示す折れ曲がり (kink) 現象の説明に成功した．

表 6.2 相対論的平均場理論の入力パラメターセットおよび核物質の性質.

	NL1	NL2	NL-SH	NL3
m_N (MeV)	938.000	938.0	939.0	939.0
m_σ (MeV)	492.250	504.89	526.059	508.194
m_ω (MeV)	795.360	780.0	783.00	782.501
m_ρ (MeV)	763.000	763.0	763.00	763.000
g_σ	10.138	9.111	10.444	10.217
g_ω	13.285	11.493	12.945	12.868
g_ρ	4.976	5.507	4.383	4.474
g_2 (fm^{-1})	-12.172	-2.304	-6.9099	-10.431
g_3	-36.265	13.783	-15.8377	-28.885
核物質の性質				
ρ_0 (fm^{-3})	0.1542	0.146	0.146	0.148
E/A (MeV)	-16.43	-17.016	-16.328	-16.299
m_N^*/M_N	0.571	0.670	0.60	0.60
K (MeV)	212	399.2	354.95	271.76

6.4 対 相 関

6.4.1 概　　観

2.3.1項で，奇核や奇 - 奇核に比べ偶 - 偶核は核子当たりの結合エネルギーが系統的に大きいことを学んだ．また，5.8節で，$^{210}_{82}$Pbを例にとり，二重閉殻 ±2 核の基底状態および低励起状態の準位構造 (スピン，パリティおよび準位間隔) が，平均場 (第0近似の殻模型) に取り入れられていない短距離の残留相互作用を考慮することによって説明されることを示した．

一般に，原子核の特性を詳細に理解するためには，平均場に取り入れられていない残留相互作用の役割の詳しい検討が必要である．残留相互作用の中で，特に重要なものは対相関 (pairing correlation) である．対相関のため，原子核の基底状態および低励起状態は超流動状態になる．対相関は，冒頭に述べたように原子核の結合エネルギーや，基底状態および低励起状態の準位構造 (スピン，パリティ，励起エネルギー分布) に重要な影響を及ぼし，さらに，後の節で学ぶように，原子核の形を決める上で極めて重要な役割を演じる．対相関は，また，変形した原子核の回転運動の慣性能率や，2核子移行反応の断面積など，様々な現象に重要

な影響を及ぼす.

金属の超伝導のもととなる電子間の対相関引力が電子・フォノン相互作用を通して誘起されるのに対して[41], 原子核の対相関 (超流動性) では, 核子間の直接的な引力と, フェルミ面近傍で互いに時間反転状態にある核子対が表面振動を介してクーパー対を形成する効果がともに重要な役割を演じる (詳しくは文献[39] 参照).

物性物理においては, 系によって超伝導の起源が異なり, 例えば, 多くの金属や合金では ^{1}S 対によって超伝導状態となり, 重い電子系や液体 ^{3}He では ^{3}P 対によって超伝導になることが知られている[41]. 原子核における超流動の機構も対象とする系によって変わる. 本節では, 安定な原子核の基底状態および励起状態を想定して, そこで主要な役割を演じるアイソスピン三重項, スピン一重項状態 (^{1}S 状態) の核子対による対相関の役割と, 理論的取り扱いについて学ぶことにしよう[*31].

6.4.2 対相関の多重極展開表示, 単極子対相関模型および擬スピン理論

まず, 合成角運動量が j の 1 粒子準位に複数の核子が詰まる場合の残留相互作用の振る舞いとその影響について考えよう. ここでは, 第二量子化表示を用いることにする. 残留相互作用 V は二体の演算子なので, 一般的には 2 個の生成演算子と 2 個の消滅演算子を用いて表される. ハミルトニアンは 0 位のテンソルなので, 2 個の生成演算子, 2 個の消滅演算子を, それぞれ既約テンソルに組むことによって

$$V = \sum_{J:even} E_J \sum_M (C_+(JM)C_-(JM)), \quad (6.116)$$

$$C_+(JM) \equiv \frac{1}{\sqrt{2}} \sum_{m>0} \langle jjmM-m|JM\rangle a_{jm}^\dagger a_{jM-m}^\dagger \{1+(-)^J\}, \quad (6.117)$$

$$C_-(JM) = (C_+(JM))^\dagger \quad (6.118)$$

と表すことができる.

(6.116) 式の $J=0$ の項は単極子対相関 (monopole pairing), 他の項は多重極対相関 (multipole pairing:四重極対相関 (quadrupole pairing) など) と呼ばれる. 表 5.3 が示すように, 残留相互作用が δ 関数で与えられる場合は, 単極子対

[*31] 中性子星では, 星殻と呼ばれる密度が低い表面領域にある中性子は ^{1}S$_0$ の超流動状態, それより内側の密度が高い中心領域にある中性子は ^{3}P$_2$ の超流動状態, 陽子は ^{1}S$_0$ の超流動状態にあると考えられている. また, これらの超流動性は, パルサーの冷却時間やグリッチと呼ばれる現象などに重要な役割を演じると考えられている. 玉垣良三「高密度核物質」(『物理学最前線 15』所収, 共立出版) 参照.

相関が多重極対相関に比べはるかに強い．そのため，単極子対相関のみを考慮する近似がしばしば用いられる．その場合，残留相互作用は

$$V = -GS_+S_-, \tag{6.119}$$

$$G = -2E_0 \times \frac{1}{2j+1}, \tag{6.120}$$

$$S_+ = \sum_{m>0}(-)^{j-m}a_{jm}^\dagger a_{j-m}^\dagger, \tag{6.121}$$

$$S_- = S_+^\dagger = \sum_{m>0}(-)^{j-m}a_{j-m}a_{jm} \tag{6.122}$$

で与えられ[*32]，擬スピン理論 (quasi-spin formalism)[17] と呼ばれる定式化によって，N体系 $|j^N\rangle$ のエネルギー準位が，シニョーリティ (seniority (記号 s)：2核子の合成角運動量が 0 に組んでいない核子数) という指標に応じて縮退が解け分類されることを代数的に示すことができる．

特に $N=2$ の場合 (バレンス核子が 2 個の場合) は，シニョリティは $s=0$ と $s=2$ だけになり，系全体のエネルギーは，$s=2$ で $J=2,4,6,\ldots$ の状態は縮退し，$s=0$ で $J=0$ の状態だけは，それらより低くなる．この結果は，$^{210}_{82}\text{Pb}$ を例にして 5.8 節で学んだより詳細なエネルギー分布 (表 5.3) を，単極子対相関だけが存在するとして対相関の特徴を強調して模式化したものである．

6.4.3 BCS 理論

擬スピン理論は，前節に述べたような対相関が弱く 1 準位近似が有効になる場合に限らず適用できる．例えば，近接した 1 粒子準位がたくさん存在する場合は，それらを近似的に縮退した状態と考え，大きな有効角運動量の 1 本の 1 粒子準位と考えて擬スピン定式化を用いることが有効となろう．近年では，縮退近似を導入しない擬スピン定式化も試みられている．しかし，複数の 1 粒子準位のエネルギー分布をそのまま考慮したより一般的で標準的な取り扱いは，**BCS 理論** (Bardeen-Cooper-Schrieffer 理論) および **HFB 理論** (Hartree-Fock-Bogoliubov 理論) である．本項では，BCS 理論について学ぶことにする．

a. 単極子対相関模型の時間反転状態表示

BCS 理論に入る前に，(6.119)〜(6.122) 式で与えられる単極子対相関模型の意味を時間反転状態間の相関という観点から見直しておこう．

[*32] $\langle jjm-m|00\rangle = (-)^{j-m}/\sqrt{2j+1}$ に注目すると，S_+, S_- は，それぞれ，合成角運動量が 0 に組んだ核子対を生成および消滅する演算子であることが分かる．

1粒子状態を，角運動量の大きさ J，その z 成分の大きさ M，その他の量子数 α を用いて $|\alpha JM\rangle$ と表すとき，その時間反転した状態が

$$|\overline{\alpha JM}\rangle = \hat{T}|\alpha JM\rangle = (-1)^{J-M}|\alpha J-M\rangle \tag{6.123}$$

になるように位相を決めることにする．$\hat{T}$ は時間反転の演算子で，複素共役をとる演算子 $\hat{K}$ を用いて

$$\hat{T} = -i\sigma_y \cdot \hat{K} \tag{6.124}$$

で与えられる[*33]．

[演習] 1粒子状態を

$$|n\ell jm\rangle = R_{n\ell}(r)\left\langle \ell\frac{1}{2}m_\ell m_s \bigg| jm \right\rangle i^\ell Y_{\ell m_\ell}\bigg| m_s \right\rangle \tag{6.125}$$

のように定義すると，(6.124) で定義される時間反転の演算子に従って，その時間反転状態は (6.123) のように与えられることを示せ (ヒント：クレブシュ‐ゴルダン係数の性質 $\langle j_1 j_2 m_1 m_2 | JM \rangle = (-1)^{j_1+j_2-J} \langle j_1 j_2 -m_1 -m_2 | J-M \rangle$ を使うこと)．(6.125) 式中の位相 i^ℓ は，(6.123) 式の位相を保証するために導入されたことに注意すること．

(6.123) 式を用いると，(6.119) 式は

$$V = -G \sum_{m>0, m'>0} a^\dagger_{jm} a^\dagger_{\overline{jm}} a_{\overline{jm'}} a_{jm'} \tag{6.126}$$

と書き替えることができる．(6.126) 式は，単極子対相関模型が，互いに時間反転の関係にある状態間にのみ残留相互作用が働くことを仮定した模型であることを示している．これは，金属中の電子のクーパー対が時間反転した電子対 ($\mathbf{k}\uparrow, -\mathbf{k}\downarrow$) で作られることに対応している．単極子対を定義するときに擬スピンに現れる位相と時間反転の結果生じる位相がともに $(-1)^{j-m}$ で一致していることに注意しよう．

b. HF+BCS 理論

原子核の構造を理論的に解明する標準的な方法の一つは，まず，スカーム・ハートリー・フォックなどの非相対論的平均場近似や相対論的平均場近似で平均場中の 1 粒子準位を決め，その後，残留相互作用の影響を BCS 理論で取り入れる方

[*33)] (6.123) 式および対応して (6.124) 式では，文献[22]と同じように位相を決めた．文献[9]では，(6.123) 式の位相を $(-1)^{J+M}$ にとり，対応して，時間反転の演算子を $\hat{T} = i\sigma_y \cdot \hat{K}$ にとっている．

法である．この方法は，しばしばハートリー・フォック＋**BCS** (HF+BCS) 法と呼ばれる．

ここでは非相対論を念頭において議論を進めることにしよう．ハートリー・フォック方程式で決まる 1 粒子状態を $|k\rangle$ と表すことにする．第 7 章で述べるように，陽子数や中性子数が魔法の数あるいはその近傍にある原子核を除いて多くの原子核は変形している．そのため，一般的には，(6.126) 式を書くときに用いた $n\ell jm$ はハートリー・フォック方程式の固有状態の良い量子数にはならず，7.4 節で学ぶように，$|k\rangle$ は，$n\ell jm$ を量子数とする状態の重ね合わせで与えられる．

$$|k\rangle = \sum_{\alpha=\{n\ell jm\}} D_{\alpha k}|\alpha\rangle \tag{6.127}$$

しかし，変形した場合でも，時間反転した状態を $|\bar{k}\rangle \equiv \hat{\mathcal{T}}|k\rangle$ のように定義することができる．多くの場合は軸対称変形を仮定した研究が行われるが，その場合は，全角運動量の対称軸への射影の大きさ $m = \Omega$ は良い量子数であり，時間反転した状態の全角運動量の z 成分の大きさは $-m = -\Omega$ である．

BCS 理論では，(6.126) 式を拡張して，全ハミルトニアンが

$$\hat{H} = \sum_{k>0} \epsilon_k (a_k^\dagger a_k + a_{\bar{k}}^\dagger a_{\bar{k}}) - G \sum_{k,k'>0} a_k^\dagger a_{\bar{k}}^\dagger a_{\bar{k}'} a_{k'} \tag{6.128}$$

で与えられると仮定する．和は，角運動量の z 成分が正の状態に対してとる．

(6.128) 式は，核子が互いに時間反転の関係にある状態を対になって占拠することを示唆する．そこで，全体の波動関数が

$$|BCS\rangle = \prod_{k>0}(u_k + v_k a_k^\dagger a_{\bar{k}}^\dagger)|0\rangle, \tag{6.129}$$

$$u_k^2 + v_k^2 = 1 \tag{6.130}$$

で与えられると仮定する．v_k^2 は，準位 $k, \bar{k}$ を核子対が占拠している確率を表し，(6.130) 式は規格化の条件である．$|0\rangle$ は真空状態を表す．(6.129) 式で仮定された波動関数は，一般に，粒子数 N が混ざった状態になっている．それで，平均的に粒子数を固定するためのラグランジュ乗数 λ を導入して，$\hat{H}' = \hat{H} - \lambda \hat{N}$ を最低にする変分計算を行うことによって

$$\begin{Bmatrix} u_k^2 \\ v_k^2 \end{Bmatrix} = \frac{1}{2}\left\{1 \pm \frac{\epsilon_k - \lambda}{\sqrt{(\epsilon_k - \lambda)^2 + \Delta^2}}\right\}, \tag{6.131}$$

$$\Delta \equiv G \sum_{k>0} u_k v_k \tag{6.132}$$

が得られる．λ は化学ポテンシャルあるいはフェルミエネルギーと呼ばれ，

$$\langle BCS|\hat{N}|BCS\rangle = 2\sum_{k>0} v_k^2 = N \tag{6.133}$$

の条件から決まる．原子核は少数個の粒子からなる多体系なので，粒子数の揺らぎは深刻な問題である．そのため，揺らぎの影響を少なくするために粒子数が決まった状態に射影する射影演算子法や，粒子数の平均値の他に揺らぎにも制約を加える二重拘束法などが考案されている[*34)*35)]．

(6.131) 式と (6.132) 式から

$$\Delta = \frac{G}{2}\sum_{k>0}\frac{\Delta}{\sqrt{(\epsilon_k-\lambda)^2+\Delta^2}} \tag{6.134}$$

が得られる．(6.134) 式はギャップ方程式 (gap equation) と呼ばれ，ギャップパラメター Δ を決定する方程式である．対相関が十分強いかフェルミ面近傍に沢山の準位が存在すると，自明な解 $\Delta=0$ 以外に，Δ が有限の大きさになる解が存在する．後者の場合が，超流動状態である．図 6.5 に Δ が有限の場合の各 1 粒子準位の占拠確率 v_k^2 の値を準位エネルギー ϵ_k の関数として示した．図は，対相関によって準位の占拠確率が 1 や 0 からずれ，フェルミ面近傍がぼやけた分布になることを示している[*36)]．

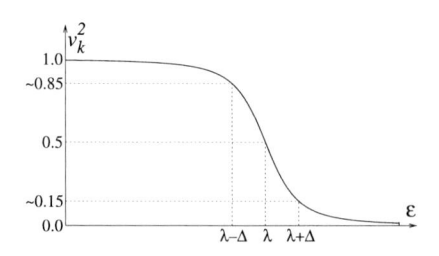

図 6.5 BCS 理論での各 1 粒子準位の占拠確率．

[*34)] K. Dietrich, H. J. Mang and J. H. Pradal, Phys. Rev.135(1964)B22; H. J. Lipkin, Ann. Phys.(New York)12(1960)425; Y. Nogami, Phys. Rev.134(1964)B313.
[*35)] 擬スピン法は，縮退に関する制限のため一般的な場合に適用することが難しいが，粒子数の揺らぎがない点では優れている．
[*36)] (6.128) 式は，前節でのべた単極子対相関近似に対応する．より精度が高い理論では，対相関の強さ G は $G_{kk'}$ のように状態に依存する．その結果，ギャップパラメターは状態の指標を付けて Δ_k となり，ギャップ方程式は

$$\Delta_k = \frac{1}{2}\sum_{k'>0}\frac{G_{kk'}\Delta_{k'}}{\sqrt{(\epsilon_{k'}-\lambda)^2+\Delta_{k'}^2}} \tag{6.135}$$

のように一般化される[11)]．

6.4.4 ギャップパラメターの大きさ

ギャップパラメター Δ の大きさを評価する一つの標準的方法は，対相関のため奇核と奇-奇核および偶-偶核で結合エネルギーが系統的に異なることに着目して，原子核の結合エネルギーから，現象論的に，ギャップパラメターの大きさを評価することである (2.3.1 項参照)．具体的には，例えば偶-偶核の場合は

$$\Delta_n = \frac{1}{4}\{B(A-2,Z) - 3B(A-1,Z) + 3B(A,Z) - B(A+1,Z)\}, \quad (6.136)$$

$$\Delta_p = \frac{1}{4}\{B(A-2,Z-2) - 3B(A-1,Z-1) \\ + 3B(A,Z) - B(A+1,Z+1)\} \quad (6.137)$$

を用いる．図 6.6 は，そのような解析の結果得られた中性子のギャップパラメター Δ_n を質量数の関数として示したものである[*37]．Δ_p も同様な振る舞いをする．図に書き込まれているように，中性子に対しても陽子に対しても，Δ の平均的振る舞いは

$$\Delta \sim \frac{12}{\sqrt{A}}\,\mathrm{MeV} \quad (6.138)$$

で良く表現できる[*38]．

ギャップパラメター Δ の大きさは，二重閉殻 ± 2 核の近傍では，低励起状態の準位間隔からも大まかに評価できる．例えば $^{210}_{82}\mathrm{Pb}$ の場合は，図 5.6 に示したスペクトル構造から，$2\Delta \sim 1.3\,\mathrm{MeV}$ として，$\Delta \sim 0.7\,\mathrm{MeV}$ が得られ，経験式 (6.138) とほぼ一致している．

理論的には，対相関の強さ G が評価できれば，ギャップ方程式 (6.134) 式を

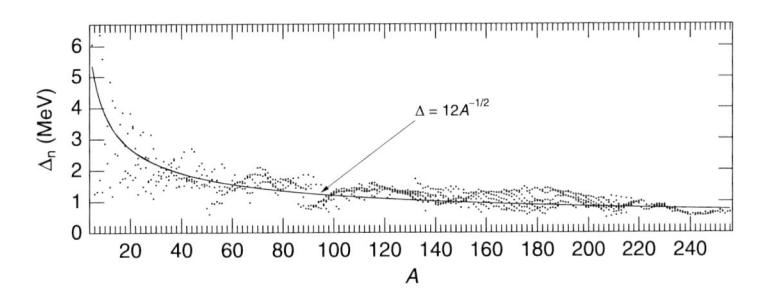

図 6.6　Δ_n の実験値 (小浦寛之氏提供)．

[*37]　原子核の質量には文献[45]を用いた．
[*38]　アイソスピン依存性を考慮した経験式も存在する (D. G. Madland and J. R. Nix, Nucl. Phys. A476(1988)1.)．

解いて，ハートリー・フォック計算とつじつまが合うように Δ を決めることができる．G の目安は，S. G. Nilsson and O. Prior,[*39)]によると，陽子に対しては $G_p \approx 17/A$ MeV，中性子に対しては $G_n \approx 25/A$ MeV である．また，Nilsson and Ragnarsson[*40)]によると，希土類領域の核に対して $G_p \sim 26/A$ MeV, $G_n \sim 20.5/A$ MeV である．文献[39)]でもいくつかの評価がなされている[*41)]．

7.6.2 項では，大局的な振る舞いから G を評価し，ギャップ方程式を解いて Δ を変形度の関数として求め，原子核の形と超流動性との関連について述べる．

6.4.5 コヒーレンス長

ここで，クーパー対の空間的広がりについて述べておこう．

対相関の空間的広がりの目安を与えるコヒーレンス長 (coherence length) あるいは対相関長 (correlation length) ξ は

$$\xi = \frac{\hbar v_F}{2\Delta} \tag{6.139}$$

で与えられる[39, 41)]．

[課題] 不確定性関係の考えに基づいて (6.139) 式を導け．

v_F は光速の約 30% なので，(6.138) 式は，安定な原子核における対相関のコヒーレンス長が原子核の大きさ (直径 $2R \sim 2 \times 1.2 A^{1/3}$ fm) より長いことを示している．例えば，^{210}Pb の場合，$2R \sim 14.3$ fm に対して，$\xi \sim 35.7$ fm である．

(2.40) 式が示すようにフェルミ運動量は原子核の密度が小さくなると小さくなる．したがって，(6.139) 式から，原子核の密度が小さい領域では，コヒーレンス長が小さくなることが期待される．これに関連して，近年は，不安定原子核の研究とあいまって，密度が原子核の飽和密度 ρ_0 より低くなった場合にクーパー対の空間構造が通常密度の場合から変化し，空間的に局在化した二体相関が現れることが議論されている[*42)]．

[*39)] S. G. Nilsson and O. Prior, Mat. Fys. Medd. Dan. Vid. Selsk 32(1961)No.16; 文献[11)] の 242 頁，文献[22)] の 285 頁．

[*40)] S. G. Nilsson and I. Ragnarsson, Shapes and Shells in Nuclear Structure(Cambridge, Cambridge University Press, 1995) ; 文献[39)] の 63 頁．

[*41)] G の大きさと (6.134) 式の右辺で状態 k について和をとる範囲は連動して決める必要がある (A. Bulgac and Y. Yu, Phys. Rev. Lett.88(2002)042504).

[*42)] M. Matsuo, Phys. Rev. C73(2006)044309.

7 原子核の形

質量公式や密度の飽和性が示唆するように原子核は液滴と似た性質を持っている．しかし，古典的な液滴が表面張力によるエネルギーを最小にするために球形であるのとは著しく異なり，閉殻近傍の原子核を除いて，多くの原子核は変形している．原子核の形は，原子核の大きさなどと並んで核構造研究の中心的課題の一つである．原子核の形は，原子核の集団運動と密接に関連し，また，重イオン核融合反応をはじめ核反応に重要な影響を与える[*1]．本章では，原子核の変形に関するいくつかの事項をまとめておくことにしよう．

7.1 形に関する観測量：多重極モーメントおよび励起スペクトル

第4章で述べたように，電気四重極モーメントの大きさは，原子核の形 (正確には，原子核中で陽子の分布が球形をしているか変形しているか) に関して直接的な情報を提供する．第8章の8.3節では，関連して電磁遷移確率が原子核の形に対する重要な情報を提供することを学ぶ．図7.1と図7.2は文献[13]から引用した $^{166}_{68}\mathrm{Er}$ と $^{167}_{68}\mathrm{Er}$ の基底状態近傍のエネルギー準位を示したものである (励起エネルギーは keV 単位)． $^{166}_{68}\mathrm{Er}$ の準位構造は， $I^\pi = 0^+, 2^+, 4^+, 6^+, 8^+$ がこの順序で低いエネルギー領域に現れる点で，図5.6に示した $^{210}\mathrm{Pb}$ および $^{210}\mathrm{Po}$ のエネルギー準位と似ている．しかし，角運動量 I が大きくなるにつれて間隔が広がっていく点で著しく異なっている．実際，準位間隔は，静的に変形した原子核に特有の集団運動である回転運動のスペクトル $E_I = \hbar^2 I(I+1)/2\mathcal{I}$ ($\mathcal{I}$ は慣性能率) と

[*1] A. B. Balantekin and N. Takigawa, Reviews of Modern Physics 70 (1998) 77; M. Dasgupta, D. Hinde, N. Rowley et al., Annu. Rev. Nucl. Part. Sci. 48(1998)401; K. Hagino, N. Rowley and A. T. Kruppa, Computer Physics Communications 123(1999)143; H. Esbensen, NPA352(1981)147; 萩野浩一, 滝川 昇, 日本物理学会誌 57 巻 8 月号 (2002) 588; K. Hagino and N. Takigawa, Prog. Theor. Phys. Vol. 128 (2012), 1061.

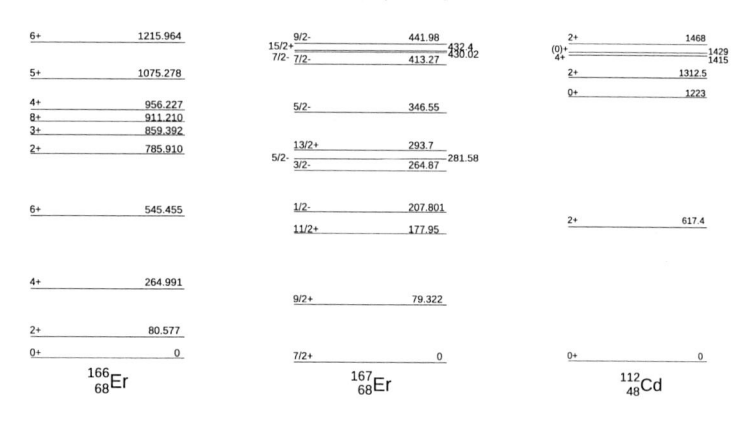

図 7.1 $^{166}_{68}$Er の準位構造.　図 7.2 $^{167}_{68}$Er の準位構造.　図 7.3 $^{112}_{48}$Cd の準位構造.

良く一致する．$^{167}_{68}$Er の準位構造も同様である．したがって，図 7.1 と図 7.2 は，これらの原子核が変形した原子核であることを示唆する．

一方，図 7.3 は，^{112}Cd の基底状態近傍のエネルギー準位を示したものである．第一励起状態が $I^\pi = 2^+$ 状態であり，その励起エネルギーの 2 倍近傍の位置にほぼ縮退した第二励起状態群の $I^\pi = 0^+_2, 2^+_2, 4^+_1$ が現れることが注目される．このことは，^{112}Cd が球形の原子核であり，容易に四重極型の振動励起を起こすことを示唆している．$0^+_2, 2^+_2, 4^+_1$ は 2 フォノン状態と考えられる[*2]．

このように，原子核の準位構造も原子核の形に関する重要な情報を提供する．

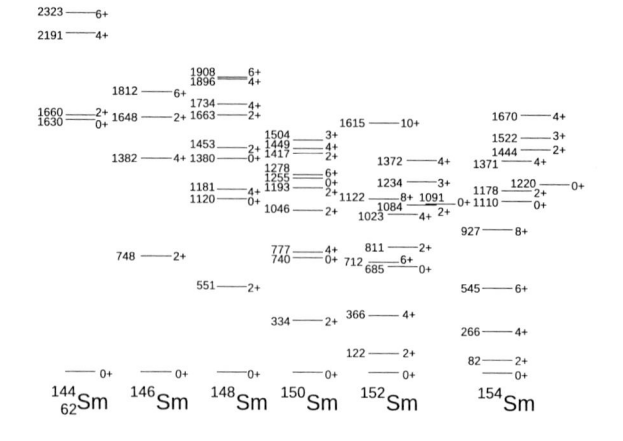

図 7.4 Sm の低励起準位構造の同位体変化 (励起エネルギーは keV 単位).

[*2] 0^+_2 状態が 2 フォノン状態と異なる性質をもつ状態であるとの議論が近年なされている．

図 7.4 は，Sm 同位体の基底状態近傍のエネルギー準位が中性子数の増加とともに変化する様子を示したものである．この図から，Sm の同位体は，中性子数が魔法数の N=82 から増加するにつれて，球形核から変形核に遷移していくことが読み取れる (形の相転移：shape transition).

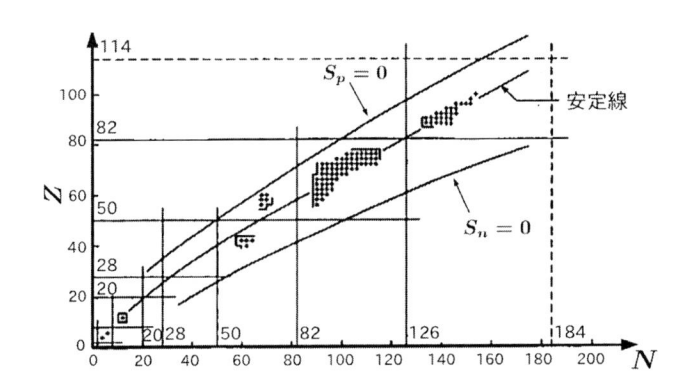

図 7.5 基底状態が変形している原子核の存在領域. 文献[10] から引用.

図 7.5 には，基底状態が変形した原子核が現れる領域を示した．変形核が，Er など希土類元素領域や U などアクチナイド領域に現れることが分かる．その他，^{8}Be, ^{12}C, ^{20}Ne, ^{24}Mg なども基底状態が変形した原子核である．基底状態が球形であっても比較的低い励起エネルギー領域に変形した状態が現れたり，異なる形の状態が基底状態近傍に共存する原子核も存在する (変形共存：shape coexistence). ^{16}O や Ge の同位体は，その代表的な例である．

7.2 変形パラメター

原子核の形を表現するために，慣例的には様々な変形パラメターが用いられる．ここではそれらを整理しておくことにしよう．核分裂を記述するために，(2.66) 式で変形パラメター α_λ を導入した．変形が軸対称性をもつ場合，対称軸を第 3 軸 (以下では z 軸と表記することもある) に選んで

$$\delta \equiv \frac{3}{2} \frac{R_3^2 - R_\perp^2}{R_3^2 + 2R_\perp^2} \tag{7.1}$$

で定義されるパラメター δ もしばしば用いられる．ここで R_3 および $R_\perp$ は，それぞれ，対称軸方向およびそれに直角な方向の等価半径を表す．

一般的な変形の場合は (2.66) 式を拡張して, 半径を

$$R = R(\theta, \varphi) = R_0 \left(1 + \alpha_{00} + \sum_{\lambda=2,\ldots}^{\infty} \sum_{\mu=-\lambda}^{\lambda} \alpha_{\lambda\mu}^* Y_{\lambda\mu}(\theta, \varphi) \right) \quad (7.2)$$

と展開する. 非圧縮性の変形の場合は, α_{00} は独立なパラメターではなく, 体積保存の条件から, 他の変形パラメターを用いて

$$\alpha_{00} = -\frac{1}{4\pi} \sum_{\lambda=2\ldots} \sum_{\mu} |\alpha_{\lambda\mu}|^2 \quad (7.3)$$

で与えられる.

半径 R が実数であること, パリティ変換に対して不変であること, 座標系の回転変換に対して不変であること, および, 球面調和関数の特性から, 変形パラメターに対する

$$\alpha_{\lambda-\mu}^* = (-1)^\mu \alpha_{\lambda\mu}, \quad (7.4)$$

$$\hat{P} \alpha_{\lambda\mu} \hat{P}^{-1} = (-1)^\lambda \alpha_{\lambda\mu}, \quad (7.5)$$

$$(\alpha_{\lambda\mu})_{ncs} = \hat{\mathcal{R}}(\omega) \alpha_{\lambda\mu} \hat{\mathcal{R}}^{-1}(\omega) = R_{\mu'\mu}^{(\lambda)}(\omega)(\alpha_{\lambda\mu'})_{ocs} \quad (7.6)$$

という特性を導くことができる. $\hat{P}$ および $\hat{\mathcal{R}}$ は, それぞれ, パリティ変換および物体 (原子核) を回転するという立場をとったときの回転座標変換の演算子である. 後者は, オイラー角 $\omega = (\phi, \theta, \psi)$ を用いて

$$\hat{\mathcal{R}}(\omega) = e^{-i\phi \hat{J}_z} e^{-i\theta \hat{J}_y} e^{-i\psi \hat{J}_z} \quad (7.7)$$

で与えられる. また, $R_{\mu'\mu}^{(\lambda)}(\omega)$ は, 回転を表す行列で

$$R_{\mu'\mu}^{(\lambda)}(\omega) \equiv \langle \lambda\mu' | \hat{\mathcal{R}}(\omega) | \lambda\mu \rangle = (\mathcal{D}_{\mu'\mu}^\lambda(\omega))^* \quad (7.8)$$

で定義される[9,34]. (7.6) 式の添字 ncs および ocs は, それぞれ, 回転座標変換後および回転座標変換前の成分を表す. (7.6) 式は, $\{\alpha_{\lambda\mu}\}$ がランク λ のテンソルを形成し, $\alpha_{\lambda\mu}$ がその μ 成分であることを表している (10.6 節参照).

[課題] 式 (7.4)〜(7.6) を示せ.

$\lambda = 2, 3, 4$ に対応する変形の形は, 核分裂に関連して, 図 2.21 にすでに示した[*3]. 球形核が表面振動する場合, $\alpha_{\lambda\mu}$ を力学変数として記述することができる

[*3] 四重極変形 ($\lambda = 2$) については prolate 型であることを仮定した. 四重極変形に十六重極変形 α_{40} が加わった場合 α_{40} の符号に応じて形が変化する様子 ($\alpha_{40} > 0$ では四重極変形のみの形に対して頂点と腹の部分が膨らんだ樽型 (barrel 型), $\alpha_{40} < 0$ では腹の部分がへこんだピーナッツの殻型) に注意しよう.

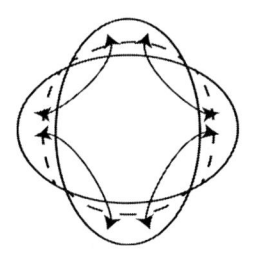

図 7.6 四重極振動.

(幾何学的集団運動模型)[*4]. それらの振動は，図 2.21 に示した球形からのズレが時間的に振動することに対応する. $\lambda = 2$ および 3 の振動はそれぞれ四重極振動 (quadrupole vibration) および八重極振動 (octupole vibration) と呼ばれる. 図 7.6 に，四重極振動の場合を例として概念的に示した.

静的に変形した原子核の集団運動を議論する場合は，$\alpha_{\lambda\mu}$ の代わりに，主軸の方向を表すオイラー角を集団運動の変数の一部として用いた方が便利である. 例として，四重極変形の場合を考えてみよう. $\alpha_{\lambda\mu}$ は複素数なので，まず，$2(2\lambda+1)$ 個の変数が存在する. (7.4) 式から $2\lambda+1$ 個の条件があるので，独立変数の数は $2\lambda+1$ 個である. したがって，$\lambda = 2$ の場合，3 つのオイラー角以外に 2 個の独立変数が存在する. 一方，$\{\alpha_{\lambda\mu}\}$ がランク λ のテンソルであることから，座標系の回転によって，空間に固定した座標系での変数 $\alpha_{2\mu}$ は原子核に固定した座標系 (原子核の主軸の方向を座標軸とする座標系：物体固定系 (body-fixed 系)) での新しい変数 $a_{2\nu}$ に変換される：

$$\alpha_{2\mu} = \sum_{\nu} a_{2\nu} \mathcal{D}^2_{\mu\nu}(\omega). \tag{7.9}$$

オイラー角を主軸方向にとることにより

$$a_{21} = a_{2-1} = 0, \qquad a_{22} = a_{2-2} \tag{7.10}$$

が成り立つ. オイラー角 ϕ, θ, ψ と実変数 a_{22}, a_{20} が新しい変数となる. ただし，通常は，a_{22}, a_{20} の代わりに

$$a_{20} = \beta\cos\gamma, \qquad a_{22} = \frac{1}{\sqrt{2}}\beta\sin\gamma \tag{7.11}$$

で定義される β, γ が用いられる. body-fixed 系で測った角度 θ_b, φ_b での核半径は

[*4] 原子核の励起運動を記述する有力な方法として，この他，群論を駆使した代数学的な理論体系である相互作用するボソン模型 (interacting boson model：IBM)[29] などがある.

$$R(\theta_b, \varphi_b) = R_0 \left[1 + \beta \sqrt{\frac{5}{16\pi}} \{\cos\gamma(3\cos^2\theta_b - 1) + \sqrt{3}\sin\gamma\sin^2\theta_b\cos 2\varphi_b\} \right] \tag{7.12}$$

で与えられる．

β は四重極変形の度合いを表すパラメターであり，$\alpha_{2\mu}$ と

$$\sum_\mu |\alpha_{2\mu}|^2 = a_{20}^2 + 2a_{22}^2 = \beta^2 \tag{7.13}$$

という関係にある．γ は軸対称性の指標であり，(7.12) 式からも確認できるように次のことがいえる．

(1) $\gamma = 0°$, $120°$, $240°$ は，それぞれ，3 軸，1 軸，2 軸を対称軸とするプロレイト (prolate) 型軸対称変形を表す．

(2) $\gamma = 180°$, $300°$, $60°$ は，それぞれ，3 軸，1 軸，2 軸を対称軸とするオブレイト (oblate) 型軸対称変形を表す．

(3) $60°$ の倍数でない γ は，三軸非対称変形を表す．

(4) 四重極変形の場合，$\beta \geq 0$, $0° \leq \gamma \leq 60°$ の領域だけで全ての形を表現できる．他の β, γ 領域へは，変換で移ることができる．

図 7.7 に変形パラメター β, γ と原子核の形の関係を示した．

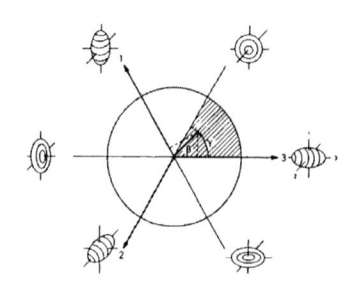

図 **7.7** 変形パラメター (β, γ) と原子核の形の関係．文献[11] から引用．

変形度が小さい場合，これらのパラメターの間には

$$\alpha_2 = \sqrt{\frac{5}{4\pi}}\alpha_{20} \sim \frac{2}{3}\delta, \qquad \alpha_{20} = \beta \sim 1.06\delta, \qquad \delta \sim 0.95\alpha_{20} = 0.95\beta \tag{7.14}$$

の関係が成り立つ．

7.3 変形殻模型

変形した原子核の中での核子のエネルギー準位分布を調べてみよう．それを通して，原子核が変形する理由を理解することができる．

核力の到達距離を零とする近似の下では，(5.4) 式が示すように，核子が感じる一体場は核子の密度分布に比例する．このことが示唆するように，原子核が変形していれば，平均場も変形していると考えられる (**自己無撞着の条件**：self consistency condition)．

議論を簡単にするために軸対称変形を仮定し，核子の従う一体場が変形した調和振動子場

$$V = \frac{M_N}{2}\left[\omega_\perp^2(x^2+y^2) + \omega_z^2 z^2\right] \tag{7.15}$$

で与えられると考えてみよう．

振動数パラメター $\omega_\perp, \omega_z$ は，自己無撞着の条件から，ともに，変形度 δ の関数になるはずである．その関数形を決定するために，(7.15) 式で与えられるポテンシャルの等ポテンシャル面の形が，3軸方向の距離の比 $\frac{1}{\omega_\perp}:\frac{1}{\omega_\perp}:\frac{1}{\omega_z}$ で与えられることに着目する．したがって，$\alpha(\alpha=x,y,z)$ 方向への半径を a_α，平均半径を R_0，共通の振動数パラメターの尺度を ω_0 とすると，平均場と密度分布が自己無撞着であるためには

$$\omega_z(\delta) = \frac{R_0}{a_z}\omega_0(\delta) \sim \left(1-\frac{2}{3}\delta\right)\omega_0(\delta), \tag{7.16}$$

$$\omega_\perp(\delta) = \frac{R_0}{a_\perp}\omega_0(\delta) \sim \left(1+\frac{1}{3}\delta\right)\omega_0(\delta) \tag{7.17}$$

という条件が要求される[17]*5)．平均的な振動数を $\bar{\omega}$*6)とすると，非圧縮性の条件 $\omega_\perp^2 \omega_z = \bar{\omega}^3$ から

$$\omega_0(\delta) \sim \bar{\omega}\left(1+\frac{1}{9}\delta^2\right) \tag{7.18}$$

が得られる．

変形パラメターを用いると，(7.15) 式で与えられるポテンシャルは

---

*5) (7.16) 式と (7.17) 式の最後の表現への移行は変形度 δ の1次でのみ正しい．したがって，(7.1) 式で定義した δ とは，厳密には異なることに注意しよう．

*6) $\hbar\bar{\omega}$ の大まかな評価は (5.52) 式で与えられる．

$$V = \frac{1}{2}M_N\omega_0^2(\delta)r^2 - M_N\omega_0^2(\delta)\cdot r^2 \cdot \beta \cdot Y_{20}(\theta) \qquad (7.19)$$

と表現することができる.

3次元調和振動子の問題なので, エネルギー準位はデカルト(直角)座標や円柱座標を用いて容易に求まり,

$$\epsilon(n_x, n_y, n_z) = \epsilon(n_z, n_\rho, k_\ell) \qquad (7.20)$$

$$= \hbar\omega_\perp(n_x + n_y + 1) + \hbar\omega_z\left(n_z + \frac{1}{2}\right) \qquad (7.21)$$

$$= \hbar\omega_\perp(2n_\rho + |k_\ell| + 1) + \hbar\omega_z\left(n_z + \frac{1}{2}\right) \qquad (7.22)$$

$$\sim \hbar\omega_0(\delta)\left\{\left(N + \frac{3}{2}\right) + \frac{1}{3}\delta(N - 3n_z)\right\} \qquad (7.23)$$

で与えられる. ここで, $N = n_x + n_y + n_z = n_z + 2n_\rho + |k_\ell|$ で, k_ℓ は軌道角運動量の対称軸への射影成分の大きさを表す量子数である.

(7.16) 式と (7.17) 式に関して指摘したように, 厳密には (7.23) 式に現れる δ は, (7.1) 式の δ とは異なり, 後者が

$$\delta \equiv \frac{3}{2}\frac{R_z^2 - R_\perp^2}{R_z^2 + 2R_\perp^2} = \frac{3}{2}\frac{\omega_\perp(\delta)^2 - \omega_z(\delta)^2}{\omega_\perp(\delta)^2 + 2\omega_z(\delta)^2} \qquad (7.24)$$

で定義されるのに対して,

$$\delta \equiv 3\frac{\omega_\perp(\delta) - \omega_z(\delta)}{\omega_z(\delta) + 2\omega_\perp(\delta)} \qquad (7.25)$$

で定義される. そのため, 文献[10] によっては δ_{osc} など他の記号を用いて区別する場合もある.

図 7.8 に $N=1$ の場合を例にとり, 球形のとき縮退していた3本(スピンも含めれば6本)の準位が変形パラメターの値とともに縮退が解けていく様子を示した. このうち $n_z = 0$ の準位は二重(スピンも入れれば四重)に縮退している. δ が正,

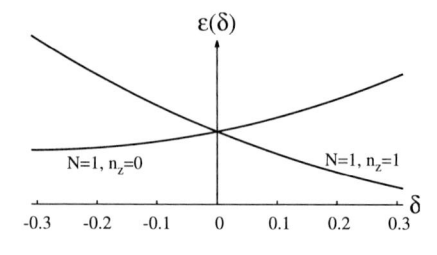

図 **7.8** エネルギー準位の変形度依存性.

つまり，対称軸方向に伸びたプロレイト型変形の場合は，その方向に量子数を持つ状態 ($N=1, n_z=1$ 状態，言い換えれば $|k_\ell|$ が小さい状態．今の例では $k_\ell=0$ の状態) の方がエネルギー的に低くなり，δ が負，つまり，対称軸方向に縮んだオブレイト型変形では，対称軸と直角な方向に量子数をもつ状態 ($N=1, n_z=0$ 状態，言い換えれば $|k_\ell|$ が大きい状態．今の例では $k_\ell=\pm 1$ の状態) の方がエネルギー的に低くなる．このことは，動き得る空間が広いほど運動エネルギーが小さくてすむという不確定性関係から容易に想像できる．

また，プロレイト側とオブレイト側で低い方の準位の変形によるエネルギーの変化は，プロレイト側の方が著しいことに注目しよう．このことは，(7.23) 式から，プロレイト側で低くなる $n_z=1$ の準位では，エネルギー変化が $-\frac{2}{3}\delta$ で与えられ，オブレイト側で低くなる $n_\perp=1(n_z=0)$ の準位では，エネルギー変化が $\frac{1}{3}\delta$ で与えられることから理解できる．

図 7.8 を用いると，原子核の変形が殻構造とパウリの排他原理に密接に結びついて起こることが分かる．例えば ^8_4Be を殻模型の観点から考えてみよう．最初の 2 個の陽子 (あるいは中性子) は，エネルギーが一番低い 1s 状態 ($N=0$ 状態) に詰める．図 7.8 は残りの 2 個の陽子 (あるいは中性子) を詰める場合，原子核がプロレイト型に変形し，それらを $n_z=1$ の準位に詰めた方がエネルギー的に有利であることを示している．このようにして，^8Be はプロレイト型の変形をすることになる[*7)]．核子数が増えるとよりエネルギーの高い他の準位に核子を詰めることが必要になり，変形の符合が変わる．大まかに述べて，一つの主殻の始めに属する原子核はプロレイト変形，後半はオブレイト変形することが予想される．例えば，$N=1$ 殻 (1p 殻) の場合，殻の前半に属する ^8Be はプロレイト変形を，殻の後半に属する ^{12}C はオブレイト変形をしている．しかし，実際には，変形した原子核の多くはプロレイト型の変形をしており，基底状態がオブレイト型の原子核は，^{12}C や後で述べるいくつかの Hg 同位体などに限られている．

7.4 変形した一体場の中での核子のエネルギー準位：ニルソン準位

実際の原子核を論じるためには，スピン・軌道相互作用を考慮することが不可欠である．また，調和振動子型の動径依存性も非現実的である．そこで，前節で

[*7)] これは，一種のヤーン・テラー効果である．^8Be に対しては，それが 2 つのアルファ粒子からなる亜鈴 (dumbbell) 型構造をしているとするクラスター模型 (あるいはアルファ粒子模型) の描像もあるが，殻模型の波動関数とクラスター模型の波動関数の重なりは比較的大きい．

仮定した変形した調和振動子模型を拡張して，核子が従うハミルトニアンが

$$\hat{h} = -\frac{\hbar^2}{2M_N}\Delta + \frac{M_N}{2}\omega_\perp^2(x^2+y^2) + \frac{M_N}{2}\omega_z^2 z^2 + C\hat{\boldsymbol{\ell}}\cdot\hat{\mathbf{s}} + D\hat{\boldsymbol{\ell}}^2 \quad (7.26)$$

で与えられると考える．$\hat{\boldsymbol{\ell}}^2$ 項は，より現実的なウッズ - サクソン型の動径依存性での準位構造が得られるように調和振動子模型を実効的に修正するために導入されたものであり，軌道角運動量が大きいほど引力を強く感じるように考案されている (図 5.1 参照)．この模型は，ニルソン[53]によって初めて提起されたので，(7.26) 式で得られる 1 核子準位はニルソン準位 (Nilsson level, Nilsson diagram または Nilsson scheme) と呼ばれている．

ニルソン準位および対応する波動関数は，適当な完全系を基底にとり (7.26) 式のハミルトニアンを対角化することによって求められる．例えば，前節で考えた変形殻模型の波動関数 $|\alpha\rangle = |Nn_z k_\ell \Omega\rangle$ を基底にとり，波動関数を

$$|\phi_{i=Nn_z k_\ell \Omega}\rangle = \sum_\alpha C_{i\alpha}|\alpha\rangle \quad (7.27)$$

と展開し，$\hat{h}$ の対角化を通して，展開係数 $C_{i\alpha}$ と対応するエネルギー ϵ_i を決定する．$\Omega = k_\ell + m_s$ (m_s は対称軸へのスピンの射影成分の大きさ) は，全角運動量の対称軸方向への射影成分の大きさである．

図 7.9 にニルソン準位の例を示した[54]．

ニルソン準位に関して，注意をいくつか述べておこう．

(1) 球形の時縮退していた $2j+1$ 個の状態は，変形することによって $(2j+1)/2$ 本の準位に分かれる．

(2) 分岐したそれぞれのエネルギー準位は，時間反転した状態と合わせて，二重に縮退している．

(3) (7.27) 式の右辺が示すように，一つのエネルギー準位の中で N, n_z, k_ℓ は混ざっているが，慣例的に，変形度が大きい極限での量子数 $\{N, n_z, k_\ell, \Omega\}$ を，ニルソン準位を区別する指標として用いている．ただし，N で決まるパリティは良い量子数であり，軸対称変形である限り Ω も良い量子数である．Ω は空間に固定した座標に対する角運動量成分ではなく，内部座標に言及した角運動量成分であることに注意しよう．

(4) プロレイト変形 ($\delta > 0$) では，Ω の値が小さい準位ほど変形によってエネルギーが低くずれて現れる．一方，オブレイト変形 ($\delta < 0$) では，Ω の値が小さい準位は，変形によってエネルギーが正の方向にずれる．このことは，前節で述べたように不確定性関係を用いて直感的

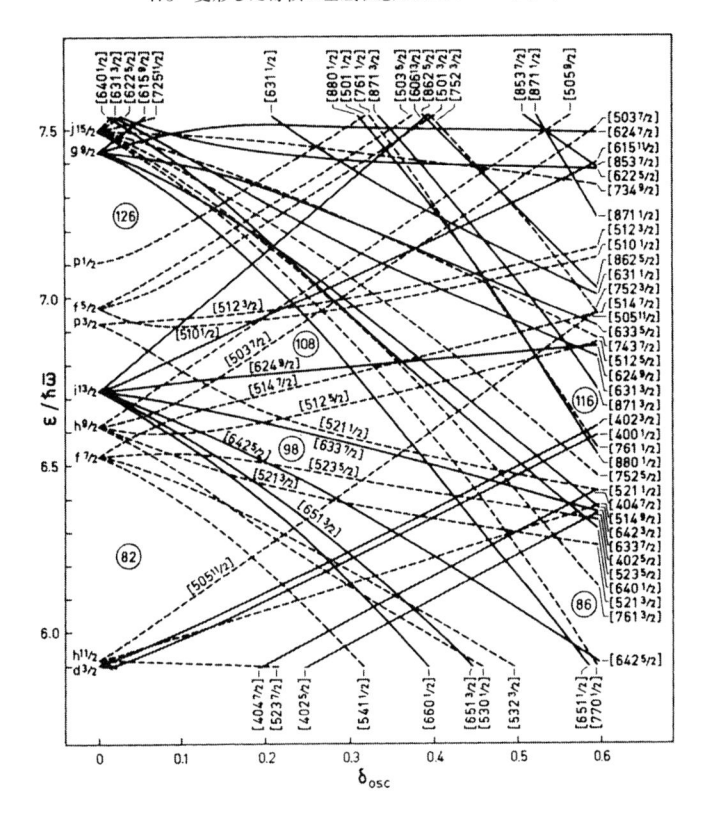

図 7.9 プロレイト変形に対する中性子のエネルギー準位 ($82 < N < 126$). 文献[9)] より転載. 出典：C. Gustafson, I. L. Lam, B. Nilsson and S. G. Nilsson, Arkiv Fysik 36(1967)613.

に理解することもできるが，より厳密には，変形による一体場の変化量 $\delta V = -M_N \omega_0^2(\delta) \cdot r^2 \cdot \beta \cdot Y_{20}(\theta) \propto -\beta Y_{20}(\theta)$ の各準位での期待値を通して解釈することもできる．

7.5 変形した奇核の基底状態のスピン・パリティ

ニルソン準位を参考にすると，変形した奇核の基底状態のスピンとパリティを予測することができる．

例えば，アルファ粒子の非弾性散乱 ((α, α') 散乱) の解析から，$^{166}_{68}\text{Er}$ の四重

極変形度は $\beta_2 = 0.276$ であることが分かっている[*8]. $^{167}_{68}$Er の四重極変形度もほぼ同じであるとすると，図7.9 で 99 番目の中性子のエネルギー準位の Ω から，$^{167}_{68}$Er の基底状態のスピンは 7/2 で，この準位が $i_{13/2}$ 準位から分岐したものであることからパリティはプラスであることが予想される．これは，図7.2 に示した実験結果と一致している．

7.6 形の理論的推定

実験データが決定したり示唆する原子核の形を理論的にも確認 (再現) したり，形が未知の場合，それを理論的に推定するためには様々な方法が用いられる．ここでは，結合エネルギーの計算に基づく 2 つの標準的な方法を紹介しよう．

7.6.1 ストラチンスキーの処方箋：巨視的・微視的方法

一つの方法は，液滴模型と殻効果を融合した方法で，巨視的・微視的方法 (macroscopic-microscopic method) あるいは，考案者の名前を用いてストラチンスキーの殻補正法 (Strutinsky shell correction method) と呼ばれる方法である[55]．この方法は，原子核の結合エネルギーや核分裂に対するポテンシャル面を理論的に精度良く計算する方法でもある[*9]．

詳細は他書[11]に譲るとして，この方法の基本的概念を説明しよう．

図2.6 にみるように，結合エネルギーは液滴模型で良く説明される質量数に緩やかに依存する部分 E_{LDM} と，それからずれた振動する部分 (詳細な構造) からなることに着目する．

$$E_{tot} = E_{LDM} + E_{osc}. \tag{7.28}$$

振動する部分は，1粒子状態のエネルギー分布が，一様な準位密度からずれ，殻模型で計算されるように不均一になっているためである．

ストラチンスキー法では，質量数に滑らかに依存する部分は液滴模型に従って巨視的に評価し，振動する部分 E_{osc} は殻模型で微視的に直接計算したエネルギー E_{sh} と平均的な準位密度を導入して計算した平均的なエネルギー $\tilde{E}_{sh}$ との差で

$$E_{osc} = E_{sh} - \tilde{E}_{sh} \tag{7.29}$$

[*8] D. L. Hendrie et al., Phy. Lett.26B(1968)127.
[*9] P. Möller, J. R. Nix, W. D. Myers and W. J. Swiatecki, The Atomic Data and Nuclear Data Tables 59(1995)185-381.

のように評価する．正確な準位密度あるいは殻模型で与えられる準位密度を $g(\epsilon)$，平均的な準位密度を $\tilde{g}(\epsilon)$，フェルミエネルギーを λ，平均化した準位密度を用いた時のフェルミエネルギーを $\tilde{\lambda}$ とすると

$$g(\epsilon) = \sum_i \delta(\epsilon - \epsilon_i), \tag{7.30}$$

$$E_{sh} = \sum_{i=1}^{A} \epsilon_i = \int_{-\infty}^{\lambda} \epsilon g(\epsilon) d\epsilon, \tag{7.31}$$

$$\tilde{E}_{sh} = \int_{-\infty}^{\tilde{\lambda}} \epsilon \tilde{g}(\epsilon) d\epsilon, \tag{7.32}$$

$$A = \int_{-\infty}^{\lambda} g(\epsilon) d\epsilon = \int_{-\infty}^{\tilde{\lambda}} \tilde{g}(\epsilon) d\epsilon. \tag{7.33}$$

平均的な準位密度を導入する方法としては，畳み込み法

$$\tilde{g}(\epsilon) = \frac{1}{\gamma} \int_{-\infty}^{\infty} g(\epsilon') f\left(\frac{\epsilon' - \epsilon}{\gamma}\right) d\epsilon' \tag{7.34}$$

を用い，f として幅 γ が $\hbar\omega_0$ 程度のガウス関数を用いることが考えられるが，平均化の操作を繰り返したとき結果が変わらないことなどの考察が必要である[11]．

ちなみに，BCS法で対相関のエネルギー E_{pair} を考慮する場合は，(7.29)式を

$$E_{osc} = E_{sh} - \tilde{E}_{sh} + E_{pair} - \tilde{E}_{pair} \tag{7.35}$$

に拡張する．

この方法の特徴は，質量公式などに基づいてパラメターの値を現象論的に決定するので，次節で述べる微視的計算に比べパラメター依存性が比較的小さく，予言性が高いことである．そのために，冒頭にも述べたように基底状態の結合エネルギーや形，核分裂に対するポテンシャル面の計算などにその有効性を発揮している．同じ考えは，金属クラスターの構造計算などにも応用されている．

7.6.2 拘束条件付ハートリー・フォック計算

もう一つの方法は，拘束条件付平均場計算であり，線形拘束法と2次の拘束法が標準的である．例えば，四重極変形に興味がある場合，線形拘束法では，

$$\hat{H}' = \hat{H} - \lambda_Q \hat{Q} \tag{7.36}$$

で定義される有効ハミルトニアンに対する変分計算を行う．$\hat{Q}$ は四重極モーメントの演算子 $\hat{Q} = \sqrt{\frac{16\pi}{5}} \hat{Q}_{20}$ である．λ_Q はラグランジュ乗数で，四重極モーメン

トの期待値が決められた値 Q になる：

$$\langle \hat{Q} \rangle = Q \sim A R_0^2 \sqrt{\frac{9}{5\pi}} \beta \tag{7.37}$$

ように，四重極モーメントの大きさ Q あるいは変形パラメター β の関数として $\lambda_Q = \lambda_Q(\beta)$ のように決める[*10]．2次の拘束法では

$$E'' \equiv \langle \hat{H} \rangle + \frac{1}{2} C (\langle \hat{Q} \rangle - \mu)^2 \tag{7.38}$$

が最小になるように変分計算を行う．この方法は，線形拘束法で $\lambda_Q = C(\mu - \langle \hat{Q} \rangle)$ ととることに対応する．C を十分大きくとっていれば，$\mu = \langle \hat{Q} \rangle$ のとき E'' は変形度 μ を与える状態でのエネルギー最小値を与える．

このような拘束条件のもとで平均場の計算を行うことによって1粒子状態および対応するエネルギー $\epsilon_i(\beta)$ が決まる．ハートリー・フォック+BCS 理論では，さらに u, v 因子を決定する必要があるが，そのとき，実践的には，ギャップパラメター Δ を変形に依らない定数として扱う簡略化した方法と，変形パラメター β の値ごとにギャップ方程式 (6.134) を解いてギャップパラメター Δ を変形パラメター β の関数として決定し，さらに対応する u, v 因子を決定する方法がある．ニルソン準位が示すように，1粒子準位のエネルギー ϵ の分布は β に強く依存するので，もちろん，後者のほうが優れた方法であり，後で述べるように，原子核の形を決めるために決定的に重要な場合もある．その場合は，あらかじめ対相関の強さ G を評価しておき，G は変形度に依らないとする．したがって，この方法は，しばしば，**定数 G 法** (constant G 法) と呼ばれる．それに対して，Δ を変形によらない定数として取り扱う簡略化した方法を，**定数 Δ 法** (constant Δ 法) という．

図 7.10 に 2 次の拘束法を用いた相対論的平均場計算で求めた[*11] ^{184}Hg のエネルギー面を変形パラメター β の関数として示した．図は，^{184}Hg の基底状態がオブレイト型に変形していること，低い励起状態としてプロレイト型をした状態が現れることを示唆する．実際，これらの結果は実験データと良く一致している．RMF 計算 (相対論的平均場理論による計算) は NL1 力[*12]を仮定し，BCS 計算は定数 G 法を用いて行われた．その際，G の大きさは，6.4.4 項で述べた平均的

[*10] 近年は，ドリップライン近傍核などベータ安定線から遠く離れた不安定原子核の研究が活発に行われ，核内での陽子分布と中性子分布の変形の違いをあきらかにすることが一つの研究課題になっている．そのような研究では，陽子と中性子に対して別々に拘束条件を課す計算が行われている．

[*11] S. Yoshida and N. Takigawa, Phys. Rev. C55(1997)1255.

[*12] P. G. Reinhard, M. Rufa, J. Maruhn, W. Greiner and J. Friedrich, Z. Phys. A323(1986)13.

7.6 形の理論的推定

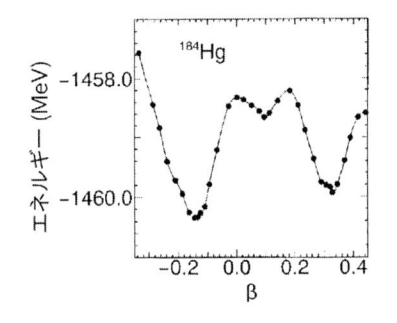

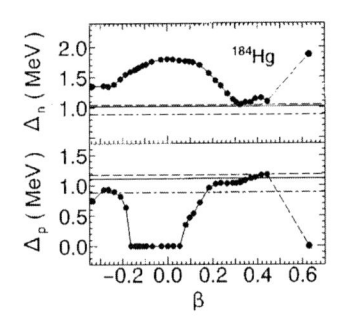

図 7.10 β の関数としてのエネルギー面.   図 7.11 ギャップパラメターの変形度依存性.

な値をそのまま採用するのではなく，たくさんの原子核に対する系統的データ解析から得られた平均的なギャップパラメターの値[*13)]

$$\bar{\Delta}_n = 4.8/N^{1/3} \tag{7.39}$$

が球形の場合に再現されるように決定した．求めた G_n と拘束条件付きの RMF でもとめた 1 粒子準位のエネルギー値 $\epsilon_k(\beta)$ を用いて，改めてギャップ方程式

$$\frac{2}{G_n} = \sum_{k=0}^{k_{max}} \frac{1}{\sqrt{(\epsilon_k(\beta) - \lambda)^2 + \Delta_n^2(\beta)}} \tag{7.40}$$

を各 β ごとに解き，変形パラメターの関数としてギャップパラメターの値 $\Delta_n(\beta)$ を求めた．陽子に対しても，$\bar{\Delta}_p = 4.8/Z^{1/3}$ を用い，同様な操作により，G_p と $\Delta_p(\beta)$ を決定した．図 7.11 に，このようにして得られたギャップパラメターの変形パラメター依存性を示した[*14)]．ギャップパラメターの値，したがって原子核の超流動性，が原子核の変形とともに著しく変化することが分かる．このことは，(7.40) 式が示すように，ギャップパラメターの値がフェルミ面近傍の準位密度に強く依存すること，および，7.4 節で学んだニルソン準位の図が示すように，核子の準位分布は変形度を強く反映することから容易に予測できる．7.3 節で触れたように，^{184}Hg は基底状態がオブレイト型の変形をしている数少ない原子核の例である．定数 Δ 法で計算すると，^{184}Hg の形はプロレイト型になることが示唆される．このことから，対相関は原子核の形の決定に重要な役割を演じ，原子核の形を議論するためには，対相関の変形パラメター依存性を正確に考慮することが肝要であることが分かる．この計算によって，Hg 同位体の荷電半径の同位

[*13)] P. Möller, J. R. Nix, W. D. Myers and W. J. Swiatecki, At. Data Nucl. Data tables 59(1995)185; P. Möller and J. r. Nix, Nucl. Phys. A536(1992)20.
[*14)] S. Yoshida and N. Takigawa, 前掲書.

体変化に関する実験データが広い範囲にわたって良く再現されることを付け加えておこう．

tea time　超変形状態

希土類原子核やアクチナイド核の基底状態での変形度は，大体 $\delta \sim 0.3$ 程度である．それに比べ，^{8}Be など軽い変形核の変形度は大きい．

現在では，中重核や重い原子核においても，励起状態に，変形度が大きな励起状態がたくさん発見され，**超変形状態** (superdeformed states) およびその上に発達した**超変形回転帯** (superdeformed bands) と呼ばれ，**高スピン状態** (high spin states) の研究とともに，活発な研究が行われている[*15]．

2.3.3 項で触れた核分裂異性体は，超変形状態の典型的な例である．図 7.12 に，核図表上での超変形回転帯および核分裂異性体の分布を示した．

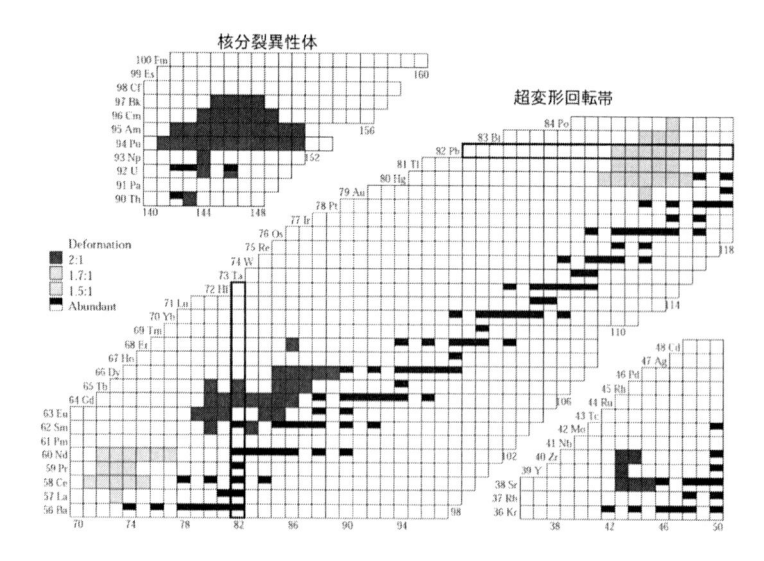

図 **7.12** 超変形状態の分布．Table of Superdeformed Nuclear Bands and Fission Isomers, WWW Edition, updated version, June 1997, by B. Singh, R. B. Firestone and S. Y. Frank Chu.

[*15)] P. J. Nolan and P. J. Twin, Ann. Rev. Nucl. Part. Sci.38(1988)533; R. V. F. Janssens and T. L. Khoo, Ann. Rev. Nucl. Part. Sci.41(1991)321.

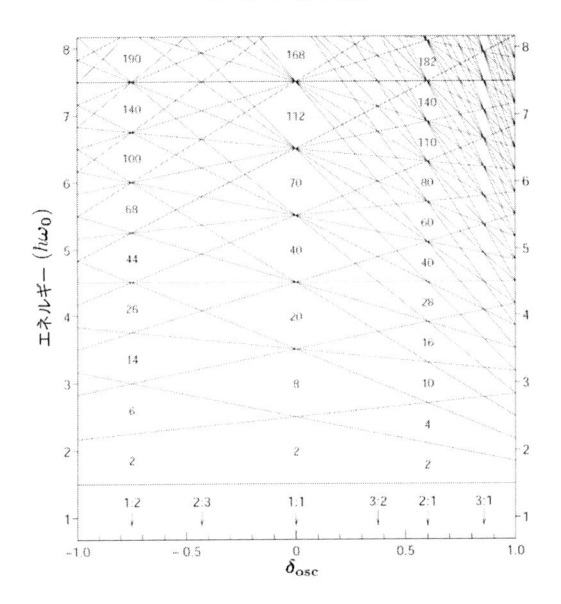

図 **7.13** 変形した調和振動子模型でのエネルギー準位. I. Ragnarsson, S. G. Nilsson and R. K. Sheline, Phys. Rep.45(1987)1 から引用.

7.3 節では, 原子核の形が 1 粒子準位の殻構造と密接に関連していることを学んだ. そこで, 超変形状態の起源と変形度を理解するために, 図 7.13 に変形殻模型の準位分布を示した. 図が示すように, 長軸と短軸の比 $R_z : R_\perp$ が例えば 2:1 になるとき, $\delta = 0$ の場合と似た顕著な殻構造 (準位の縮退) が現れる. これは, 核子の感じるポテンシャル面と核子密度の無撞着条件の結果, 対称軸方向と直角方向のエネルギー量子の大きさ (振動数の大きさ) の比 $\hbar\omega_z : \hbar\omega_\perp$ が 1:2 になるためである. このとき, 超変形状態の変形度 $\delta^{(SD)}$ は, (7.25) 式で定義した δ_{osc} の言葉でいえば, $\delta_{osc}^{(SD)} = 0.6$ となる.

8 原子核の崩壊および放射能

 宇宙の年齢約138億年より長いかそれと同程度の寿命をもつ原子核を安定な原子核と呼ぶことにすると,その数は300弱に限られるが,核反応や原子核の崩壊によって,有限の寿命をもつ多くの原子核が生成される.また,すべての原子核の励起状態は,やがて,ベータ崩壊やアルファ崩壊,核分裂によって他の原子核になるか,ガンマ線を放出して同じ原子核のよりエネルギーの低い状態に遷移する.本章では,原子核の崩壊や放射能[*1)]のうち,アルファ崩壊とガンマ遷移について学ぶことにしよう.また,核分裂に関しても最近の動向などについて簡単に触れる.

8.1 アルファ崩壊

 原子番号が大きな不安定原子核は,主として,アルファ粒子を放出することによって崩壊する(アルファ崩壊).

$$^{210}_{84}\text{Po}(0^+_{gs}) \quad \rightarrow ^{206}_{82}\text{Pb} + \alpha \quad (138.38d) \qquad (8.1)$$

$$^{237}_{93}\text{Np}\left(\frac{5}{2}^+_{gs}\right) \quad \rightarrow ^{233}_{91}\text{Pa} + \alpha \quad (2.14 \times 10^6 y) \qquad (8.2)$$

はその例である.崩壊に際して,陽子および中性子の総数は保存される.崩壊前の原子核を**親核** (parent nucleus),崩壊後できる原子核を**娘核** (daughter nucleus) という.^{210}Po の例では,^{210}Po が親核,^{206}Pb が娘核である.崩壊前の親核の状態も崩壊後の娘核の状態も,基底状態とは限らず,一通りに決まるとも限らない.上にあげた ^{210}Po の例は,^{210}Po の基底状態の崩壊を表している.この状態の半

[*1)] 1980年代以降は,^{14}C などアルファ粒子より大きな原子核を放出して崩壊するクラスター崩壊,重粒子崩壊またはクラスター放射能 (cluster decay, heavy particle decay or cluster radioactivity) の研究も盛んである H. J. Rose and G. A. Jones, Nature(London)307(1984)245. 2000年代には,陽子過剰核の陽子放出崩壊や2陽子放出崩壊の研究が行われるようになった.

減期は 138.38 日で，99% 以上の確率で ^{206}Pb の基底状態 (0^+_{gs}) に崩壊し，残りは ^{206}Pb の第一励起状態 2^+_1 に崩壊する．^{237}Np の基底状態の場合は，アルファ粒子を放出して娘核の沢山の異なる状態に崩壊する分岐比が同程度となり，終状態が分散する．

親核の基底状態から娘核の基底状態に崩壊する場合は，崩壊に際して

$$Q_\alpha = B(A-4, Z-2) + B(4,2) - B(A,Z) \tag{8.3}$$

だけのエネルギーが解放される．Q_α は，基底状態間のアルファ崩壊の Q 値と呼ばれる．

アルファ崩壊は Q_α が正の場合にのみ起こる．(8.3) から，その条件は，近似的に $\frac{B}{A} < \frac{B(4,2)}{4} - A\frac{d}{dA}\left(\frac{B}{A}\right)$ と表せる．図2.6 から $\frac{d}{dA}\left(\frac{B}{A}\right)$ は約 -7.5×10^{-3} MeV と読み取れる．一方，アルファ粒子の結合エネルギーは 28.3 MeV なので，アルファ崩壊が起こる条件は，

$$\frac{B}{A} < 7.08 + 7.5 \times 10^{-3} A \text{ MeV} \tag{8.4}$$

となる．(8.4) 式の右辺を，図2.6 の中に書き込むことによって，質量数が 150 程度を越すとアルファ崩壊の Q 値が正になり，原子核は，原理的にはアルファ崩壊に対して不安定になることが分かる．

8.1.1 崩　壊　幅

アルファ崩壊の幅 (α decay width) を理論的に評価するためには様々な方法がある．ここでは，そのいくつかを紹介することにしよう[*2]．

a. S 行列の極から求める方法

一つの単純な方法はポテンシャル描像 (模型) をとることである．この方法では，アルファ崩壊を，娘核がアルファ粒子に対してつくるポテンシャル場 $V_{D\alpha}$ (以下では単に V と書くことにする) の中の準安定状態がトンネル効果によって時間と共に崩壊していく問題と考える．準安定状態が親核の状態に対応する．V は核力ポテンシャルとクーロンポテンシャルの和として与えられ[*3]，大略図8.1 のような形をしているであろう．図8.2 はそれを単純化したものである．横軸の r は娘核とアルファ粒子の中心間の距離である．簡単のため娘核は球形であり，対応して，V は中心力ポテンシャルであると仮定した．

[*2] 関連する話題として，不安定核の研究にも関連し，複素スケーリング則を用いた共鳴状態の研究が精力的に行われていることに言及しておきたい．加藤幾芳・池田清美, 日本物理学会誌 61(2006)814.
[*3] ここでは，s 波の崩壊を考えることにする．

8. 原子核の崩壊および放射能

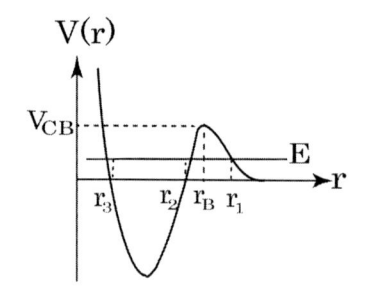

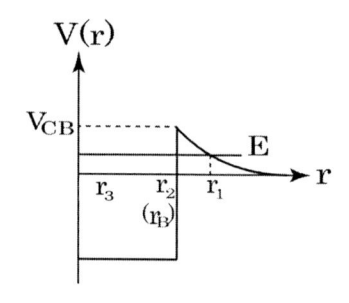

図 8.1 アルファ粒子・原子核間ポテンシャル.

図 8.2 アルファ粒子・原子核間ポテンシャル. ガモフ模型.

アルファ崩壊を V によるアルファ粒子と娘核の共鳴散乱の逆過程と考えると，散乱の S 行列の極を調べることによって，準安定状態の情報が得られる．そのためには，一般的には数値計算が必要になるが，半古典論を用いると準安定状態のエネルギー値 E，および，幅 Γ したがってアルファ崩壊の寿命 $\tau = \hbar/\Gamma$，を物理的な直感的理解を伴って決定する式を導くことができる．その関連で，図 8.1 には，準安定状態の位置，アルファ崩壊の Q 値 $(E = Q_\alpha)$，3 つの古典的転回点 r_1, r_2, r_3，つまり，$V(r_i) = E; i = 1, 2, 3$ となる点，が書き込んである．詳しい導出は文献[*4]に譲るとして，ここではその結果を引用することにする．

$$\int_{r_3}^{r_2} k(r)dr = \left(n + \frac{1}{2}\right)\pi + \frac{1}{2}\arg N \sim \left(n + \frac{1}{2}\right)\pi \quad (n \text{ は整数}), \quad (8.5)$$

$$\frac{\Gamma}{\hbar} = \frac{1}{T}e^{-2\int_{r_2}^{r_1}\kappa(r)dr} = \frac{1}{T}t^{(WKB)}, \quad (8.6)$$

$$k(r) = \sqrt{2\mu(E - V(r))}/\hbar, \quad \kappa(r) = \sqrt{2\mu(V(r) - E)}/\hbar, \quad (8.7)$$

$$T = 2\int_{r_3}^{r_2} \frac{dr}{\sqrt{2\mu(E - V(r))/\mu}} = 2\int_{r_3}^{r_2} \frac{dr}{v(r)} \quad (8.8)$$

μ はアルファ粒子と娘核の相対運動の換算質量である．(8.5) 式は，準安定状態の位置 E を決める量子化条件で，E はアルファ崩壊の Q 値と一致しなければならない．因子 N はトンネル効果に関係する量で，その偏角を通して共鳴状態の位置はポテンシャル障壁の特性を反映する．しかし，アルファ崩壊が障壁の十分下で起これば，$\arg N$ は 0 とおいてよい．(8.6) 式の 2 項目の指数因子は，WKB 近似で評価したトンネル効果の確率 $t^{(WKB)}$ に他ならない．一方，指数関数の前の因子 $1/T$ は，T の定義式 (8.8) 式から分かるように，アルファ粒子が単位時間当た

[*4] 文献[56]; S. Y. Lee and N. Takigawa, Nucl. Phys. A308 (1978)189; S. Y. Lee, N. Takigawa and C. Marty, Nucl. Phys. A308 (1978)161.

りに崩壊を試みる回数 (attempt frequency) である.

b. ガモフ因子

アルファ崩壊の議論においては，$V(r)$ に対して

$$V(r) = \begin{cases} -V_0 & (r < R = r_B \text{の場合}) \\ \dfrac{Z_D Z_\alpha e^2}{r} & (r \geq R = r_B \text{の場合}) \end{cases} \quad (8.9)$$

という簡単な形がしばしば仮定される (図 8.2 参照). Z_D, Z_α は，それぞれ，娘核およびアルファ粒子の原子番号である. 以下の議論では，(8.9) 式を仮定する場合をガモフ模型と呼ぶことにする. この場合は，WKB 近似の適用条件が満たされないので，後で学ぶように ((8.13)～(8.17) 式参照) 崩壊幅の評価に (8.6) 式を単純には適用できないが, r_2 と r_1 を，それぞれ，R と r_e (トンネル領域の外側の古典的転回点) ととることによって指数関数因子 $t^{(WKB)} = e^{-2\int_{r_2}^{r_1} \kappa(r)dr}$ を評価しておくと，様々な議論のために有効である. $r = r_e \cos^2\theta$ とおくことによって積分が容易に実行できて

$$t_{GM}^{(WKB)} \equiv \exp\left\{-2\int_{r_2}^{r_1} \kappa(r)dr\right\} = \exp\left\{-4\eta\left(\cos^{-1}\sqrt{\dfrac{R}{r_e}} - \sqrt{\dfrac{R}{r_e}}\sqrt{1 - \dfrac{R}{r_e}}\right)\right\} \quad (8.10)$$

が得られる. η はゾンマーフェルトパラメター (Sommerfeld parameter) と呼ばれ，$\eta \equiv Z_D Z_\alpha e^2/\hbar v$ (v は漸近領域での速さ) で定義される. Q 値がポテンシャル障壁の高さ $V_{CB} = Z_D Z_\alpha e^2/R$ に比べはるかに小さい場合は，$r_e \gg R$ になるので，指数因子は

$$t_{GM}^{(WKB)} = e^{-2\int_{r_2}^{r_1} \kappa(r)dr} \sim F_G \times e^{4\sqrt{2\eta kR}}, \quad (8.11)$$

$$F_G \equiv e^{-2\pi\eta} \quad (8.12)$$

となる. F_G はガモフ因子 (Gamow factor) と呼ばれ, 崩壊のエネルギーが小さい場合にトンネル効果の確率を支配する主要な因子である. 2 番目の因子 $e^{4\sqrt{2\eta kR}}$ の寄与はガモフ因子に比べればはるかに小さいが，例えば重い核のアルファ崩壊の場合は，定量性を保持するためには無視できず 1 とおくことはできない. 実際，後ほど定義する指数関数前因子 (pre-exponential 因子) に比べれば大きな量である.

c. ガモフ模型に基づく直接法

ガモフ模型の場合，波動関数は，ポテンシャル領域では球ベッセル関数で, 外側はクーロン波動関数で，それぞれ与えられるので，それらとクーロン波動関数 G_0 の漸近形[42]を用いて崩壊幅に対する公式を導くことができる. 導出は，付録の 10.8 節で述べることにして，ここでは，$E \ll V_{CB}$ のときの結果だけを記すことにする. $T = 2R/V, V = \hbar K/\mu$ として

$$\frac{\Gamma}{\hbar} = \frac{1}{T} t_{GM}^{(D)}, \tag{8.13}$$

$$t_{GM}^{(D)} \sim 4\frac{k_\alpha}{K} \frac{1}{G_0^2(\eta, k_\alpha R)}, \tag{8.14}$$

$$\frac{1}{G_0^2(\eta, k_\alpha R)} \sim \left(\frac{2\eta}{k_\alpha R}\right)^{1/2} e^{-2\pi\eta} e^{4\sqrt{2\eta k R}} \sim \left(\frac{2\eta}{k_\alpha R}\right)^{1/2} t_{GM}^{(WKB)}, \tag{8.15}$$

$$t_{GM}^{(D)} = 4\frac{k_\alpha}{K} \left(\frac{r_e}{R}\right)^{1/2} t_{GM}^{(WKB)} = A_{GM}^{(D)} t_{GM}^{(WKB)} \tag{8.16}$$

$$K \equiv \sqrt{2\mu(E+V_0)}/\hbar, \qquad k_\alpha = \sqrt{2\mu E}/\hbar. \tag{8.17}$$

$t_{GM}^{(D)}$ は，トンネル効果の確率 (10.127) 式である．(8.16) 式が示すように，単純に WKB 近似を用いて評価した (8.11) 式の値とは因子 $A_{GM}^{(D)}$ だけ異なることに注意しよう．

d．ガモフ模型に基づく時間依存摂動論：2 ポテンシャル法[2]

2 ポテンシャル法 (two-potential approach) も，アルファ崩壊幅の計算にしばしば用いられる．この方法では，無限に厚い障壁を持つポテンシャル $V_1(r)$ ($V_1(r < R) = -V_0, V_1(r > R) = V_{CB}$) とクーロン力だけのポテンシャル $V_2(r) = V_C(r) = Z_D Z_\alpha e^2/r$ を考える．ガモフポテンシャルはこれらのポテンシャルを用いて

$$V(r) = \begin{cases} V_1(r) & (r < R \text{ の場合}) \\ V_2(r) & (r \geq R \text{ の場合}) \end{cases} \tag{8.18}$$

のように分解できる．アルファ崩壊幅は，ポテンシャル $V_1(r)$ の中のエネルギー E_n の束縛状態 $\phi_n(r)$ から，$V_2(r)$ の中の E_n に近いエネルギー E の連続状態 $\phi_E(r)$ への遷移確率を計算することによって求められる．摂動のハミルトニアンは $V(r) - V_1(r)$ なので，単位時間当たりの遷移確率は

$$\frac{\Gamma}{\hbar} = \frac{2\pi}{\hbar} \left| \int \phi_E^*(r)(V(r) - V_1(r)) \phi_n(r) dr \right|^2 \tag{8.19}$$

で与えられる．結局，

$$\frac{\Gamma}{\hbar} = \frac{\hbar k_1}{\mu} D^2 e^{-2\int_R^{r_e} \kappa(r)dr} = \frac{\hbar k_1}{\mu} D^2 e^{-2\pi\eta} e^{4\sqrt{2\eta k R}} \sim \frac{\hbar k_1}{\mu} D^2 t_{GM}^{(WKB)}, \tag{8.20}$$

$$\frac{\hbar k_1}{\mu} D^2 = \frac{2}{R} \left(\frac{2}{\mu}\right)^{1/2} (V_{CB} - E)^{1/2} \frac{E + V_0}{V_{CB} + V_0}, \tag{8.21}$$

$$D \equiv \left(\frac{2}{R}\right)^{1/2} \frac{K}{\sqrt{k_1^2 + K^2}}; k_1 = \sqrt{2\mu(V_{CB} - E)}/\hbar \tag{8.22}$$

が得られる[*5]．文献[2] によれば，指数関数の前の因子 $(\frac{\hbar k_1}{\mu})D^2$ は，核表面にア

[*5] 導出と物理的解釈は，文献[2] に詳しい．その他，D. F. Jackson and M. Rhoades-Brown,

ルファ粒子が現れる単位時間当たりの確率である．

e. 3 つの方法の比較

本項の a, c, d で紹介した 3 つの方法による崩壊幅の公式は，ガモフ因子を含む点で共通している．しかし，その前の係数 (指数関数前因子 (pre-exponential factor) と呼ばれる) の表式は，導出の仕方によって異なっている．

a で紹介した公式は，WKB 近似に立脚しているので，滑らかな現実的ポテンシャルに適用できる可能性がある点で優れているが，ガモフ模型にそのまま適用し，(8.6) 式におけるトンネル効果の確率 $t^{(WKB)}$ をガモフ因子 $e^{-2\pi\eta}$ または修正因子を掛けた (8.11) 式に置き換える処方は注意が必要である．c と d は，ともにガモフ模型に立脚しているので，ガモフ模型の範囲内ではともに正しい結果を与え，本来は，同じ崩壊幅を与えるべきである．

例として，^{210}Po のアルファ崩壊を考えてみよう．10.8 節で述べるように，アルファ崩壊を記述するポテンシャルには不確定さが存在し，浅いポテンシャルから深いポテンシャルまで様々なポテンシャルが存在する[*6)]が，ここでは，パウリ排他律を考慮して，娘核とアルファ粒子の間の相対運動の波動関数の節の数 (node

---

Ann. Phys.(NY)105(1977)151; S. A. Gurvitz and G. Kalbermann, Phys. Rev. Lett. 59(1987)262; S. A. Gurvitz, Phys. Rev. A38(1988)1747 参照．

[*6)] 原子核全体の波動関数を 2 つのクラスター A, B の内部波動関数と相対運動の波動関数の積で表現するとしよう (共鳴群の方法：resonating group method, RGM). この時，2 つのクラスターの内部波動関数を同じ振動数の調和振動子模型で表すと，全体の波動関数は核子の入れ替えに対して反対称化されていなくてはならないという制約の為に，相対運動の波動関数には，一般に，パウリ禁止状態 (Pauli forbidden states) または余分な状態 (redundant states) と呼ばれる状態が存在する．それらは，反対称化の結果全体の波動関数が 0 になる状態である．そのため，相対運動の波動関数には，パウリ禁止状態の混ざりに関する不確定性が生じ，節の数 (原点を除いた数，$n_r = 0, 1, \ldots$) が異なる何本かの等価な波動関数が存在することになる．対応して相対運動を記述するポテンシャルにも浅いポテンシャルから深いポテンシャルに至る不確定さが生じる．例えば，^{8}Be を 2 つのアルファ粒子と相対運動で表す時，角運動量が 0 の場合は，0s 状態および 1s 状態がパウリ禁止状態である．調和振動子模型で量子数を数えることによって，相対運動の角運動量が ℓ の場合，パウリ禁止状態の条件は

$$2n_r + \ell < N_{\mathrm{C}}^{(SM)} - N_{\mathrm{A}}^{(SM)} - N_{\mathrm{B}}^{(SM)} \tag{8.23}$$

であることが分かる．ここで，$N_{\mathrm{C}}^{(SM)}, N_{\mathrm{A}}^{(SM)}, N_{\mathrm{B}}^{(SM)}$ は，調和振動子模型で記述したときの，原子核全体 (C)，クラスター (A) およびクラスター (B) の全量子数である．例えばアルファ・アルファ散乱では，$N_{\mathrm{A}}^{(SM)} = N_{\mathrm{B}}^{(SM)} = 0, N_{\mathrm{C}}^{(SM)} = 4$ である．(8.23) 式は，ヴィルダームート条件 (Wildermuth condition) と呼ばれる．^{210}Po のアルファ崩壊に対しては (8.23) 式の右辺は $(5+6) \times 2$ なので $n_r = 11$ の状態から許されることになる．ちなみに，パウリ禁止状態の存在は，複合核間のポテンシャルに斥力芯が現れる原因でもある．アルファ・アルファ散乱では，$\ell = 0$ に対しては 0s 状態および 1s 状態が余分な状態であり，$\ell = 2$ に対しては 0d 状態が余分な状態であることによって，それらの部分波に対するポテンシャルには斥力芯が存在する．一方，g 波以上では余分な状態が存在しないのでそれらの波には斥力芯が存在しない．

数) が 11 であるとしてみよう．この時，ポテンシャルは深いポテンシャルとなり，表 10.1 から，$V_0 = 108\,\text{MeV}$, $R = 7.92\,\text{fm}$ である．V_{CB} は約 $30\,\text{MeV}$ である一方，Q 値は $5.4\,\text{MeV}$ である．したがって，

$$V_0 \gg V_{\text{CB}} \gg E_\alpha \tag{8.24}$$

が成り立つ．この時，(8.20) 式の pre-exponential factor $\frac{\hbar k_1}{\mu}D^2$ は近似的に $\frac{1}{T} \cdot 4 \cdot \frac{k_\alpha}{K}\left(\frac{r_e}{R}\right)^{1/2}$ となる．したがって，娘核とアルファ粒子の間のポテンシャルを深いポテンシャルにとる模型では，(8.13) 式と (8.15) 式で与えられる c の結果と，d の (8.20) 式は実質的に同等になる[*7]．

f. 既存在因子：R 行列理論

これまでに紹介した 3 つの方法は，いずれも，アルファ粒子が自然界に孤立して存在するのと同じ構造で親核の中にあらかじめ存在していることを前提としている．そのような描像をポテンシャル模型と呼ぶことにしよう．一方，殻模型やクラスター模型などを用いて親核の状態を核子の波動関数を用いて詳しく記述することを試みることができる．それらの計算では，アルファ粒子が核内に自然界と同じ構造をもって存在することは仮定されていない．例えば殻模型は，原子核の中で個々の核子が，パウリ排他律の制約以外は平均場の中を互いに独立に運動していることを基本的描像としている．殻模型など多体論による構造計算の描像を尊重してアルファ崩壊幅を評価するためには，崩壊前にアルファ粒子が核内で形成される確率を考慮する必要がある．R 行列理論[*8]に基づく定式化はその代表的なものであり，崩壊幅は以下の式によって与えられる．

$$\Gamma = 2kr_c\gamma_L^2(r_c)v_L(r_c) = 2P_L(r_c)\gamma_L^2(r_c), \tag{8.25}$$

$$v_L(r_c) \equiv \frac{1}{F_L^2(r_c) + G_L^2(r_c)} \sim \frac{1}{G_L^2(r_c)}, \tag{8.26}$$

$$\gamma_L(r) = \left(\frac{\hbar^2}{2\mu r}\right)^{1/2} \mathcal{Y}_L(r), \tag{8.27}$$

$$\frac{\mathcal{Y}_L(r)}{r} = \langle \phi_\alpha \phi_D Y_{LM}(\hat{\mathbf{r}})|\psi_P\rangle_{int,\hat{\mathbf{r}}}. \tag{8.28}$$

r_c は $r > r_c$ では放出される粒子 (α 粒子) と娘核の間の短距離力 (核力) の影響がなくなる距離として選ばれ，チャネル半径 (channel radius) と呼ばれる．$v_L(r_c)$

[*7] 陽子放出崩壊に対しては，崩壊幅を計算するいくつかの方法が数値的に比較されている．S. Aberg et al., Phys. Rev. C56(1997)1762.

[*8] 複合核反応に対する理論で，空間を内部空間と外部空間 (崩壊核と残りの核の間の核力が無視できる漸近領域) にわけて記述する方法．文献[5,8,20,25]，A. M. Lane and R. G. Thomas, Rev. Mod. Phys.30(1958)257 参照．

8.1 アルファ崩壊

は透過因子 (penetration factor) と呼ばれる (添字 L は L 波の崩壊を表す)[*9][*10]. ψ_P は親核の波動関数, ϕ_D, ϕ_α は娘核およびアルファ粒子の内部波動関数で, ともに, 殻模型やクラスター模型, 平均場理論など多体論に基づいて決定する. (8.28) 式の下付き添字 $int, \hat{\mathbf{r}}$ は内部座標および相対運動の角度座標について積分することを意味する. したがって, $\mathcal{Y}_L(r)/r$ は, 娘核とアルファ粒子の相対運動の動径波動関数である. $\gamma_L^2(r)$ は, エネルギーの次元をもち, 換算幅 (reduced width) と呼ばれ, 親核の核表面 ($r = r_c$) におけるアルファ粒子の存在確率の目安を与える. それは, しばしば,

$$\gamma_L^2(r_c) \equiv \theta^2(r_c) \cdot \gamma_W^2(r_c), \quad \gamma_W^2(r_c) = \frac{3\hbar^2}{2\mu r_c^2} \tag{8.29}$$

と表現される. $\gamma_W(r_c)$ は, 親核の状態がアルファ粒子が析出した構造を持ち, 且つ, そのときのアルファ粒子と残りの原子核の間の相対運動の動径波動関数 $Y_L(r) = \mathcal{Y}_L/r$ が $0 \leq r \leq r_c$ の範囲に一様に分布しているとしたときの $\gamma_L(r_c)$ の値で, ウィグナー極限 (Wigner limit) と呼ばれる[*11]. θ^2 はウィグナー極限を単位として測った換算幅である.

[課題] $L = 0, \rho = 0$ のとき, $G_0 = 1/C_0(\eta)$ であること, および $C_0^2(\eta) = 2\pi\eta(e^{2\pi\eta} - 1)^{-1}$ から, $\eta \gg 1$ の場合, $1/G_0^2$ がトンネル効果の確率を支配する主要な因子であるガモフ因子に比例することを確かめよ.

本項の a, c, d で導いたアルファ崩壊幅の公式と, (8.25) 式の関係をみておこう. $r < r_c$ における $\mathcal{Y}(r)$ の運動量を p_{in} とし, p_{in} を不確定性関係から $p_{in} r_c \sim \hbar$ で評価すると,

$$\frac{\gamma_W^2}{\hbar} = \frac{3}{2}\frac{\hbar^2}{\mu}\frac{1}{r_c}\frac{p_{in}}{\hbar} \sim \frac{3}{T} \tag{8.30}$$

となる. したがって, (8.25) 式は, 透過確率を t として

$$\frac{\Gamma}{\hbar} = \frac{1}{T} t \times f_P \tag{8.31}$$

[*9] 漸近式 $G_L + iF_L \sim \exp(i[\rho - \eta ln 2\rho - \frac{L\pi}{2} + \sigma_L])$ が示すように, 漸近領域で単位の大きさの外向きの波になる波動関数は, ガモフ模型では, $r \geq r_c$ では $\psi_L(r) = F_L(r) + iG_L(r)$ で与えられる. したがって, $v_L(r_c) \equiv \frac{1}{F_L^2(r_c) + G_L^2(r_c)}$ は, r_c から障壁の外側までの透過確率の大きさを表す.

[*10] c で示したように, ガモフ模型の場合は, v_0 と透過係数 (transmission coefficient) t は (8.14) 式 ($t \sim 4\frac{k}{K}\frac{1}{G_0^2(kr_c)} \sim 4\frac{k}{K}v_0(kr_c)$) の関係にある.

[*11] E. P. Wigner, Phys. Rev.70(1946)15, 606; E. P. Wigner and L. Eisenbud, Phys. Rev.72(1947)29. タイヒマン・ウィグナー和則との関連については T. Teichman and E. P. Wigner, Phys. Rev.87(1952)123 参照.

と表すことができる．$f_P \propto \theta^2$ はアルファ崩壊を起こす原子核の中にアルファ粒子があらかじめ存在する確率を表すので，**既存在因子** (preformation factor) と呼ぶことにしよう．

θ^2 の値は，軽い原子核におけるアルファクラスター構造の度合いに対して重要な情報を提供する[*12]．アルファ崩壊に対する換算幅が大きいことは，アルファ粒子の既存在因子が大きいことに対応し，アルファクラスター構造の描像が良く成り立つことの一つの目安になる．アルファ崩壊の解析では，既存在因子を無視する場合もあるが，その場合は，既存在因子の効果は，ポテンシャルの深さ V_0 や到達距離のパラメーター R に実効的に反映される[*13]．また，殻模型に立脚した θ^2 の計算の例として文献[*14]を挙げておこう．

ちなみに，^{14}C の放出など重粒子崩壊に関しては，チャネル結合効果によって崩壊途中で放出される粒子の種類や構造が変化する可能性も研究されている．

8.1.2 ガイガー・ヌッタル則

アルファ崩壊幅は，トンネル効果を通して崩壊の Q 値や親核 (あるいは娘核) の原子番号に強く依存し，その効果は，前節で述べたように，大まかにはガモフ因子で表現される．そこで，崩壊幅 (正確には，単位時間当たりの崩壊率) を，ガモフ因子をくくり出して

$$\frac{\Gamma}{\hbar} = A e^{-2\pi\eta} \tag{8.32}$$

と表すことにしよう．両辺の対数をとり，$\eta \equiv Z_D Z_\alpha e^2/\hbar v$ を用いて

$$\log_{10}\frac{\Gamma}{\hbar} = \log_{10} A - C \cdot Z_D E_\alpha^{-1/2}, \tag{8.33}$$

$$C \equiv 2\pi \cdot \log_{10} e \cdot \frac{e^2}{\hbar c} \cdot \sqrt{\frac{\mu c^2}{2}} \cdot Z_\alpha \approx 1.72 \tag{8.34}$$

が得られる．

指数関数の前の因子 A は，同じ質量領域では，崩壊する系にはあまり依らないので，$\log_{10}\frac{\Gamma}{\hbar}$ を縦軸にとり横軸に $Z_D E_\alpha^{-1/2}$ をとって実験データを図示すると，(8.33) 式が示唆するように，ほぼ直線状に分布する[13,20]．この特性を，ガイガー

[*12] A. Arima, H. Horiuchi, K. Kubodera and N. Takigawa, Advances in Nuclear Physics, Vol.5(1972), p.345-477.

[*13] ここでは，アルファ崩壊の解析の文献として B. Buck, A. C. Merchant amd S. M. Perez, Phys. Rev. C45(1992)2247; B. Buck, J. C. Johnson, A. C. Merchant and S. M. Perez, Phys. Rev. C53(1996)2841. を引用しておこう．

[*14] I. Tonozuka and A. Arima, Nucl. Phys. A323(1979)45.

- ヌッタル則 (Geiger-Nuttal rule) という.

ちなみに, 因子 A はポテンシャルや既存在因子などの情報を含むので, その解析を通して, 系の詳細な情報を得ることができる.

8.2 核　分　裂

第 2 章では, 原子核の安定性に関連して核分裂について比較的詳しく学んだ. ここでは, 核分裂に関する最近の発展について簡単に述べておこう. 図 2.19 に簡素化して示したように, 核分裂は一般的な言葉でいえば準安定状態の崩壊の一つであり, 系の温度が 0 あるいは低ければ量子トンネル効果によって崩壊し, 温度がある程度高ければ熱的に崩壊する. 図 8.3 にその概念図を示した. 量子崩壊 (quantum decay) と熱崩壊 (thermal decay) を分ける臨界温度 T_C は, ポテンシャル障壁の曲率を $\hbar\Omega$ とすると

$$T_C \sim \frac{\hbar\Omega}{2\pi} \tag{8.35}$$

で与えられる (ここでは対応するエネルギーで考える)[58,59]. 単純に 1 次元的に考え準安定状態が存在するポテンシャルの極小点あたりの曲率を $\hbar\Omega_0$ とすると, 崩壊幅 (正確には単位時間当たりの崩壊数) は

$$\Gamma \sim \begin{cases} \dfrac{\Omega_0}{2\pi} \dfrac{1}{1+\exp\left\{\frac{2\pi}{\hbar\Omega}V_f\right\}} & (T<T_C\text{の場合：量子崩壊}) \\ \dfrac{\Omega_0}{2\pi} e^{-V_f/T} & (T>T_C\text{の場合：熱崩壊}) \end{cases} \tag{8.36}$$

で与えられる. それぞれの式において, 最初の因子 $\Omega_0/2\pi$ は準安定状態が崩壊を試みる頻度を表し, 2 番目の因子は成功する確率を表す. V_f (2.3.4 項の E_f に対応する) は核分裂障壁の高さである. トンネル効果の確率に対しては一様近似の公式を用い, 障壁は 2 次関数で近似した. $e^{-V_f/T}$ は熱崩壊に特有の因子でアレ

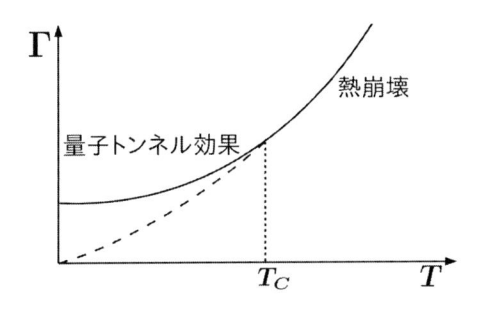

図 8.3　崩壊機構および崩壊幅の温度 (エネルギー) 依存性.

ニウス因子 (Arrhenius factor) と呼ばれる.

自発核分裂は量子トンネル効果による崩壊の一つである. ただし多次元空間の量子トンネル効果である. 実験的には核分裂片の質量や運動エネルギー分布に関するたくさんのデータが蓄積され, 理論的には, 巨視的 - 微視的方法などを用いて分裂片の質量比や変形パラメターを自由度とする多次元空間での詳細なポテンシャルエネルギーの計算が行われ, 崩壊経路に関する検討や多次元脱出経路法 (escape path method)[15]などによる寿命の計算等が行われている[16][17].

誘起核分裂は, 励起エネルギーによるが, 例えば重イオン反応で誘起される核分裂反応のように励起エネルギーが高ければ, 熱崩壊に対応する. (8.36) 式下段の熱崩壊の公式はボーア - ホイーラー (Bohr-Wheeler) の遷移状態の方法 (transition state theory) の公式[18]として知られている. また, 核分裂を外場中のブラウン運動[60,61]とみなし位相空間の分布関数に対する拡散方程式 (フォッカー - プランク (Fokker-Planck) 方程式) で定式化し, 摩擦の効果を取り入れたクラマース (Kramers) の式[19]

$$\Gamma \sim \begin{cases} \gamma \dfrac{V_f}{T} e^{-\frac{V_f}{T}} & (\frac{\gamma}{2\Omega} < \frac{T}{V_f} \text{の場合: 摩擦が弱い場合}) \\ \dfrac{\Omega_0}{2\pi} K e^{-V_f/T} & (\frac{\gamma}{2\Omega} > \frac{T}{V_f} \text{の場合: 摩擦が強い場合}) \end{cases} \quad (8.37)$$

ただし

$$K = \left[\sqrt{\Omega^2 + \frac{1}{4}\gamma^2} - \frac{\gamma}{2} \right] / \Omega, \quad (8.38)$$

も熱核分裂の崩壊幅を与える基本的な式として, 核分裂と中性子など粒子放出過程の競合の計算などにしばしば用いられる. γ はフォッカー - プランク方程式における摩擦係数 (粘性係数) である. K は崩壊率に対する摩擦の効果を取り入れる因子でクラマース因子 (Kramers factor) と呼ばれている[20].

---

[15] P. L. Kapur and R. Peierls, Proc. Roy. Soc. London A163(1937)606; A. Schmid, Ann. Phys. (N. Y.)170(1986)333.

[16] T. Kindo and A. Iwamoto, Phys. Lett. B225(1989)203; N. Takigawa, K. Hagino and M. Abe, Phys. Rev. C51(1995)187.

[17] 自発核分裂とは限らないが, 同じ原子核の核分裂でも, 障壁の高さを異にする複数の崩壊経路が存在することを示唆する実験データも報告され, **bimodal fission** と呼ばれている. bimodal fission は, 例えば ^{226}Ra (^{3}He, df) では対称核分裂と非対称核分裂の共存という形で現れる. また, ^{258}Fm などいくつかの質量数の大きなアクチノイド核の自発核分裂では, ともに対称核分裂的ではあるが核分裂片の質量分布幅が異なり, 運動エネルギー分布が異なるという形で現れる.

[18] N. Bohr and J. A. Wheeler, 前掲書.

[19] H. A. Kramers, Physica VII, no.4(1940)284.

[20] 崩壊幅をヘルムホルツの自由エネルギーの虚部で与え (J. S. Langer, Ann. Phys. (N. Y.)

1970年代以降に活発になった重イオン核反応に伴って，反応機構や衝突を支配する様々な物理量に対する理解がすすみ，衝突核が完全に融合した後長い時間を経て核分裂する完全核融合反応 (complete fusion fission) や，反応生成核の質量分布は完全核融合反応に似ているが，角度分布に違いがみられる擬核分裂反応 (quasi fission) や，エネルギーなどの大きな散逸を伴うが反応生成核の質量分布が標的核や入射核の質量数の近くにあるため反応時間が短いと考えられる深部非弾性散乱 (deep inelastic collision：DIC) など様々な概念が導入された．その中で核分裂片など反応生成核の質量分布や運動エネルギー分布，核分裂に伴う中性子放出数など沢山の実験データが蓄積されている．それらを解明する新しい方法の一つとして，多次元空間での酔歩現象としてランジュバン (Langevin) 方程式を用いて時間発展を追いかける理論が開発され研究が進められている[*21]．

8.3 ガンマ線放射による電磁遷移

基底状態にある原子核は光子を吸収することによってより高い励起状態に遷移し，逆に，励起状態にある原子核は，電磁場と相互作用し光を放出することによってエネルギー的により低い励起状態や基底状態に遷移する．これらの遷移を通して，原子核の励起エネルギーや，準位のスピン・パリティ，原子核の形，励起運動の集団性など原子核の構造に関する多くのことを学ぶことができる．

8.3.1 多重極遷移，換算遷移確率

電磁遷移の確率は，良い精度で一次の摂動論によって，フェルミの黄金律

$$T_{fi} = \frac{2\pi}{\hbar}|\langle f|\hat{H}_{int}|i\rangle|^2 g(E_f) \qquad (8.39)$$

で評価することができる．ここで，$\hat{H}_{int}$ は原子核と電磁場との相互作用であり，(10.9) 節で述べるように (10.173) 式で与えられる．原子核の初期状態および終状態をそれぞれ $|\psi_i\rangle$, $|\psi_f\rangle$ とし，輻射場の状態を占拠数表示 (10.9.3 項参照) で表すと，状態変化は模式的に

[*21)] 41(1967)374; I. K. Affleck, Phys. Rev. Lett. 46(1981)388), 分配関数を経路積分法[62)] を用いて評価すると，さらに，古典軌道の周りの量子揺らぎの効果を取り入れる修正因子がかかる (H. Grabert, P. Olschowski and U. Weiss, Phys. Rev. B36(1987)1931；N. Takigawa and M. Abe, Phys. Rev. C41(1990)2451.).

[*21)] Y. Abe, C. Gregoire and H. Delagrange, J. de Physque 47(1986)C4; T. Wada, Y. Abe and N. Carjan, Phys. Rev. Lett. 70(1993)3538; Y. Abe et al., Phys. Rep. 275(1996)49. および文献[27)]．

$$|i\rangle = |\psi_i\rangle|\cdots n_\lambda \cdots\rangle \rightarrow \begin{cases} |f\rangle = |\psi_f\rangle|\cdots n_\lambda - 1 \cdots\rangle & \text{(吸収)} \\ |f\rangle = |\psi_f\rangle|\cdots n_\lambda + 1 \cdots\rangle & \text{(放出)} \end{cases} \quad (8.40)$$

と表すことができる．また，光子の波長を $\lambda = 2\pi/k$，原子核の初期状態および終状態のエネルギーをそれぞれ E_i, E_f とするとエネルギー保存則から $\hbar kc = |E_f - E_i|$ である．

$g(E_f)$ は，単位エネルギー当たりの輻射場の終状態の状態数である．例えば，磁気的輻射を考えると，(10.167) 式に示したように，境界条件から

$$0 = j_I(k_n R) \sim \frac{1}{k_n R} \sin\left(k_n R - \frac{\pi}{2} I\right) \quad (8.41)$$

である．ここでは，$R \to \infty$ を考えた．したがって

$$k_n R = \frac{\pi}{2} I + n\pi, \quad n = 0, \pm 1, \pm 2, \ldots \quad (8.42)$$

となる．(8.42) 式から輻射場の終状態の密度 g は

$$g(k) = \frac{1}{\Delta E(k)} = \frac{1}{\hbar(\Delta k)c} = \frac{1}{\hbar \frac{\pi}{R} c} = \frac{R}{\hbar c \pi} \quad (8.43)$$

であることが導かれる．

ベクトル場のあからさまな表現 (10.164) 式および (10.165) 式と規格化定数の表現 (10.169) および準位密度の式 (8.43) を用いて，(λ, k, I, M) 型の光子を一個放出する単位時間当たりの遷移確率は

$$T_{fi}(E, kIM) = \frac{8\pi k}{\hbar} \left|\left\langle f \left| \frac{1}{ck} \int \mathbf{j} \cdot \boldsymbol{\nabla} \times j_I(kr) \boldsymbol{\mathcal{Y}}_{IIM} d\mathbf{r} \right| i \right\rangle\right|^2, \quad (8.44)$$

$$T_{fi}(M, kIM) = \frac{8\pi k}{\hbar} \left|\left\langle f \left| \frac{1}{c} \int \mathbf{j} \cdot j_I(kr) \boldsymbol{\mathcal{Y}}_{IIM} d\mathbf{r} \right| i \right\rangle\right|^2 \quad (8.45)$$

と書き表すことができる．

ここで，T_{fi} を，多重極遷移演算子 $\hat{\mathcal{M}}(\lambda kIM)$ を用いて，一般的に

$$T_{fi}(\lambda, kIM) = \frac{8\pi(I+1)}{\hbar I((2I+1)!!)^2} \left(\frac{E_\gamma}{\hbar c}\right)^{2I+1} |\langle f|\hat{\mathcal{M}}(\lambda kIM)|i\rangle|^2 \quad (8.46)$$

と書くことにしよう．

原子核物理学においては，通常は，長波長近似が良く成り立つ．つまり，核半径を R とすると，

$$kR \ll 1 \quad (8.47)$$

が良く成り立つ．(8.47) 式は，

$$E_\gamma = \hbar kc \ll \frac{\hbar c}{R} = \frac{\hbar c}{r_0} A^{-1/3} \approx 197 A^{-1/3} \text{ MeV} \quad (8.48)$$

と同値である[*22]. 長波長近似の下では

$$j_I(kr) \sim \frac{(kr)^I}{(2I+1)!!}\left\{1 - \frac{1}{2}\frac{(kr)^2}{2I+3} + \cdots\right\} \tag{8.49}$$

を用いると，多重極遷移演算子は，次のように，4.2節で導入した電気2^I重極演算子および磁気2^I重極演算子に他ならないことが分かる：

$$\hat{\mathcal{M}}(E, kIM) \approx \int \rho r^I Y_{IM} d\mathbf{r} = \hat{Q}_{IM}, \tag{8.50}$$

$$\hat{\mathcal{M}}(M, kIM) \approx \frac{1}{c(I+1)}\int (\mathbf{r}\times\mathbf{j})\cdot\boldsymbol{\nabla}(r^I Y_{IM})d\mathbf{r} = \hat{M}_{IM}. \tag{8.51}$$

[課題] エネルギーが1 MeV の光子の波長は，約 400π fm であることを示せ．

偏極に関連した測定の場合を除いて，原子核の角運動量の向きの違いは通常区別しない．そこで，原子核の角運動量の z 成分の初期値 M_i に関しては平均をとり，終状態の値 M_f に関しては和をとることにすると，多重極度が I の電気的あるいは磁気的全遷移確率は，原子核の初期状態の角運動量を I_i として

$$T_{fi}(\lambda, I) = \frac{1}{2I_i+1}\sum_{M_i, M_f, M} T_{fi}(\lambda, kIM) \tag{8.52}$$

で与えられる．ウィグナー・エッカート (Wigner-Eckart) の定理と 3j 記号 (あるいはクレブシュ・ゴルダン係数) の特性を用いて，(8.52) 式の和を実行すると

$$T_{fi}(\lambda, I) = \frac{8\pi(I+1)}{\hbar I((2I+1)!!)^2}\left(\frac{E_\gamma}{\hbar c}\right)^{2I+1} B(\lambda I; I_i \to I_f) \tag{8.53}$$

が得られる．ここで，$B(\lambda)$ は**換算遷移確率** (reduced transition probability) と呼ばれ，電気的あるいは磁気的遷移に応じて

$$B(EI; I_i \to I_f) = \frac{1}{2I_i+1}|\langle f||\hat{Q}_I||i\rangle|^2, \tag{8.54}$$

$$B(MI; I_i \to I_f) = \frac{1}{2I_i+1}|\langle f||\hat{M}_I||i\rangle|^2 \tag{8.55}$$

で与えられる．

8.3.2 選択則および大きさに関する一般的考察

原子核の初期状態および終状態の角運動量およびパリティを I_i, Π_i, I_f, Π_f とすると，遷移行列 $\langle I_f M_f|\hat{Q}_{IM}|I_i M_i\rangle$, $\langle I_f M_f|\hat{M}_{IM}|I_i M_i\rangle$ の構造から次の選択則が

[*22] 高エネルギーのガンマ線が放出される場合は，通常は，より大きな確率で粒子崩壊が起こる．

得られる.

$$|I_i - I_f| \leq I \leq I_i + I_f, \qquad \Pi_i \Pi_{\lambda I} \Pi_f = 1 \tag{8.56}$$

$\Pi_{\lambda I}$ は，多重極放射のパリティであり，

$$\Pi_{EI} = (-1)^I, \qquad \Pi_{MI} = (-1)^{I+1} \tag{8.57}$$

で与えられる．このことは，輻射場との相互作用が $\hat{H}_{int} \propto \mathbf{A} \cdot \mathbf{j}$ で与えられることから分かる．

(8.53) 式が示すように，遷移確率 T_{fi} は E_γ^{2I+1} に比例する．また，多重極度 I が大きくなるほどガンマ線放射は強く抑制される．

表 (8.1) に，電磁遷移の特性をまとめて示した．

表 8.1 電磁遷移のまとめ．単位は，それぞれ，$B(E\lambda) : e^2 (\text{fm})^{2\lambda}$; $B(M\lambda) : \mu_N^2 (\text{fm})^{2\lambda-2}$; E : MeV; T : $\sec^{-1}$ である．パリティ選択則で yes(no) は，それぞれ，初期状態と終状態でパリティ (Π_i, Π_f) が変化する (しない) 場合のみ該当する遷移が起こり得ることを意味する．また，光子の内部スピンは 1 なので，$I_i = I_f = 0$ の場合はガンマ線遷移は禁止される．

型	角運動量の選択則	パリティ変化	遷移確率 $T(\sec^{-1})$
E1	$\|I_i - I_f\| \leq 1 \leq I_i + I_f$	yes($\Pi_i \neq \Pi_f$)	$T(E1) = 1.59 \cdot 10^{15} \cdot E^3 \cdot B(E1)$
E2	$\|I_i - I_f\| \leq 2 \leq I_i + I_f$	no($\Pi_i = \Pi_f$)	$T(E2) = 1.22 \cdot 10^9 \cdot E^5 \cdot B(E2)$
E3	$\|I_i - I_f\| \leq 3 \leq I_i + I_f$	yes($\Pi_i \neq \Pi_f$)	$T(E3) = 5.67 \cdot 10^2 \cdot E^7 \cdot B(E3)$
M1	$\|I_i - I_f\| \leq 1 \leq I_i + I_f$	no($\Pi_i = \Pi_f$)	$T(M1) = 1.76 \cdot 10^{13} \cdot E^3 \cdot B(M1)$
M2	$\|I_i - I_f\| \leq 2 \leq I_i + I_f$	yes($\Pi_i \neq \Pi_f$)	$T(M2) = 1.35 \cdot 10^7 \cdot E^5 \cdot B(M2)$
M3	$\|I_i - I_f\| \leq 3 \leq I_i + I_f$	no($\Pi_i = \Pi_f$)	$T(M3) = 6.28 \cdot 10^0 \cdot E^7 \cdot B(M3)$

8.3.3 単粒子評価：ワイスコップ単位および実測値

電磁遷移は，励起状態の寿命や逆過程としての光吸収の強さに関する情報を与えるとともに，形など原子核の構造や核内での核子の運動，特に集団運動に関する貴重な情報を提供する．そのために，基準量として，単粒子模型 (single particle model) が成り立つ場合の値を評価しておくと便利である．

例として，奇核の電気的遷移確率を考えてみよう．換算遷移確率は

$$B(E\lambda; I_i \to I_f) = \frac{1}{2I_i + 1} |\langle \psi_f(I_f) || \int \rho r^\lambda Y_\lambda d\mathbf{r} || \psi_i(I_i) \rangle|^2 \tag{8.58}$$

$$= \frac{1}{2I_i + 1} |\langle \psi_f(I_f) || \sum_{k=1}^A e_k r_k^\lambda Y_\lambda(\theta_k, \varphi_k) || \psi_i(I_i) \rangle|^2 \tag{8.59}$$

8.3 ガンマ線放射による電磁遷移

で与えられる．単粒子模型では，殻模型の立場から，電磁遷移は最外殻核子の遷移によって起こると考える．初期状態および終状態を殻模型の量子数 $(n\ell j)_{i,f}$ で表すと，

$$B_{sp}(E\lambda; I_i \to I_f) = \frac{1}{2I_i+1}|\langle (n\ell j)_f ||e_{eff}r^\lambda Y_\lambda||(n\ell j)_i\rangle|^2 \quad (8.60)$$

となり，具体的に計算すると

$$B_{sp}(E\lambda; I_i \to I_f) = e_{eff}^2 \frac{2\lambda+1}{4\pi}\left|\left\langle j_i \lambda \frac{1}{2}0\middle|j_f\frac{1}{2}\right\rangle\right|^2$$

$$\times |\langle (n\ell j)_f|r^\lambda|(n\ell j)_i\rangle|^2\left\{\frac{1+(-1)^{\ell_i+\ell_f+\lambda}}{2}\right\} \quad (8.61)$$

が得られる．e_{eff} は芯偏極などによる最外殻核子以外の効果を実効的に取り入れるための有効電荷 (effective charge) である．ここで，特に $j_i = I+1/2, j_f = 1/2$ の場合を考え，クレブシュ・ゴルダン係数を，漸近値

$$\left\langle j_i\lambda\frac{1}{2}0\middle|j_f\frac{1}{2}\right\rangle = (-1)^I\frac{1}{\sqrt{2I+1}}\sqrt{\frac{2(I+1)}{2I+1}} \sim (-1)^I\frac{1}{\sqrt{2I+1}} \quad (8.62)$$

で近似し，さらに核子が半径 R_0 の中で一様に分布しているとして $\langle f|r^I|i\rangle$ を

$$\langle f|r^I|i\rangle = \int_0^\infty R_f r^I R_i r^2 dr = \frac{\int_0^{R_0} r^I r^2 dr}{\int_0^{R_0} r^2 dr} = \left(\frac{3}{I+3}\right)R_0^I \quad (8.63)$$

のように評価すると (R_f, R_i は終状態および始状態の動径波動関数)

$$B_W(EI) = e^2\frac{1}{4\pi}\left(\frac{3}{I+3}\right)^2 R_0^{2I} \quad (8.64)$$

が得られる．単粒子遷移の尺度を与えるため e_{eff} は素電荷 e とした．磁気的遷移に関しても同様な近似を行い，さらに，$I^2(g_s - 2(I+1)^{-1}g_\ell)^2$ を 10 で近似する[9]と

$$B_W(MI) = \frac{10}{\pi}\left(\frac{3}{I+3}\right)^2 R_0^{2I-2}\mu_N^2 \quad (8.65)$$

が得られる[9]．(8.64) 式および (8.65) 式で与えられる値は，ワイスコップ単位 (Weisskopf unit) と呼ばれ，原子核の特性，特に運動が 1 粒子的か集団運動的かを判断する上で重要な役割を演じる．

偶・偶核に対しても，初期状態および終状態を

$$|0_{gr}^+\rangle = |(n\ell j)_\pi^2; 0^+\rangle, \qquad |2_1^+\rangle = |(n\ell j)_\pi^2; 2_1^+\rangle \quad (8.66)$$

として，単純な殻模型に基づく評価として

$$B(E2; (n\ell j)^2 0^+_{gr} \to (n\ell j)^2 2^+_1) \sim \frac{5}{4\pi} e^2 \left(\frac{3}{5} R_0^2\right)^2 \qquad (8.67)$$

を導くことができる．(8.66) 式で添字 π は陽子を表す．奇核の場合と同様に j は大きいと仮定し，また，$\langle j|r^2|j\rangle = \frac{3}{5} R_0^2$ を用いた．

ちなみに，一般的に

$$B(E2; 2^+_1 \to 0^+_{gr}) = \frac{1}{5} B(E2; 0^+_{gr} \to 2^+_1) \qquad (8.68)$$

であることに注意しよう．

表 8.2 に，いくつかの二重魔法数 ±1 核に対して，第一励起状態から基底状態への四重極遷移確率 B(E2) の実測値と (8.61) 式を用いた単粒子評価を比較して示した．後者では，実験的に分かっているスピン・パリティと殻模型から，始状態および終状態における核子 (バレンス核子) の配位を，第 2 列および第 3 列に示

表 8.2 E2 遷移確率．$B(E2)$ の単位は $e^2 \text{fm}^4$．

核	始状態の配位	終状態の配位	$B(E2)$ 実測値	$B(E2)_{sp}$	有効電荷 e_{eff}/e
$^{17}_{8}\text{O}$	$s_{1/2}$	$d_{5/2}$	6.3	35	0.42
$^{17}_{9}\text{F}$	$s_{1/2}$	$d_{5/2}$	64	43	1.2
$^{41}_{20}\text{Ca}$	$p_{3/2}$	$f_{7/2}$	66	40	1.3
$^{41}_{21}\text{Sc}$	$p_{3/2}$	$f_{7/2}$	110	40	1.7
$^{207}_{82}\text{Pb}$	$f^{-1}_{5/2}$	$p^{-1}_{1/2}$	70	81	0.9
$^{209}_{83}\text{Bi}$	$f_{7/2}$	$h_{9/2}$	40±20	2.3	4± 1.5

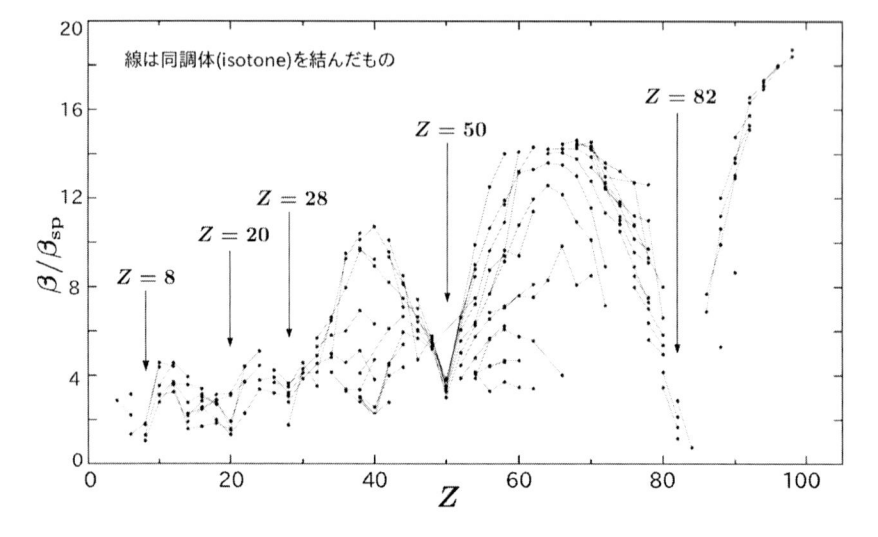

図 8.4 偶 - 偶核の変形度の原子番号依存性．

した配位に想定した．右側の欄は単粒子模型で実験値を再現するために必要な有効電荷である．表は，単粒子模型が実測値をよく再現することを示している．但し，Bi の場合は，比較的大きな有効電荷を導入する必要がある．

一方，図 8.4 は，偶-偶核の基底状態から第一励起 2^+ 状態への四重極遷移確率 B(E2) の実測値を集団運動模型 (後述の式 (8.76)) に基づいて変形度 β に変換し，単粒子模型の評価値 β_{sp} に対する比として示したものである[*23]．表 8.2 に示した二重魔法数 ± 1 核の場合と異なり，魔法数から離れた原子核の実測値は，単粒子模型の評価値から大きくずれている．特に，ランタノイドなど質量数が 150 から 200 にいたる原子核，および Rn, U, Th など原子番号が 86 を越す原子核では，実測値が単粒子模型の予測値に比べ著しく増幅されている．

8.3.4 電磁遷移確率と原子核の形および集団運動との関連

図 8.4 に関して指摘した大きな変形度 (四重極遷移確率) を示す原子核は，基底状態近傍のスペクトル構造 (準位構造) から基底状態が静的に変形し回転励起が容易に起こると考えられる原子核と一致している．その他，原子番号が 48 の Cd 同位体など，質量数が 120 周辺の原子核においても，四重極遷移確率の実験値は，系統的に，単粒子模型の予測値より有意に大きな値を示している．スペクトルの構造から，これらは，基底状態は球形だが，比較的容易に四重極型の振動励起がおこると考えられる原子核である．実際，これらの原子核は，単粒子模型で記述するより集団運動模型で記述した方が自然である．

ここでは，集団運動模型 (幾何学的集団運動模型あるいはボーア・モッテルソン (Bohr-Mottelson) 模型) でのいくつかの基本的結果に言及しておこう．

幾何学的集団運動模型では，(7.2) 式で導入した変形パラメター $\alpha_{\lambda\mu}$ を力学的変数として用いる．対応して陽子の密度分布を，階段関数 $\Theta(x)$[*24]を用いて

$$\hat{\rho}_p(\mathbf{r}) = \rho_p^{(0)} \Theta(\hat{R}(\theta,\varphi) - r)$$

$$= \rho_p^{(0)} \Theta\left[R_0\left(1 + \hat{\alpha}_{00} + \sum_{\lambda=2,\ldots}^{\infty} \sum_{\mu=-\lambda}^{\lambda} \hat{\alpha}_{\lambda\mu}^* Y_{\lambda\mu}(\theta,\varphi)\right) - r\right] \quad (8.69)$$

と仮定すると，電気的遷移の演算子は

$$\hat{Q}_{\lambda\mu} = e\int_V \hat{\rho}_p(\mathbf{r}) r^\lambda Y_{\lambda,\mu}(\theta,\varphi) d^3 r \sim eZ\frac{3}{4\pi} R_0^\lambda \hat{\alpha}_{\lambda\mu} \quad (8.70)$$

[*23] S. Raman, C. W. Nestor, Jr., and P. Tikkanen, Atomic Data and Nuclear Data Tables 78(2001)1. から引用．β を評価する際，等価半径は $R_0 = 1.2A^{1/3}$fm とした．また，β_{sp} は (8.76) 式の B(E2) を単粒子評価の値 (8.67) 式で置き換えて得られる $\beta_{sp} = 1.59/Z$ を用いた．

[*24] $\Theta(x) = 1 (x \geq 0), \Theta(x) = 0 (x < 0)$.

で与えられる．ここでは，変形パラメターの演算子の 1 次までで近似した[*25]．

球形核については，表面振動を調和振動子模型で近似すると第一励起状態が角運動量 2^+ の 1 フォノン励起の場合，基底状態への四重極遷移確率は，

$$B(E2; 2_1^+ \to 0_{g.s.}^+) = \left(eZ\frac{3}{4\pi}R_0^2\right)^2 \frac{\hbar}{2B_2\Omega_2} \tag{8.71}$$

で与えられることが分かる．ここで，$\hbar\Omega_2$ および B_2 は，それぞれ，四重極振動の励起エネルギーおよび質量パラメターである[*26]．

[課題] 四重極振動の 2 フォノン状態 $0_2^+, 2_2^+, 4_1^+$ から 1 フォノン状態 2_1^+ への $B(E2)$ に対する表式を求め，$B(E2; 2_1^+ \to 0_{g.s.}^+)$ に対する比を論ぜよ．

一方，軸対称四重極変形した偶・偶核の場合は，主軸の方向を規定するオイラー角 $\omega = \{\phi, \theta, \psi\}$ が回転運動の変数となり，全波動関数は，

$$|\Psi_{IMK}\rangle = \left(\frac{2I+1}{16\pi^2(1+\delta_{K0})}\right)^{1/2}\{D_{MK}^I(\omega)\Phi_K(q) + (-)^{I+K}D_{M-K}^I\Phi_{\bar{K}}(q)\} \tag{8.72}$$

で与えられる．D_{MK}^I はウィグナーの $\mathcal{D}$ 関数，K は角運動量の対称軸方向の成分，$\Phi_K(q)$ は内部運動の波動関数 $\Phi_{\bar{K}}(q)$ は 3 軸を対称軸とするとき $\Phi_K(q)$ を 2 軸の周りに $180°$ 回転した波動関数である．また，電気四重極モーメントおよび E2 遷移の演算子は，$\lambda = 2$ として

$$\hat{Q}_{\lambda\mu} \sim \left(\frac{5}{16\pi}\right)^{1/2}eQ_0\hat{\mathcal{D}}_{\mu 0}^{\lambda}, \tag{8.73}$$

$$Q_0 = \left(\frac{16\pi}{5}\right)^{1/2}Z\frac{3}{4\pi}R_0^2\beta \tag{8.74}$$

で与えられる．Q_0 は内部四重極モーメントである

(8.72)～(8.74) 式および $\mathcal{D}$ 関数の性質を用いると，量子数 K の回転帯内の電気的四重極遷移確率は

$$B(E2; KI_1 \to KI_2) = \frac{5}{16\pi}e^2Q_0^2\langle I_1 2K0|I_2K\rangle^2 \tag{8.75}$$

で与えられることを示すことができる．特に，偶・偶核の基底状態回転帯 ($K = 0$)

[*25] 高次項を含む表現については，文献[11] の 13 頁参照．
[*26] $\hbar\Omega_2$ や B_2 の値は原子核を渦なしの非圧縮性流体 (irrotational incompressible fluid) と考える液滴模型で理論的に評価することもできるが，定量性に問題があり，E_2 および $B(E2; 2_1^+ \to 0_{g.s.}^+)$ の実験データから現象論的に決めた方が，より信頼性の高い評価が得られる．

8.3 ガンマ線放射による電磁遷移

の第 1 励起状態 2_1^+ から基底状態 $0_{g.s.}^+$ への $B(E2)$ の値は

$$B(E2; 2_1^+ \to 0_{g.s.}^+) = \frac{1}{5}\left(\frac{3}{4\pi}ZeR_0^2\right)^2 \beta^2 \tag{8.76}$$

で与えられる．(8.76) 式は，$B(E2)$ の大きさが変形度 β の 2 乗に比例して大きくなることを示している．変形度が角運動量によらず変化しない，つまり，内部状態が基底状態と回転運動の励起状態で変化しない理想的な回転運動の場合は，回転帯内の異なる電磁遷移確率の間には，(8.75) 式で表されるように，クレブシュ・ゴルダン係数で表される一定の法則が成り立つことに注意しよう[27][28][29]．

---

[27] (8.76) 式を用いて，変形パラメター β，正確には βR_0^2 を $B(E2)$ の実験データから評価することができる．ただし，$B(E2)$ のみでは変形パラメターの大きさのみが決定できる．符合は，クーロン散乱における**再配向効果** (reorientation effect) と呼ばれる効果を通して決定するのが一つの標準的方法である．近年は，クーロン障壁以下での重イオン核融合反応を通して，符号を含めて変形パラメターを正確に決定する試みがなされている (A. B. Balantekin and N. Takigawa, 前掲書; M. Dasgupta, D. Hinde, N. Rowley et al., 前掲書；萩野浩一・滝川 昇, 前掲書)．

[28] 同じ原子核の高い励起状態から低い状態への遷移は，光を放出する電磁遷移だけではなく，解放されるエネルギーを用いて電子を放出することによっても起こる．この過程を，**内部転換** (internal conversion) という (詳しくは文献[1] 参照)．したがって，光放出による遷移確率を w_γ，内部転換による遷移確率を w_e とすると，全遷移確率は

$$w = w_\gamma + w_e = (1+\alpha)w_\gamma, \tag{8.77}$$
$$\alpha \equiv \frac{w_e}{w_\gamma} \tag{8.78}$$

で与えられる．α は**内部転換係数** (internal conversion coefficient) と呼ばれる．
遷移エネルギーがある程度大きければ，α は小さく，内部転換の寄与は無視できるが，$^{238}_{92}$U の場合のように，2_1^+ 状態の励起エネルギーが小さい ($^{238}_{92}$U の場合は約 45 keV) 場合は，内部転換が主要な崩壊形式になる．この場合にも，(8.76) 式は成り立つが，2_1^+ 状態の寿命から β の大きさを評価するときには注意が必要である．

[29] ここで，原子核に対する流体模型について注意を加えておこう．実験データは，

$$E_{2_1^+} \cdot B(E2; 2_1^+ \to 0_{g.s.}^+) \approx (25 \pm 8)\frac{Z^2}{A}\left[\text{MeV}e^2\text{fm}^4\right] \propto Z^2/A \tag{8.79}$$

という系統性を示している．一方，流体模型では，振動励起の場合，

$$\hbar\Omega_2 B(E2) \propto Z^2 R_0^4/B_2 \propto Z^2 R_0^4/AR_0^2 \propto Z^2 A^{2/3}/A \sim Z^2 A^{-1/3} \tag{8.80}$$

が得られる．
流体模型の予測 (8.80) 式が実験データの (8.79) 式と異なる質量数依存性をもつことが注目される．不一致の一つの原因は，原子核においては量子効果が重要な役割を演じるためである．原子核を流体模型で定量的にも正しく評価するためには，原子核を**量子流体** (quantum fluid) とした取り扱いが必要である．例えば，集団運動のハミルトニアンを導く場合，古典的流体模型の立場からは，位置エネルギーは空間的な変形効果のみで評価されるが，正確には，量子力学における運動量と座標の交換関係から示唆されるように，座標空間における変形と同時に運動量空間における変形の効果も考慮することが必要である．この効果は，特に GQR(巨大四重極共鳴) など振動励起状態に現れる[11]．実験データと流体模型の間の不一致は，変形核における慣性モーメントについても現れる．

9 元素の誕生

9.1 概　　観

　元素がどのように誕生したかは興味深い問題であり，長い間多くの研究がなされ，現在も活発な研究が続けられている[63〜66]．元素の誕生は，大まかに述べて，初期宇宙での元素合成 (primordial nucleosynthesis または Big Bang nucleosynthesis) と星の中での元素合成 (stellar nucleosynthesis) に分けられる．ビッグバンの後 3〜15 分くらいの間に，核反応によって重陽子，ヘリウム，リチウムなどの軽い原子核がつくられた．これがビッグバン元素合成である．質量数が 8 の安定な原子核が存在しないため，初期宇宙の元素合成は質量数が 7 の元素で止まった．その後，10 億年くらい経って星が形成されると，星の中で熱核融合反応が起こり，星の質量に応じて核子当たりの結合エネルギーがもっとも大きな鉄までの原子核が次々とつくられた[*1]．鉄を越える原子核は，赤色巨星の内部で s 過程 (slow process) と呼ばれる中性子捕獲反応によってゆっくりつくられるか，r 過程 (rapid-process) と呼ばれる爆発的な天体現象によってつくられる．ウランなどの質量数の極めて大きな原子核は，星の終焉の一つである超新星爆発に際してつくられると考えられている．

　本章では，元素生成反応に関する基本的な事項を学ぶことにしよう (詳しくは文献[63〜65] 参照)．

9.2　天体物理因子 (S 因子)，ガモフ因子

　太陽中の陽子‐陽子衝突のように，星の中での荷電粒子間の核反応はクーロン

[*1)]　正確には，第 2 章で述べたように，核子当たりの結合エネルギーが最大の原子核は $^{62}_{28}$Ni である．

障壁よりはるかに低いエネルギーで起こるので，トンネル効果による自明な指数関数因子 (ガモフ因子) $\exp(-2\pi\eta)$ (η はゾンマーフェルトパラメター) をくくりだし，断面積 $\sigma(E)$ の代わりに，

$$\sigma(E) = S(E) \cdot E^{-1} \cdot \exp(-2\pi\eta) \tag{9.1}$$

$$\eta = \frac{Z_1 Z_2 e^2}{\hbar v} = \frac{Z_1 Z_2 e^2 \sqrt{\mu}}{\sqrt{2}\hbar} \frac{1}{\sqrt{E}} \tag{9.2}$$

で定義される因子 $S(E)$ を用いた議論が通常行われる．$S(E)$ は**天体物理因子** (astrophysical factor) と呼ばれる．

ガモフ因子をくくりだしたので，共鳴現象が関与しない限り，$S(E)$ はエネルギーの関数として緩やかに変化することが期待される．天体中での核反応に中心的な役割を演じるガモフピーク (次節参照) のエネルギーは，多くの場合，観測可能エネルギーよりはるかに低く，観測可能な高いエネルギー領域の衝突の実験データから低いエネルギー領域に外挿することによってガモフピークでの断面積を推定することが行われる．その関連でも，$S(E)$ がエネルギーの関数として緩やかに変化することは好都合である．

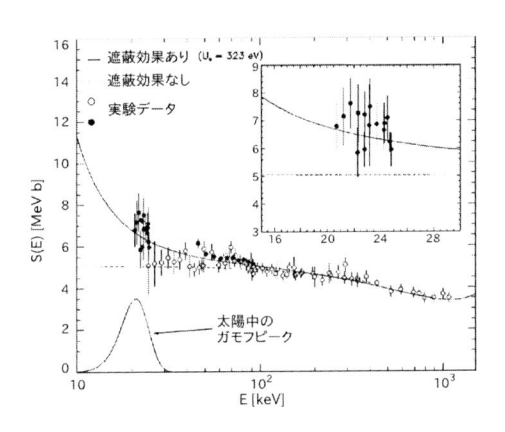

図 9.1　$^3\text{He}(^3\text{He}, 2p)^4\text{He}$ 反応の $S(E)$ 因子．U_0 は遮蔽エネルギー．M. Junker et al., Phys. Rev. C57(1998)2700 から引用．

図 9.1 は，$^3\text{He}(^3\text{He}, 2p)^4\text{He}$ 反応に対する $S(E)$ 因子の実験値を示したものである．この反応では，太陽中のガモフピークのエネルギー領域まで測定が進んでいることが注目される．この反応に限らず，実験室中の低エネルギー反応の実験から得られる $S(E)$ 因子は，2 次関数など適当な関数を用いて高エネルギーデータから外挿した値より系統的に大きくなっていることが報告され，標的中の電子

などによる遮蔽効果の観点からの説明が試みられている.

9.3 ガモフピーク

衝突する原子核対当たりの反応率を λ とすると[*2)], λ は

$$\lambda = \langle \sigma v \rangle = \int \sigma(E) v(E) \phi(v) d\boldsymbol{v} \tag{9.3}$$

で与えられる. ここで, $\phi(v)$ は規格化したマックスウェル・ボルツマン分布で

$$\phi(v) d\boldsymbol{v} = \frac{2}{\sqrt{\pi}} \beta^{3/2} \exp(-\beta E) \sqrt{E} dE \tag{9.4}$$

で与えられる. ただし, $\beta = 1/kT$ (T は星の温度). (9.3) 式に (9.1) 式と (9.4) 式を代入し, ゾンマーフェルトパラメターの具体的表現 (9.2) を用いると

$$\lambda = \sqrt{\frac{8}{\mu\pi}} \beta^{3/2} \int_0^\infty S(E) \cdot \exp(-\beta E - bE^{-\frac{1}{2}}) dE \tag{9.5}$$

$$b = \frac{\pi Z_1 Z_2 e^2 \sqrt{2\mu}}{\hbar} \tag{9.6}$$

が得られる. b^2 はガモフ (Gamow) エネルギーと呼ばれる.

(9.5) 式の被積分関数中指数関数部分はガモフ因子とマックスウェル分布の競合によってあるエネルギーにピークを持つ関数である. $S(E)$ は共鳴が関与しない限り E の緩やかな関数なので, 積分を鞍点法 (the method of steepest descent) によって近似的に評価することができる. 鞍点の位置は

$$\frac{d}{dE}\left[\beta E + bE^{-\frac{1}{2}}\right] = 0 \tag{9.7}$$

から

$$E_0 = \left(\frac{b}{2\beta}\right)^{2/3} \tag{9.8}$$

と求まる. E_0 はガモフピーク (Gamow peak) と呼ばれる. 結局, 反応率は

$$\lambda \approx \frac{4\sqrt{2}}{\sqrt{3}} \frac{1}{\sqrt{\mu}} E_0^{1/2} \beta S_0 e^{-3\beta E_0} \tag{9.9}$$

で与えられる. ここで, $S_0 = S(E_0)$ である.

[課題] 鞍点法の公式 $\int g(x) e^{-f(x)} dx \approx \sqrt{\frac{2\pi}{f''(x_0)}} g(x_0) e^{-f(x_0)}$ を用いて (x_0 は鞍点の位置, f'' は f の二階微分), (9.9) 式を証明せよ.

[*2)] 対ごとの実際の反応率は, 対密度を掛けて与えられる.

9.4 中性子捕獲断面積

ここでは，s 波の中性子捕獲反応の断面積 (熱中性子による反応など低エネルギー反応の断面積) は $1/v$ に比例すること ($1/v$ 則：v は入射速度)，また，エネルギーが増加すると v 依存性が変化することを示そう．

議論を簡単にするために，捕獲反応断面積を，箱形の強吸収ポテンシャルによる吸収断面積で近似することにする．さらに，強吸収効果を，$r = a$ にあるポテンシャル表面での内向波境界条件 (incoming wave boundary condition) で表すことにする．

相対運動の波動関数を $R(r) = u(r)/r$ とし，$r \leq a$ の領域を領域 I，$r > a$ の領域を領域 II とすると，

$$u_I(r) = Ae^{-iKr} + Be^{iKr}, \tag{9.10}$$

$$u_{II}(r) = e^{-ikr} - Se^{ikr}, \tag{9.11}$$

$$K = \sqrt{\frac{2\mu}{\hbar^2}(E + V_0)}, \tag{9.12}$$

$$k = \sqrt{\frac{2\mu}{\hbar^2}E} \tag{9.13}$$

である．V_0 はポテンシャルの深さで，ここでは実数とする．

強吸収を仮定し，内向波境界条件を課す場合は $B = 0$ である．このとき，$r = a$ における波動関数と，その微分の連続性から．

$$S = \frac{K - k}{K + k}e^{-2ika} \tag{9.14}$$

が得られる．したがって，捕獲反応の断面積は

$$\begin{aligned}\sigma &= \frac{\pi}{k^2}(1 - |S|^2) \\ &= \frac{\pi}{k^2}\frac{1}{|K+k|^2}2k(K + K^*)\end{aligned} \tag{9.15}$$

で与えられる．

低エネルギーでは，$K \approx K_0 \equiv \sqrt{\frac{2\mu}{\hbar^2}V_0}$ なので，

$$\sigma \sim \frac{\pi}{k^2}\frac{1}{K_0^2} \cdot 2k(K_0 + K_0^*) \propto \frac{1}{k} \tag{9.16}$$

となる．(9.15) 式は，また，捕獲断面積の v 依存性が，衝突エネルギーとともに

変化することを示している (文献[63] 参照).

[課題] 重い核による p 波中性子の捕獲断面積は v にどのように依存するか論ぜよ.

9.5 重い元素の誕生：s 過程および r 過程

本章の冒頭に述べたように，鉄を越える質量数の大きな原子核は，s 過程 (slow process) または r 過程 (rapid-process) と呼ばれる過程によってつくられると考えられている.

図 1.7 に示した元素存在量に現れるそれぞれの 2 山の中で右側 (質量数が大きな方) が s 過程でつくられる中性子数が魔法の数の原子核のピークに対応する. 左側は r 過程によるピークである.

図 9.2 は，s 過程および r 過程での元素合成の道筋を概念的に示したものである. 重い原子核が中性子の捕獲とベータ崩壊を繰り返しながらつくられていく様子が示されている. s 過程がほぼ安定線に沿って元素合成が進むのに対し，r 過程は中性子過剰な不安定原子核の領域を経ながら急激に合成されていく[*3]. そのため，不安定原子核の研究に絡んで，r 過程の研究が近年活発に展開されている. r 過程では中性子数が魔法数になると，しばらくその数にとどまって原子番号が大きな原子核への元素合成が進むことが示唆されている[*4].

[*3] 超新星爆発に伴って膨大な中性子が放出され，その結果 (n, γ) 反応によって次々と中性子過剰核が生成される. あまり中性子数が過剰になると，中性子の束縛エネルギーが小さくなり逆過程の (γ, n) 反応と釣り合うようになり，そこから先には行かなくなる. やがてベータ崩壊して安定核に向かうか. 原子番号が増えたあと (n, γ) 反応を再び繰り返して，さらに陽子数や中性子数の大きな原子核が作られていく. r 過程の道筋はそのようにして決まる.

[*4] r 過程による元素合成に当たってしばらく中性子数が変化しない領域を待機点 (waiting points) また対応する原子核を待機点核 (waiting point nuclei) という. waiting points を反映して図 1.7 に示した左側のピークが現れると考えられている.

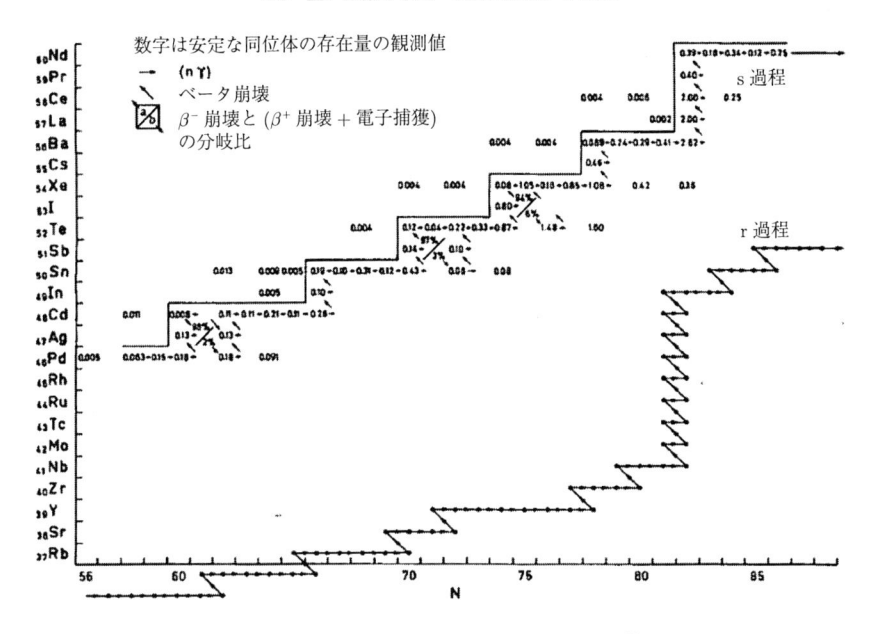

図 9.2 s 過程および r 過程による元素合成概念図. 文献[9]から引用.

---

tea time   元素合成の概観

図 9.3 にこれまでに述べた元素合成の道筋の概観を示した. 図で追加した rp 過程は (p, γ) 反応や (α, p) 反応によって質量数 ~60 までの陽子過剰核がつくられる過程である. これ以外に, $(\gamma, n), (\gamma, p), (\gamma, \alpha)$ などの光分解反応によって rp 過程でつくられる元素よりさらに大きな質量数の中性子欠損核がつくられていく p 過程 (別名 γ 過程) がある[65]. 超新星爆発に伴うニュートリノによる元素合成も, 近年注目を浴びている.

元素誕生の謎解きとともに, 中性子星の物理など様々な天体現象を原子核物理学の観点から解明する研究が一つの流れとなっていることに言及しておこう.

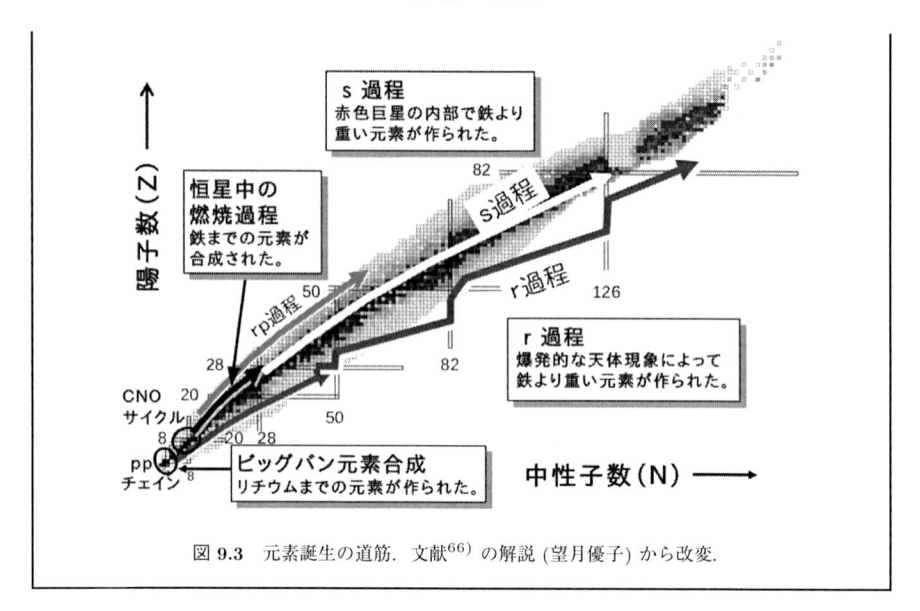

図 9.3 元素誕生の道筋. 文献[66] の解説 (望月優子) から改変.

10 付　　　録

10.1　散乱問題の基礎

ここでは散乱振幅の部分波展開など散乱問題の基礎についてまとめておく[*1)].

10.1.1　部分波展開
(1) ℓ 波の動径波動関数の漸近形 (短距離力の場合：k は入射波数，S は散乱行列，δ は位相のずれ)：

$$R_\ell(r) \sim \frac{1}{kr}[e^{-i(kr-\frac{1}{2}\ell\pi)} - S(\ell)e^{i(kr-\frac{1}{2}\ell\pi)}] \tag{10.1}$$

$$\sim \frac{1}{kr}\sin(kr - \frac{1}{2}\ell\pi + \delta_\ell). \tag{10.2}$$

(2) 弾性散乱の散乱振幅の部分波展開[*2)](θ は散乱角，α は状態の指標)：

$$f^{(el)}(\theta) = \frac{1}{2ik}\sum_{\ell=0}^{\infty}(2\ell+1)(S_{\alpha,\alpha}(\ell)-1)P_\ell(\cos\theta), \tag{10.3}$$

$$S_{\alpha,\alpha}(\ell) = e^{2i\delta_\ell}. \tag{10.4}$$

(3) 非弾性散乱の散乱振幅の部分波展開 (α, β は状態の指標)：

$$f^{(inel)}_{\beta\neq\alpha}(\theta) = \frac{1}{2ik}\sum_\ell(2\ell+1)S_{\beta,\alpha}(\ell)P_\ell(\cos\theta) \tag{10.5}$$

[*1)] 簡単のため，スピンのない粒子の散乱を考える．スピンをもつ粒子の散乱については文献[26)]に詳しい．
[*2)] クーロン力が働いている散乱問題では，部分波の和をとる操作を実行する場合，クーロン散乱の振幅をくくりだす書き換え[36)]が必要である．

(4) 弾性散乱，非弾性散乱，全非弾性散乱の断面積：

$$\sigma^{(el)} = \sum_\ell \sigma_\ell^{(el)} = \frac{\pi}{k_\alpha^2} \sum_\ell (2\ell+1)|S_{\alpha,\alpha}(\ell)-1|^2, \tag{10.6}$$

$$\sigma_{\beta \neq \alpha}^{(inel)} = \sum_\ell \sigma_{\beta \neq \alpha}^{(inel)}(\ell) = \frac{\pi}{k_\alpha^2} \sum_\ell (2\ell+1)|S_{\beta,\alpha}(\ell)|^2, \tag{10.7}$$

$$\sigma^{(inel)} = \sum_{\beta \neq \alpha} \sigma_{\beta \neq \alpha}^{(inel)} = \frac{\pi}{k_\alpha^2} \sum_\ell (2\ell+1)\left[1-|S_{\alpha,\alpha}(\ell)|^2\right]. \tag{10.8}$$

(5) ユニタリティの条件：

$$\sum_{\beta=\alpha\ldots} |S_{\beta,\alpha}(\ell)|^2 = 1. \tag{10.9}$$

(6) 全断面積 ($\mathrm{Re}S$ は S 行列の実部)：

$$\sigma^{(total)} = \sigma^{(el)} + \sigma^{(inel)} = \frac{2\pi}{k_\alpha^2} \sum_\ell (2\ell+1)(1-\mathrm{Re}S). \tag{10.10}$$

(7) 光学定理 ($\mathrm{Im}f^{(el)}$ は $f^{(el)}$ の虚部)：

$$\sigma^{(total)} = \frac{4\pi}{k_\alpha} \mathrm{Im}f^{(el)}(\theta=0). \tag{10.11}$$

10.1.2　ゾンマーフェルト・ワトソン変換

　高エネルギー散乱の記述には級数表示された部分波展開の式よりも積分表示に書き換えた方が便利である．また，低エネルギー散乱でも積分表示を出発点とし，定常位相近似や鞍点法などを通して近似的に散乱振幅の解析的表現を導くことによって，微分断面積に現れる複雑な構造に対して，様々な散乱波の干渉や虹散乱 (rainbow scattering)，グローリー (glory) 散乱など焦点現象 (caustics) の言葉を用いて，物理的理解が容易になることが多い[*3]．積分表示へ変換は，複素積分の知識を用いて可能になる．まず，図 10.1 に示した経路 C に沿った複素積分を用いて，散乱振幅を

$$f(\theta) = -\frac{1}{2k} \int_C d\ell e^{i\pi\ell} \frac{1}{\sin\pi\ell} \left(\ell+\frac{1}{2}\right) [S(k,\ell)-1] P_\ell(\cos\theta) \tag{10.12}$$

のように表現する．(10.3) 式から (10.12) 式への変換を，ゾンマーフェルト・ワ

[*3] K. W. Ford and J. A. Wheeler, Ann. Phys.(New York)7(1959)259, 287; W. E. Frahn, Ann. Phys. (New York)72(1972)524; W. E. Frahn and M. S. Hussein, Nucl. Phys. A346(1980)237; K. W. McVoy, Phys. Rev. C3(1971)1104; N. Rowley, H. C. Doubre and C. Marty, Phys. Lett. B69(1977)147; N. Takigawa and S. Y. Lee, Nucl. Phys. A292(1977)173; M. Ueda, M. P. Pato, M. S. Hussein and N. Takigawa, Phys. Rev. Letts.81(1998)1809.

10.1 散乱問題の基礎

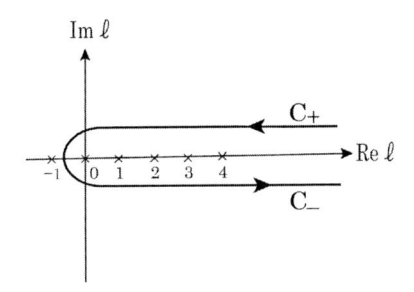

図 10.1 ゾンマーフェルト・ワトソン変換.

トソン (Sommerfeld-Watson) 変換という．被積分関数が，整数の ℓ の位置に一次の極を持ち，その留数が

$$\lim_{\ell \to \ell_0 (integer)} \frac{\ell - \ell_0}{\sin \pi \ell} = \frac{1}{\pi}(-1)^{\ell_0} \tag{10.13}$$

を用いて与えられることに着目すれば，(10.12) 式が (10.3) 式に帰着することは容易に確かめられる．

10.1.3 ポアソンの和公式

(10.12) 式では，積分は複素積分であるが，それを，実軸に沿った積分に書き換えることを試みよう．そのために，まず，(10.12) 式を

$$f(\theta) = -\frac{i}{k} \int_C d\ell \frac{e^{i\pi\ell}}{e^{i\pi\ell} - e^{-i\pi\ell}} \left(\ell + \frac{1}{2}\right) [S(k,\ell) - 1] P_\ell(\cos\theta) \tag{10.14}$$

の形に書き換え，実軸の上 C_+ 上では

$$\frac{e^{i\pi\ell}}{e^{i\pi\ell} - e^{-i\pi\ell}} = \lim_{\epsilon \to 0^+} \frac{e^{i\pi(\ell+i\epsilon)}}{e^{i\pi(\ell+i\epsilon)} - e^{-i\pi(\ell+i\epsilon)}} \tag{10.15}$$

$$= -e^{2i\pi\ell}\{1 + e^{2i\pi\ell} + e^{4i\pi\ell} + \ldots\} \tag{10.16}$$

であること，一方，実軸の下 C_- 上では

$$\frac{e^{i\pi\ell}}{e^{i\pi\ell} - e^{-i\pi\ell}} = \lim_{\epsilon \to 0^+} \frac{e^{i\pi(\ell-i\epsilon)}}{e^{i\pi(\ell-i\epsilon)} - e^{-i\pi(\ell-i\epsilon)}} \tag{10.17}$$

$$= 1 + e^{-2i\pi\ell} + e^{-4i\pi\ell} + \ldots \tag{10.18}$$

であること，したがって

$$\int_C d\ell \frac{e^{i\pi\ell}}{e^{i\pi\ell} - e^{-i\pi\ell}} h(\ell) = \int_{C^+} \ldots d\ell + \int_{C^-} \ldots d\ell$$

$$= \sum_{m=-\infty}^{\infty} \int_{-1/2}^{\infty} d\ell e^{2i\pi m \ell} h(\ell) \tag{10.19}$$

であることに注目する．さらに，ランガーの置き換え (Langer replacement) $\ell + 1/2 = \lambda$ を導入することによって

$$f(k,\theta) = -\frac{i}{k} \sum_{m=-\infty}^{\infty} (-)^m \int_0^{\infty} d\lambda e^{2\pi i m \lambda} \lambda \left[S(k, \lambda - 1/2) - 1\right] P_{\lambda - 1/2}(\cos\theta) \tag{10.20}$$

が得られる．(10.20) 式は，ポアソン和の式またはポアソンの和公式 (Poisson sum formula) と呼ばれる．散乱の半古典論では[57]，m は入射粒子が標的粒子の周りを周回する回数に対応し，引力が弱かったり，散乱の入射エネルギーが高ければ，$m = 0$ の項が散乱を支配するが，低エネルギー散乱で，かつ，引力が強くなると $m \geq 1$ の項も重要な役割を演じるようになる[*4]．

同様な手順を (10.8) 式に適用すると，全非弾性散乱の断面積に対する次のポアソン和の式が導かれる．

$$\sigma^{(inel)} = \frac{2\pi}{k_\alpha^2} \sum_{m=-\infty}^{\infty} (-)^m \int_0^{\infty} d\lambda e^{2i\pi m \lambda} \lambda \left[1 - |S_{\alpha,\alpha}|^2\right] \tag{10.21}$$

$$= 2\pi \sum_{m=-\infty}^{\infty} (-)^m \int_0^{\infty} db b e^{2i\pi m k b} \left[1 - |S_{\alpha,\alpha}(b)|^2\right] \tag{10.22}$$

$$\approx 2\pi \int_0^{\infty} db b \left[1 - |S_{\alpha,\alpha}(b)|^2\right] \quad \text{(高エネルギー)} \tag{10.23}$$

(10.21) 式から (10.22) 式に移行する際には，角運動量と衝突係数の間に成り立つ $\lambda = kb$ の関係を用いた．

10.2 半古典論の基礎 I：WKB 近似

半古典論のうち，ここでは，WKB 近似[*5]についてまず学ぶことにしよう．WKB 近似は，シュレーディンガー方程式の解をプランク定数 $\hbar$ が 0 の極限で近似的に求める方法で，物理的には，1 波長当たりのポテンシャル変化が局所的な運動エネルギーの大きさに比べて無視できる場合に良く成り立つ近似法である．したがって，短波長近似といえる．このとき，波動関数や，散乱問題における位相のずれや散乱行列は，古典力学における作用積分を用いて表されることになる．

[*4] N. Takigawa and S. Y. Lee, 前掲書．
[*5] Wenzel, Kramers, Brillion 近似．Jefferey の名を含めて，JWKB 近似と呼ぶこともある．

10.2.1 波動関数

具体的な問題として，ポテンシャルが $V_n(r) + V_C(r)$ (前者は核力，後者はクーロン力のポテンシャル) で与えられる時の軌道角運動量 ℓ のエネルギー固有状態あるいは散乱状態の動径波動関数を $R_\ell(r)$ とするとき，$R_\ell(r) \equiv \psi_\ell(r)/r$ で定義される $\psi_\ell(r)$ を近似的に求める問題を考えてみよう．$\psi_\ell(r)$ は，次の方程式に従う．

$$\left[-\frac{\hbar^2}{2\mu}\frac{d^2}{dr^2} + V(r) - E\right]\psi_\ell(r) = 0, \tag{10.24}$$

$$V(r) = V_n(r) + V_C(r) + V_\ell(r), \tag{10.25}$$

$$V_\ell(r) = \frac{\hbar^2}{2\mu}\frac{(\ell+\frac{1}{2})^2}{r^2} = \frac{\hbar^2}{2\mu}\frac{\lambda^2}{r^2}. \tag{10.26}$$

(10.26) 式では，ランガー (Langer) の置き換え $\ell(\ell+1) \to (\ell+\frac{1}{2})^2 \equiv \lambda^2$ を導入した．

WKB 近似では，波動関数を振幅と位相因子の積で表し

$$\psi(r) = A(r)e^{iS(r)/\hbar} \tag{10.27}$$

とおく．(10.27) 式，および，本節を通して，状態の指標 ℓ は省略する．(10.27) 式を (10.24) 式に代入し，$A(r), S(r), V(r)$ を $\hbar$ に依らない量として取り扱い，$\hbar$ の次数で整理すると，

$$\left[\frac{1}{2\mu}\left(\frac{dS}{dr}\right)^2 + V(r) - E\right]A\hbar^0 - \frac{i}{2\mu}\left[2\frac{dA}{dr}\frac{dS}{dr} + A\frac{d^2S}{dr^2}\right]\hbar - \frac{1}{2\mu}\frac{d^2A}{dr^2}\hbar^2 = 0 \tag{10.28}$$

となる．$\hbar \to 0$ の極限を考え，$\hbar$ の 0 次の項および 1 次の項の係数を項別に 0 にすることによって

$$\left[\frac{1}{2\mu}\left(\frac{dS}{dr}\right)^2 + V(r) - E\right] = 0 \tag{10.29}$$

$$\frac{d}{dr}\left(A^2\frac{dS}{dr}\right) = 0 \tag{10.30}$$

が得られる．(10.29) 式は，古典力学におけるハミルトン・ヤコビ (Hamilton-Jacobi) の式に対応し，S が古典力学の作用積分

$$S = \pm\int\sqrt{2\mu(E-V(r))}dr = \pm\int k(r)dr \tag{10.31}$$

で与えられることを意味している．(10.30) 式は，流れの密度の保存則に対応し，(10.31) 式の結果を用いると，振幅 A が，波数の平方根に逆比例することを示している．

$$A \propto \frac{1}{\sqrt{k(r)}}. \tag{10.32}$$

結局，波動関数は，A_+, A_- を定数として

$$\psi(r) = A_+ \frac{1}{\sqrt{k(r)}} e^{i\int_{r_0}^{r} k(r)dr} + A_- \frac{1}{\sqrt{k(r)}} e^{-i\int_{r_0}^{r} k(r)dr} \tag{10.33}$$

で与えられる．このように，波動関数は，自由粒子に対する平面波解を局所運動量を用いた作用積分に置き換えることによって得られる．WKB 近似は，運動量の変化が局所的に小さいことを前提としているので，このことは自然な帰結である．

 WKB 近似が使えるためには，(10.28) 式の $\hbar^2$ の項が，他の項に比べ十分小さい必要がある．(10.31) 式および (10.32) 式の結果を用いると，

$$\frac{d^2 A}{dr^2} \bigg/ \frac{A}{\hbar^2} \left(\frac{dS}{dr}\right)^2 \sim \frac{3}{16} \frac{1}{(\frac{\hbar^2 k(r)^2}{2\mu})^2} \cdot \left(\frac{1}{k(r)}\right)^2 \left(\frac{dV}{dr}\right)^2 + \ldots \tag{10.34}$$

であることから，WKB の適用条件として，1 波長当たりのポテンシャルの変化量がその場所での運動エネルギーに比べて十分小さいという条件が導かれる．

10.3 半古典論の基礎 II：比較方程式法

 ここでは，半古典論 (WKB 理論) を，(10.2) 節で述べた標準的な方法とは異なる比較方程式法 (method of comparison equation) を用いて定式化しよう．

10.3.1 比較方程式法の原理

 古典力学では転回点が粒子の反射にとって重要な役割を演じる．転回点は，エネルギーとポテンシャルの値が一致する点として，$E = V(r)$ で与えられるので，光学ポテンシャルによる散乱のようにポテンシャルが複素数の場合は，転回点は一般に複素数になる．ポテンシャルが実数であっても，複素平面上に多数の転回点が存在する．例えば，原子核間のポテンシャルが図 8.1 のような形をしている場合，散乱のエネルギーがポテンシャル障壁の少し上の場合は，障壁の位置を実部とする転回点が複素平面上実軸の上下に 1 個ずつ現れる．

[演習] 図 8.1 のようなポテンシャル障壁の場合，点 r_B 近傍のポテンシャルを $V(r) = V_{\mathrm{CB}} - \frac{1}{2}\mu\Omega^2(r - r_B)^2$ として，散乱のエネルギー E が V_{CB} より小さい値から大きい値に変化するにつれて，古典的転回点の位置が複素 r 平面上でどのように変化するか示せ．

10.3 半古典論の基礎 II：比較方程式法

そこで，シュレーディンガー方程式を複素平面上に拡張し，複素数 r に対する 2 階の微分方程式

$$\left\{\frac{d^2}{dr^2} + \chi(r)\right\}\psi(r) = 0 \tag{10.35}$$

$$\chi(r) = \frac{2\mu}{\hbar^2}(E - V(r)) \tag{10.36}$$

の解を求めることを考える．$V(r)$ は一般に実部と虚部をもってよい：$V(r) = V_R(r) + iV_I(r)$．ただし，$V_R(r), V_I(r)$ はともに解析関数で実軸上では実数となる関数とする．

比較方程式の方法では，r 空間以外にもう一つの複素数の空間 (座標を σ と書くことにする) と，そこでの 2 階の微分方程式

$$\left\{\frac{d^2}{d\sigma^2} + \Gamma(\sigma)\right\}\phi(\sigma) = 0 \tag{10.37}$$

を導入する．(10.37) を比較方程式という．

関数 $\Gamma(\sigma)$ は，関数 $\chi(r)$ の位相構造 (topology) を反映するように，平易にいえば重要なゼロ点の数 (転回点の数) が同じように，しかも，(10.37) 式の解がその性質が良く知られた既知の関数になるように選ぶ．比較方程式法の精神は，求めたい波動関数 $\psi(r)$ を，比較方程式を上手に設定することで，性質が良く知られた既知の関数 $\phi(\sigma)$ を用いて近似することである．

今，2 つの空間の射影を，r 空間の転回点を σ 空間の転回点に 1 対 1 対応させ，かつ

$$\frac{d\sigma}{dr} = \left[\frac{\chi(r)}{\Gamma(\sigma)}\right]^{1/2} \tag{10.38}$$

のように定義する．(10.38) 式は，積分形では

$$\int_{r_0}^{r}[\chi(r)]^{1/2}\,dr = \int_{\sigma_0}^{\sigma}[\Gamma(\sigma)]^{1/2}\,d\sigma \tag{10.39}$$

と表されるので，(10.38) 式は，両空間での作用積分が保存するように射影を行うことを意味する．この時，$\lim_{\hbar \to 0}$ の極限で

$$\psi(r) \approx \left(\frac{d\sigma}{dr}\right)^{-1/2}\phi(\sigma(r)) \tag{10.40}$$

となることを示すことができる．

実際，(10.40) 式を等号にして (10.35) 式に代入すると

$$\left(\frac{d\sigma}{dr}\right)^{3/2}\left[\frac{d^2\phi}{d\sigma^2} + \frac{1}{\hbar^2}Q(r)(\frac{d\sigma}{dr})^{-2}\phi(\sigma)\right] + f(\sigma)\phi(\sigma) = 0 \tag{10.41}$$

となる．ただし，

$$f(\sigma) = -\frac{1}{2}\frac{d}{dr}\left\{\left(\frac{d\sigma}{dr}\right)^{-3/2}\frac{d^2\sigma}{dr^2}\right\}. \tag{10.42}$$

(10.41) 式では，$\hbar$ の役割を明確にするために，$\chi(r) = \frac{1}{\hbar^2}Q(r)$ とおいた．(10.41) 式は，$\lim_{\hbar\to 0}$ の極限では，(10.38) 式のように射影を決めれば，(10.37) 式が導かれることを示している．誤差は，$(\frac{d\sigma}{dr})^{-3/2}f(\sigma)\phi(\sigma)/\frac{d^2\phi(\sigma)}{d\sigma^2}$ で与えられる．

10.3.2　WKB 波動関数の導出

簡単な場合として，古典的な転回点から遠く離れた場所での波動関数を求めてみよう．この時，Γ としては，

$$\Gamma(\sigma) = 1 \tag{10.43}$$

ととることができる．対応する比較方程式 (10.37) の解は

$$\phi(\sigma) = Ae^{i\sigma} + Be^{-i\sigma} \tag{10.44}$$

で与えられる．一方，(10.39) 式から

$$\sigma = \int \chi^{1/2} dr = \int k(r) dr \tag{10.45}$$

である．$\chi(r) = k(r)^2$ なので，結局

$$\psi(r) \sim [\chi(r)]^{-1/4}\left\{Ae^{i\int k(r)dr} + Be^{-i\int k(r)dr}\right\} \tag{10.46}$$

が得られる．右辺は 10.2 節で導いた (10.33) 式と一致し，WKB 近似での波動関数に他ならない．

ちなみに，トンネル効果の確率に対する WKB の公式は，ポテンシャル障壁の両側における 2 つの転回点を別々に扱い，それぞれの領域で Γ として σ を採用し，その時の ϕ であるエアリー (Airy) 関数の漸近形を用いて両側の波動関数をつなぐことによって導かれる．一方，一様近似での障壁透過確率の公式 (2.77) は，障壁を基本的に二次関数と見立て $\Gamma = \frac{1}{4}\sigma^2 - \epsilon$ ととり，その時の固有関数 ϕ であるホイッタカー (Whittaker) 関数の漸近形を調べることによって導くことができる[*6]．ϵ はポテンシャル障壁での作用積分が r 空間と σ 空間で保存されるように決める．また，(8.5)～(8.8) 式の基になる S 行列は，r_3 を含む内側の領域を一次関数で射影し，ポテンシャル障壁の領域を 2 次関数で射影してそれぞれの領域での近似的波動関数を求め，両者を漸近形を用いてつなぐことによって求められる．これらの過程において，変数の位相に応じてホイッタカー関数やエアリー関数の正しい漸近形[42]を用いることが肝要である．

[*6]　文献[56] および S. Y. Lee, N. Takigawa and C. Marty, 前掲書．

10.4 アイコナール近似

10.4.1 散乱振幅

ポテンシャル V による散乱振幅は，高エネルギー領域では次のアイコナール近似でよく与えられる[35]．

$$f(\mathbf{k}',\mathbf{k}) = -ik \int_0^\infty db\, b J_0(kb\theta)[e^{2i\Delta(b)} - 1], \tag{10.47}$$

$$\Delta(b) = \delta_{eikonal}(\ell) = \frac{-m}{2k\hbar^2} \int_{-\infty}^{+\infty} V(\sqrt{b^2+z^2})dz, \tag{10.48}$$

$$\sigma_{eikonal}^{(inel)} \approx 2\pi \int_0^\infty db\, b[1 - e^{-4\Delta_I(b)}] \quad (\text{高エネルギー}), \tag{10.49}$$

$$\Delta_I(b) = \mathrm{Im}\Delta(b). \tag{10.50}$$

10.4.2 グラウバー理論

ここでは，(2.34)〜(2.37) 式で与えられる光学極限におけるグラウバー (Glauber) 理論の式を導こう．

出発点は，アイコナール近似の式 (10.47)(10.48)(10.49) である．これらの式を，核子-原子核散乱や原子核-原子核散乱に適用するために，散乱のポテンシャルを，微視的観点から，入射核と標的核の個々の構成粒子の間の核力 $v_{NN}(\mathbf{r}_{i_P} - \mathbf{r}_{j_T})$ を足し合わせたもので表現してみよう．

$$V(\mathbf{R}) = \sum_{i_P, j_T} v_{NN}(\mathbf{r}_{i_P} - \mathbf{r}_{j_T}) \tag{10.51}$$

$$= \int d\mathbf{r}_P d\mathbf{r}_T v_{NN}(\mathbf{r}_P - \mathbf{r}_T + \mathbf{R})\rho_P(\mathbf{r}_P)\rho_T(\mathbf{r}_T) \tag{10.52}$$

これらの式で，$\mathbf{R}$ は入射核と標的核の重心座標 $\mathbf{R}_P$, $\mathbf{R}_T$ の相対座標 $\mathbf{R} \equiv \mathbf{R}_P - \mathbf{R}_T$, $\mathbf{r}_{i_P}$ は空間に固定した座標原点から測った入射核中の i 番目の核子の座標，$\mathbf{r}_{j_T}$ は空間に固定した座標原点から測った標的核中の j 番目の核子の座標，$\mathbf{r}_P$ および $\mathbf{r}_T$ は，それぞれ，$\mathbf{R}_P$ および $\mathbf{R}_T$ から測った入射核および標的核中の核子の内部座標，$\rho_P(\mathbf{r}_P)$ および $\rho_T(\mathbf{r}_T)$ は，それぞれ，$\mathbf{r}_P$ および $\mathbf{r}_T$ における入射核および標的核の核子密度である．(10.51) 式から (10.52) 式に移行する際には，(5.2) 式と同様に，核子密度が $\rho_P(\mathbf{r}_P) = \sum_{i_P} \delta(\mathbf{r}_{i_P} - \mathbf{R}_P - \mathbf{r}_P)$, および，$\rho_T(\mathbf{r}_T) = \sum_{j_T} \delta(\mathbf{r}_{j_T} - \mathbf{R}_T - \mathbf{r}_T)$ で与えられることを用いた．$v_{NN}(\mathbf{r})$ は，相

対座標が $\mathbf{r}$ の位置にある2つの核子間の核力ポテンシャルである．(10.52) 式で与えられるポテンシャルを二重畳み込みポテンシャルといい，原子核間のポテンシャルとしてしばしば用いられる．

核力は短距離力なので

$$v_{NN}(\mathbf{r}) = (v_{R0} + iv_{I0})\delta(\mathbf{r}) \tag{10.53}$$

と近似してみる．虚数部分は弾性散乱以外の過程を考慮するために導入されたものである．この時，ポテンシャルは

$$V(\mathbf{R}) = (v_{R0} + iv_{I0})\int d\mathbf{r}\rho_P(\mathbf{r}-\mathbf{R})\rho_T(\mathbf{r}) \tag{10.54}$$

で与えられる．(10.54) 式の結果を (10.48) 式に代入し，(10.49) 式を用いると

$$\sigma^{(inel)} \approx 2\pi \int_0^\infty db\, b\left[1 - \exp\left(\frac{2\mu_{nn}}{k_{nn}\hbar^2}v_{I0}O_v(b)\right)\right] \quad (\text{高エネルギー}) \tag{10.55}$$

が得られる．μ_{nn}, k_{nn} は，それぞれ，原子核 - 原子核衝突の換算質量および波数である．

次に，核力の強さを核子 - 核子散乱の全断面積に関係付けるために，ボルン近似と光学定理を使うことにする．ボルン近似の式 $f^{(1)}(\theta) = -\frac{1}{4\pi}\frac{2m}{\hbar^2}\int e^{-i\mathbf{q}\cdot\mathbf{r}}V(\mathbf{r})d\mathbf{r}$ を，核子 - 核子散乱に適用し，(10.53) 式で与えられる短距離力の極限を仮定すると，散乱振幅 f_{NN} に対して

$$f_{NN} = -\frac{\mu_{NN}}{2\pi\hbar^2}(v_{R0} + iv_{I0}) \tag{10.56}$$

が得られる．$\mu_{NN} = M_N/2$ は核子核子散乱の換算質量である．ここで，光学定理を用いると

$$v_{I0} = -\frac{2\pi\hbar^2}{\mu_{NN}}\frac{k_{NN}}{4\pi}\sigma_{NN}^{(total)}(k_{NN}) \tag{10.57}$$

が得られる．k_{NN} は核子核子散乱の相対運動の波数，$\sigma_{NN}^{(total)}(k_{NN})$ は，波数 k_{NN} で核子核子衝突が起きるときの全断面積である．(10.57) 式の結果を (10.55) 式に代入すると

$$\sigma^{(inel)} \approx 2\pi \int_0^\infty db\, b\left[1 - e^{-\frac{\mu_{nn}k_{NN}}{k_{nn}\mu_{NN}}\sigma_{NN}^{(total)}(k_{NN})O_v(b)}\right] \tag{10.58}$$

となる．(10.58) 式が (2.34) と一致するためには

$$\frac{\mu_{nn}k_{NN}}{k_{nn}\mu_{NN}} = 1 \tag{10.59}$$

であればよいが，これは，条件 (2.37) と同値である．このようにして，(2.34)〜(2.37) 式が導かれる．証明に当たっては，核子の種類によらず同じ反応断面積を用いたため，平均的な断面積 $\bar{\sigma}_{NN}$ に置き換えるのが妥当である．

10.5 非局所ポテンシャル

　原子核物理学の一つの特色は，非局所ポテンシャルが随所に現れることである．核構造をハートリー‐フォック近似で記述する場合のフォック項や，アルファ粒子と原子核の散乱や重い原子核間の散乱など複合粒子間の散乱を核子間のパウリ原理を考慮して共鳴群の方法などで微視的に記述する場合に現れる交換項などがその例である．

　一方，核構造や核反応の現象論的な解析は，しばしば，局所的なポテンシャルを仮定して行われる．本節では，非局所ポテンシャルを含むシュレーディンガー方程式 (微積分方程式) を，局所ポテンシャルを用いた等価な微分方程式に表現するいくつかの方法についてまとめ，ポテンシャルの非局所性がもたらす物理的効果を，有効質量などの言葉で理解することにする[26]．

10.5.1　微積分方程式

　議論を簡単にするために，1 次元問題を考えることにして，局所ポテンシャルを U，非局所ポテンシャルを V とする．その時，波動関数は，正確には，微積分方程式

$$-\frac{\hbar^2}{2m}\frac{d^2\psi(x)}{dx^2} + U(x)\psi(x) + \int V(x,x')\psi(x')dx' = E\psi(x) \quad (10.60)$$

に従う．

10.5.2　等価な有効局所ポテンシャル：WKB 近似

　非局所ポテンシャルの物理的特性を調べる一つの有効な方法は WKB 近似に基づく方法である．そのために，まず，非局所ポテンシャルの項を

$$\int V(x,x')\psi(x')dx' = \int V(x,x')e^{\frac{i}{\hbar}(x'-x)\cdot\hat{p}_\psi}dx' \; \psi(x) \quad (10.61)$$

のように書き換えよう．ここで運動量演算子は波動関数 ψ にかかる演算子であることをあからさまに記すために $\hat{p}$ に添字 ψ を付けた．WKB 近似の本質は，波動関数を局所運動量を用いて平面波のように表すことである．また，波数の空間的変動が小さいことが前提である．したがって，

$$\hat{p}_\psi\psi(x) \sim p(x)\psi(x) \quad (10.62)$$

となる．ここで，$p(x)$ は場所 x における局所運動量である．

a. WKB近似 I：局所運動量近似，エネルギー依存ポテンシャル

近似式 (10.62) を (10.61) 式に適用することによって，等価な有効局所ポテンシャルとして

$$U_{eff}(E;x) = U(x) + \int V(x,x')e^{\frac{i}{\hbar}(x'-x)p(x)}dx' \tag{10.63}$$

$$= U(x) + \int V(x,x')e^{\frac{i}{\hbar}(x'-x)\sqrt{2m(E-U_{eff}(E;x))}}dx' \tag{10.64}$$

$$\sim U(x) + \int V(x,x')e^{\frac{i}{\hbar}(x'-x)\sqrt{2m(E-U(x))}}dx' \tag{10.65}$$

が得られる．(10.65) 式は，$U(x)$ に比べ，非局所ポテンシャルからの寄与が小さい場合の近似式である．これらの式が示すように，等価な有効局所ポテンシャルはエネルギーに依存することになる．

ここで議論したエネルギー依存性は，非局所効果に起因するエネルギー依存性である．ポテンシャルは，それ以外に，散乱途中のフォノン励起などによる偏極効果 (チャネル結合効果) を通して生じるエネルギー依存性をもつ．非局所性に起因するエネルギー依存性と区別するために，後者は，しばしば，内部的エネルギー依存性 (intrinsic energy dependence) と呼ばれる[26]．

b. WKB近似 II：有効質量

今度は，平行移動の演算子 $\exp(\frac{i}{\hbar}(x'-x)\cdot\hat{p}_\psi)$ を展開し，2 次の項までで近似してみよう．

$$\exp\left(\frac{i}{\hbar}(x'-x)\cdot\hat{p}_\psi\right) \approx 1 + \frac{i}{\hbar}(x'-x)\cdot\hat{p}_\psi - \frac{1}{2!}\frac{1}{\hbar^2}(x'-x)^2\hat{p}_\psi^2 \tag{10.66}$$

この時，(10.60) 式は，

$$-\frac{\hbar^2}{2m_{eff}}\frac{d^2\psi(x)}{dx^2} + U_{eff}^{(0)}(x)\psi(x) + V^{(1)}(x)\frac{d}{dx}\psi(x) = E\psi(x), \tag{10.67}$$

$$\frac{1}{m_{eff}} = \frac{1}{m} - \frac{1}{\hbar^2}\int(x'-x)^2 V(x,x')dx', \tag{10.68}$$

$$U_{eff}^{(0)}(x) \equiv U(x) + \int V(x,x')dx', \tag{10.69}$$

$$V^{(1)}(x) \equiv \int(x'-x)V(x,x')dx' \tag{10.70}$$

で近似される．

特に，非局所ポテンシャルが，

$$V(x,x') = F\left(\frac{x+x'}{2}\right)G(x'-x) \tag{10.71}$$

$$= F\left(\frac{x+x'}{2}\right)\frac{1}{\sqrt{\pi}}\frac{1}{\lambda_{NL}}e^{-\left(\frac{x'-x}{\lambda_{NL}}\right)^2} \tag{10.72}$$

$$\sim F(x)\frac{1}{\sqrt{\pi}}\frac{1}{\lambda_{NL}}e^{-\left(\frac{x'-x}{\lambda_{NL}}\right)^2} \tag{10.73}$$

のように分離型で与えられるとする*7)．λ_{NL} は，非局所性の度合いを表すパラメターで，その値が大きいほど非局所性の度合いが大きい．(10.73) 式を用いると

$$\frac{1}{m_{eff}(x)} = \frac{1}{m} - \frac{1}{\hbar^2}\cdot F(x)\cdot\frac{\lambda_{NL}^2}{2}, \tag{10.74}$$

$$U_{eff}^{(0)}(x) \equiv U(x) + F(x), \tag{10.75}$$

$$V^{(1)}(x) = 0 \tag{10.76}$$

となる．(10.74) 式は，(10.67) 式が，非局所性の度合いが小さい場合に有効であり，非局所ポテンシャルによって質量パラメターが場所に依存する有効質量パラメターに変化することを示している．また，(10.75) 式は，非局所ポテンシャルによって，ポテンシャルの静的部分も繰り込みを受けることを示している．

c. WKB 近似 III：ウィグナー変換

ウィグナー変換を用いた等価局所ポテンシャルに対するもう一つの表現を導いておこう．まず，非局所ポテンシャルの項を，非局所ポテンシャルのウィグナー変換を用いて

$$\int V(x,x')\psi(x')dx' = \left\{\frac{1}{2\pi\hbar}\int dx'\int dp\right.$$
$$\left. e^{-ip(x'-x)/\hbar}e^{\frac{i}{\hbar}\frac{1}{2}(x'-x)\cdot\hat{p}_V}V_W(x,p)e^{\frac{i}{\hbar}(x'-x)\cdot\hat{p}_\psi}\right\}\psi(x) \tag{10.77}$$

と書き換えよう．$\hat{p}_V$ は，$V_W(x,p)$ の x に作用する演算子である．

$$e^{\frac{i}{\hbar}\frac{1}{2}(x'-x)\cdot\hat{p}_V}V_W(x,p) \approx V_W(x,p) \tag{10.78}$$

を仮定すると

$$\int V(x,x')\psi(x')dx' = V_W(x,\hat{p}_\psi)\psi(x) \tag{10.79}$$

$$\sim V_W(x,p(x))\psi(x) \tag{10.80}$$

が得られる．(10.79) 式から (10.80) 式に移行する際には，WKB 近似に基づく局

---

*7) W. E. Frahn and R. H. Lemmer, Nuovo Cimento 5(1957)1564;6(1957)664; F. G. Perey and B. Buck, Nucl. Phys.32(1962)353.

所運動量近似 (10.62) を用いた．結局，等価な有効局所ポテンシャルとして

$$U_{eff}^{(W)} = U(x) + V_W(x, p(x)) \qquad (10.81)$$

が得られる．(10.81) 式の右辺は，非局所ポテンシャルが存在するときの古典論に現れる位相空間での等価ポテンシャルと一致する[*8]．

10.6　テンソル代数[34]

10.6.1　テンソル演算子の定義

物理量 (演算子) のテンソル性は，座標系あるいは物体の回転に対する物理量の変換の特性を表し，スカラー，ベクトル，テンソルの区別をランク (rank, 位数) という概念を導入することによって一般化したものである．テンソル性は，単位に関する次元と同じようにそれぞれの物理量の基本的特性の一つであり，遷移行列の評価や，選択則の導出等に当たって重要な役割を演じる．

回転変換を議論する前に，並進変換を考えてみよう．その際，物体をそのままにして座標系をもとの座標系 $K(x, y, z)$ 系から新しい座標系 $K'(x', y', z')$ 系に並進変換 (移動) する場合と，座標系はそのままにして物体を移動する場合の 2 つの方法が考えられる．ここでは後者の立場をとることにしよう．物体を a だけ移動する場合を考えてみよう．並進変換前後の波動関数を $\psi(x), \psi'(x)$ とすると

$$\begin{aligned}
\psi'(x) &= \psi(x - a) \\
&= \psi(x) - a\frac{d}{dx}\psi(x) + \frac{1}{2!}\frac{d^2}{dx^2}\psi(x) + \ldots \\
&= e^{-ia\frac{\hbar}{i}\frac{d}{dx}/\hbar}\psi(x) = e^{-ia\hat{p}/\hbar}\psi(x)
\end{aligned} \qquad (10.82)$$

である．(10.82) 式は $\hat{p}$ が空間の無限小並進変換の生成演算子であることを示している．ディラック表示では，(10.82) 式は

$$|\psi'\rangle = \hat{T}(a)|\psi\rangle, \qquad (10.83)$$

$$\hat{T}(a) \equiv e^{-ia\cdot\hat{p}/\hbar} \qquad (10.84)$$

[*8] N. Takigawa and K. Hara, Z. Physik A276(1976)79. 重イオン散乱では換算質量が大きく波長が短いため散乱の軌道を考えた古典論が有効になり，核融合反応や大きな散逸と揺らぎを伴う深部非弾性散乱の解析などに用いられている (D. H. E. Gross and H. Kalinowski, Phys. Lett. 48B(1974)302; Phys. Rep. C45(1978)175; および文献[27])．その関連で，古典論に核子間の反対称化の効果をどのように取り入れるかは興味深い問題である．非局所ポテンシャルの半古典的取り扱いについては，H. Horiuchi, Prog. Theor. Phys. 63(1980)725; 64(1980)184 でも議論されている．

と表される．(10.84) 式で与えられる $\hat{T}(a)$ は a だけの座標の並進変換を記述するユニタリー演算子である*9)．また，ある観測量を表す演算子 $\hat{O}$ に対して，$\hat{O}'$ を，変換に際して期待値が保存されるように

$$\langle\psi|\hat{O}|\psi\rangle \equiv \langle\psi'|\hat{O}'|\psi'\rangle \tag{10.85}$$

で定義すると，(10.85) 式の右辺を $\langle\psi'|\hat{O}'|\psi'\rangle = \langle\psi|\hat{T}^\dagger\hat{O}'\hat{T}|\psi\rangle$ と書き換えることによって，$\hat{O}'$ は

$$\hat{O}' = \hat{T}(a)\hat{O}\hat{T}^\dagger(a) = \hat{T}(a)\hat{O}(\hat{T}(a))^{-1} \tag{10.86}$$

で与えられることが導かれる．(10.86) 式は，演算子が，状態ベクトル ψ と同じユニタリー演算子によって変換されることを示している．

[演習] (10.84) 式を用いて

$$\hat{x}' \equiv \hat{T}(a)\hat{x}\hat{T}^\dagger(a) = \hat{x} - a, \tag{10.87}$$

$$\langle\psi'|\hat{x}|\psi'\rangle = \langle\psi|\hat{x}|\psi\rangle + a \tag{10.88}$$

を示せ．(10.88) 式は，$|\psi'\rangle$ が物体を a だけ並進させた状態であることに符合している．

同様に，無限小回転を考えることによって，回転変換に対する生成演算子が角運動量演算子 $\hat{J}_\alpha$ ($\alpha = x, y, z$) であることを容易に示すことができる．例えば，z 軸の周りに物体を角度 α だけ回転する変換はユニタリー演算子 $\hat{R}_z = e^{-i\alpha\hat{J}_z}$ で与えられる．この結果を拡張して，一般に，3次元空間の回転を記述するユニタリー演算子は，回転の方向と大きさを表すベクトル $\mathbf{w}$ を用いて

$$\hat{R}(\mathbf{w}) = e^{-i\mathbf{w}\cdot\hat{\mathbf{J}}} \tag{10.89}$$

で，あるいは，オイラー角を用いて

$$\hat{R}(\phi, \theta, \psi) = e^{-i\phi\hat{J}_z}e^{-i\theta\hat{J}_y}e^{-i\psi\hat{J}_z} \tag{10.90}$$

で与えられる[34)]．

(1) テンソル演算子の定義1 $2k+1$ 個の演算子 $\hat{T}_q^{(k)}$ ($q = -k, -k+1, \cdots, k-1, k$) が回転変換に対して互いに

$$(\hat{T}_q^{(k)})' = \hat{R}\hat{T}_q^{(k)}\hat{R}^{-1} = \sum_{q'=-k}^{k} \hat{T}_{q'}^{(k)} R_{q'q}^{(k)}(\phi, \theta, \psi) \tag{10.91}$$

---

*9) 物体を固定し座標系を変換する立場では，$-a$ だけ並進変換する演算子である．

に従って変換し合うとき，$\hat{T}^{(k)}$ をランク k の既約テンソル (irreducible tensor of rank k)，$\hat{T}_q^{(k)}$ をその q 成分という．回転を表す行列 $R_{q'q}^{(k)}(\phi,\theta,\psi)$ は

$$R_{q'q}^{(k)}(\phi,\theta,\psi) \equiv \langle kq'|\hat{R}(\phi,\theta,\psi)|kq\rangle \qquad (10.92)$$

で定義される．

[注意] (10.92) 式は文献[34]に従った．文献[24]の D 関数と同じである：$R_{q'q}^{(k)}(\phi,\theta,\psi) = (D_{q'q}^{(k)}(\phi,\theta,\psi))_{BS}$．文献[9]で定義された D 関数とは，$R_{q'q}^{(k)}(\phi,\theta,\psi) = (D_{q'q}^{(k)}(\phi,\theta,\psi))_{BM}^*$ の関係にある．また，文献[11]では，物体の代わりに座標を変換していることに対応し，D 関数の引数は符号が逆転している：$R_{q'q}^{(k)}(\phi,\theta,\psi) = (D_{q'q}^{(k)}(-\phi,-\theta,-\psi))_{RS}$．本書では，$\mathcal{D}_{qq'}^{(k)}$ の定義は文献[9]に従うことにする．

(2) テンソル演算子の定義 2　回転の生成演算子が角運動量演算子であることから，ランク k の既約テンソルは，交換関係

$$[\hat{J}_z, \hat{T}_q^{(k)}] = q\hat{T}_q^{(k)}, \qquad (10.93)$$

$$[\hat{J}_\pm, \hat{T}_q^{(k)}] = \sqrt{(k\mp q)(k\pm q+1)}\,\hat{T}_{q\pm 1}^{(k)} \qquad (10.94)$$

を満たす演算子の組としても定義できる．

定義 1 と定義 2 の同値性を示すために，(10.93) 式と (10.94) 式が (10.91) 式から導かれることを示そう．今，$\hat{R}$ が微小回転の演算子 $(1-i\alpha\hat{J}_\lambda)$ としてみよう．このとき定義式 (10.92) 式から

$$R_{q'q}^{(k)} = \langle kq'|(1-i\alpha\hat{J}_\lambda)|kq\rangle = \delta_{q'q} - i\alpha\langle kq'|\hat{J}_\lambda|kq\rangle \qquad (10.95)$$

となる．一方

$$\hat{R}\hat{T}_q^{(k)}\hat{R}^{-1} = (1-i\alpha\hat{J}_\lambda)\hat{T}_q^{(k)}(1+i\alpha\hat{J}_\lambda) \qquad (10.96)$$

である．したがって，(10.91) 式から

$$(1-i\alpha\hat{J}_\lambda)\hat{T}_q^{(k)}(1+i\alpha\hat{J}_\lambda) = \{\delta_{q'q} - i\alpha\langle kq'|\hat{J}_\lambda|kq\rangle\}\hat{T}_{q'}^{(k)} \qquad (10.97)$$

となり，

$$[\hat{J}_\lambda, \hat{T}_q^{(k)}] = \sum \langle kq'|\hat{J}_\lambda|kq\rangle \hat{T}_{q'}^{(k)} \qquad (10.98)$$

が得られる．ここで $\hat{J}_\lambda = \hat{J}_z$ および $\hat{J}_\lambda = \hat{J}_\pm$ とおき，

$$\langle kq'|\hat{J}_z|kq\rangle = q\delta_{q'q},\ \langle kq\pm 1|\hat{J}_\pm|kq\rangle = \sqrt{(k\mp q)(k\pm q+1)} \qquad (10.99)$$

に注目すると，(10.93) 式と (10.94) 式が得られる．

10.6.2 既約テンソルの例
a. 球面調和関数：$Y_{kq}(\theta,\varphi)$.
b. ランク1のテンソル：ベクトル演算子

ベクトルはランク1の既約テンソル(1位の既約テンソルともいう)であり，その$1,0,-1$成分と，x,y,z成分は次のように関連している．

$$\left\{\begin{array}{c} V_1 \\ V_0 \\ V_{-1} \end{array}\right\} = \left\{\begin{array}{c} -\frac{1}{\sqrt{2}}(V_x+iV_y) \\ V_z \\ \frac{1}{\sqrt{2}}(V_x-iV_y) \end{array}\right\}. \tag{10.100}$$

(10.100)式は，ランク1の既約テンソルY_{1q}の具体的表現を用いて，位置ベクトル$\mathbf{r}$のx,y,z成分が

$$\left\{\begin{array}{c} rY_{11} \\ rY_{10} \\ rY_{1-1} \end{array}\right\} = \left\{\begin{array}{c} -\sqrt{\frac{3}{4\pi}}\frac{1}{\sqrt{2}}(x+iy) \\ \sqrt{\frac{3}{4\pi}}z \\ \sqrt{\frac{3}{4\pi}}\frac{1}{\sqrt{2}}(x-iy) \end{array}\right\} \tag{10.101}$$

と表現できることから想像できよう．

10.6.3 ウィグナー・エッカートの定理

$T_q^{(k)}$をランクkのテンソルのq成分とすると，その行列要素に対して

$$\langle \alpha JM | T_q^{(k)} | \alpha' J'M' \rangle = \frac{1}{\sqrt{2J+1}} \langle J'kM'q|JM\rangle \langle \alpha J||T^{(k)}||\alpha' J'\rangle \tag{10.102}$$

という公式が成り立つ[*10]．α,α'は状態を指定する角運動以外の量子数である．

(10.102)式はウィグナー・エッカートの定理と呼ばれ，テンソル演算子の行列要素は，角運動量のz成分依存性についてはクレブシュ・ゴルダン(CG)係数で与えられる因子(幾何学因子)でくくり出せることを示している．因子$\langle\ldots||T||\ldots\rangle$は換算行列要素(reduced matrix element)と呼ばれる．ウィグナー・エッカートの定理を用いると，CG係数が有限な一つのM',q,Mの組み合わせについて行列要素を計算すれば換算行列要素が決まり，他の組み合わせの行列要素はCG係数を用いて自動的に求めることができる．

特に，Tが1，角運動量の演算子および球面調和関数$Y_k=Y^{(k)}$の場合，換算行列要素は

[*10] 右辺の$1/\sqrt{2J+1}$因子については，あからさまにくくり出さず$\langle\ldots||T||\ldots\rangle$因子に含める流儀もある．

$$\langle \alpha J||1||\alpha'J'\rangle = \delta_{\alpha\alpha'}\delta_{JJ'}\sqrt{2J+1}, \tag{10.103}$$

$$\langle \alpha J||\mathbf{J}||\alpha'J'\rangle = \delta_{\alpha\alpha'}\delta_{JJ'}\sqrt{J(J+1)(2J+1)}, \tag{10.104}$$

$$\langle \ell||Y^{(k)}||\ell'\rangle = (-1)^{\ell-\ell'-k}\sqrt{\frac{(2k+1)(2\ell'+1)}{4\pi}}\langle k\ell'00|\ell 0\rangle$$

$$= (-1)^\ell \sqrt{\frac{(2k+1)(2\ell'+1)(2\ell+1)}{4\pi}} \begin{pmatrix} \ell & k & \ell' \\ 0 & 0 & 0 \end{pmatrix} \tag{10.105}$$

で与えられる.

10.6.4 射 影 定 理

ウィグナー・エッカートの定理を用いると，すべてのベクトル演算子 $\boldsymbol{A}$ の β 成分の行列要素に対して

$$\langle \alpha JM|\boldsymbol{A}_\beta|\alpha JM'\rangle = \frac{1}{J(J+1)}\langle \alpha JM|\mathbf{J}_\beta|\alpha JM'\rangle\langle \alpha JJ|(\boldsymbol{A}\cdot\mathbf{J})|\alpha JJ\rangle \tag{10.106}$$

が成り立つことを示すことができる．

(10.106) 式は射影定理 (projection theorem) と呼ばれ，磁気双極子モーメントに対するシュミット値を導くときなどに有効である．

10.6.5 スカラー積とランク 0 のテンソル積の関係

CG 係数を用いると，2 つテンソル演算子の積を適当に重ね合わせて，合成したテンソル演算子を

$$V_Q^{(K)} \equiv \left[T^{(k_1)} \times U^{(k_2)}\right]_Q^{(K)} \equiv \sum_{q_1}\langle k_1 k_2 q_1 q_2|KQ\rangle T_{q_1}^{(k_1)}U_{q_2}^{(k_2)} \tag{10.107}$$

のように書き下すことができる．

ランク 0 の合成テンソルの場合は，$V_0^{(0)}$ のかわりに，スカラー積

$$S \equiv (T^{(k)}\cdot U^{(k)}) \equiv \sum_q (-1)^q T_q^{(k)} U_{-q}^{(k)} \quad (\text{スカラー積}) \tag{10.108}$$

を用いることもできる．特に，ベクトルのスカラー積は

$$S = (\boldsymbol{V}^{(1)}\cdot\boldsymbol{W}^{(1)}) = V_x W_x + V_y W_y + V_z W_z \tag{10.109}$$

で与えられる．

[課題] ランク k のテンソルから合成する場合，スカラー積とランク 0 のテンソルは

$$S = (-1)^k \sqrt{2k+1} V_0^{(0)} \tag{10.110}$$

の関係にあることを示せ．

10.7　四重極モーメントと内部四重極モーメントの関係

　ここでは，変形した原子核に対して実験で直接測定される四重極モーメントと内部四重極モーメントの間の関係を与える．(4.47) 式を証明することにしよう．

　まず，(10.91) 式から内部座標を用いた 2^λ 重極モーメント演算子 $\hat{Q}^{intr.}_{\lambda\mu}$ と測定に関係した実験室系の座標を用いた対応する演算子 $\hat{Q}^{lab.}_{\lambda\mu}$ が主軸の方向を定義するオイラー角 $\omega = (\phi, \theta, \psi)$ を通して

$$\hat{Q}^{intr.}_{\lambda\mu} = \sum_{\mu'} (\mathcal{D}^\lambda_{\mu'\mu}(\omega))^* \hat{Q}^{lab.}_{\lambda\mu'}, \qquad \hat{Q}^{lab.}_{\lambda\mu} = \sum_\nu \mathcal{D}^\lambda_{\mu\nu}(\omega) \hat{Q}^{intr.}_{\lambda\nu} \tag{10.111}$$

の関係にあることに注目する．1 番目の定義式から 2 番目の式を導くためには $\mathcal{D}$ 関数の特性を用いた．一方，軸対称変形した波動関数は (8.72) 式で与えられるので，一般に，演算子の行列は

$$\begin{aligned}
&\langle \Psi_{I_1 M_1 K_1} | \hat{Q}^{lab.}_{\lambda\mu} | \Psi_{I_2 M_2 K_2} \rangle \\
&= \sum_\nu \left(\frac{2I_1+1}{16\pi^2(1+\delta_{K_1 0})} \right)^{1/2} \left(\frac{2I_2+1}{16\pi^2(1+\delta_{K_2 0})} \right)^{1/2} \\
&\quad \{ \langle \mathcal{D}^{I_1}_{M_1 K_1} | \mathcal{D}^\lambda_{\mu\nu} | \mathcal{D}^{I_2}_{M_2 K_2} \rangle \langle \Phi_{K_1} | \hat{Q}^{intr.}_{\lambda\nu} | \Phi_{K_2} \rangle \\
&\quad + (-1)^{I_2+K_2} \langle \mathcal{D}^{I_1}_{M_1 K_1} | \mathcal{D}^\lambda_{\mu\nu} | \mathcal{D}^{I_2}_{M_2 -K_2} \rangle \langle \Phi_{K_1} | \hat{Q}^{intr.}_{\lambda\nu} | \Phi_{\bar{K}_2} \rangle \\
&\quad + (-1)^{I_1+K_1} \langle \mathcal{D}^{I_1}_{M_1 -K_1} | \mathcal{D}^\lambda_{\mu\nu} | \mathcal{D}^{I_2}_{M_2 K_2} \rangle \langle \Phi_{\bar{K}_1} | \hat{Q}^{intr.}_{\lambda\nu} | \Phi_{K_2} \rangle \\
&\quad + (-1)^{I_2+K_2+I_1+K_1} \langle \mathcal{D}^{I_1}_{M_1 -K_1} | \mathcal{D}^\lambda_{\mu\nu} | \mathcal{D}^{I_2}_{M_2 -K_2} \rangle \langle \Phi_{\bar{K}_1} | \hat{Q}^{intr.}_{\lambda\nu} | \Phi_{\bar{K}_2} \rangle \}
\end{aligned} \tag{10.112}$$

で与えられる．

　以下，四重極モーメントを考えることにする．四重極モーメントは，$\langle \Psi_{IM=IK} | \hat{Q}^{lab.}_{\lambda=2, \mu=0} | \Psi_{IM=IK} \rangle$ で定義されるので，$\mathcal{D}$ 関数の性質，$|\nu| \leq 2$，角運動量の合成則および軸対称変形した偶 - 偶核の集団運動では K は $0, 2, 4, \ldots$ であることに注意すると，軸対称変形した偶 - 偶核および，強結合状態にある奇核で $I = K = 1/2$ あるいは $K \geq 3/2$ の場合は，(10.112) 式の右辺括弧中の第二項と第三項は 0 であることを容易に示すことができる．また，第四項と第一項は等し

くなる．したがって

$$\langle \Psi_{IIK}|\hat{Q}_{20}^{lab.}|\Psi_{IIK}\rangle$$
$$= \sum_\nu \frac{2I+1}{8\pi^2}\langle \mathcal{D}_{M=IK}^I|\mathcal{D}_{0\nu}^2|\mathcal{D}_{M=IK}^I\rangle\langle \Phi_K|\hat{Q}_{\lambda\nu}^{intr.}|\Phi_K\rangle \quad (10.113)$$
$$= \langle 2I0I|II\rangle\langle 2I0K|IK\rangle\langle \Phi_K|\hat{Q}_{20}^{intr.}|\Phi_K\rangle \quad (10.114)$$

となる．ここで，CG 係数の具体的表現を用いると，(4.47) 式が得られる．

10.8 ガモフ模型に基づくアルファ崩壊幅の公式の導出：直接法

ここでは，アルファ崩壊幅の公式 (8.13)～(8.17) を導くことにする．まず，ガモフ模型における波動関数が

$$\phi(r) = \begin{cases} \phi_I(r) = Nj_0(Kr) & (r < R \text{ の場合}) \\ \phi_{II}(r) = \left(\frac{\mu}{\hbar k}\right)^{1/2}\frac{[G_0(\eta,kr)+iF_0(\eta,kr)]}{r} & (r \geq R \text{ の場合}) \end{cases} \quad (10.115)$$

で与えられることに注目する．ここで，K と $k = k_\alpha$ は (8.17) 式で与えられる．$r = R$ での連続の条件から，

$$N\sin KR = \sqrt{\frac{\mu}{\hbar k}} K[G_0(\eta,kR)+iF_0(\eta,kR)]$$
$$N\cos KR = \sqrt{\frac{\mu}{\hbar k}} k[G_0'(\eta,kR)+iF_0'(\eta,kR)] \quad (10.116)$$

でなければならない．さらに，これらの式から

$$\frac{k}{K}\tan KR = \frac{G_0(\eta,kR)+iF_0(\eta,kR)}{G_0'(\eta,kR)+iF_0'(\eta,kR)} \quad (10.117)$$

が導かれる．

一方，崩壊幅 Γ は，ポテンシャルの内部での波動関数を 1 に規格化したときのポテンシャル障壁の外側の転回点における単位時間当たりの外向きの流れで与えられる：

$$\frac{\Gamma}{\hbar} \equiv \frac{\text{外部での流れ}}{\text{ポテンシャル内部の存在確率}}. \quad (10.118)$$

(10.115) 式では外部の流れを 1 に規格化しているので，

$$\frac{\hbar}{\Gamma} = \int_0^R |\phi_I(r)|^2 r^2 dr + \int_R^{r_e}|\phi_{II}(r)|^2 r^2 dr \quad (10.119)$$
$$= \frac{\mu}{\hbar k^2}\left\{\frac{1}{2}kR\frac{G_0^2(\eta,kR)+F_0^2(\eta,kR)}{\sin^2 KR}\left(1-\frac{\sin 2KR}{2KR}\right)\right.$$
$$\left.+\int_{kR}^{2\eta}(G_0^2(\eta,\rho)+F_0^2(\eta,\rho))d\rho\right\} \quad (10.120)$$

となる.

ポテンシャルの深さ V_0 と核力の到達距離 R があらかじめ分かっていれば，(10.117) 式と (10.120) 式を用いて，準安定状態のエネルギーの位置 (E，アルファ崩壊の場合は Q 値) と崩壊幅 (Γ) を推定できる．逆に，アルファ崩壊の閾値および崩壊幅が実験から分かっていれば (10.117) 式と (10.120) 式から，アルファ崩壊のポテンシャルの深さ V_0 と核力の到達距離 R を決定することができる．しかし，8.1.1 項で述べたようにパウリ禁止状態 (redundant states) の存在に関連して，ポテンシャルに不定さが残る．不定さを取り除くためには，相対運動の波動関数の節の数 (node 数) を指定する必要がある．そのような解析の一例として，(8.1) 式で示した ^{210}Po の基底状態から ^{206}Pb の基底状態へのアルファ崩壊の Q 値と崩壊幅を用いてポテンシャルを決定する解析の結果を表 10.1 に示した．表に示すように，節の数に応じて浅いポテンシャルから深いポテンシャルまでいくつかのポテンシャルが存在する．調和振動子模型に基づいて量子数を数えると，^{210}Po の基底状態から ^{206}Pb の基底状態へのアルファ崩壊に対応する節の数は 11 である．

表 10.1 の一番右側の欄には，ポテンシャルの内側での作用積分の大きさが $\hbar\pi$ を単位として示されている．$n=11$ を含め節の数 n がある程度大きい場合は，ポテンシャル内での作用積分の値は

表 10.1　アルファ崩壊 ^{210}Po(0_{gs}^+) → ^{206}Pb(0_{gs}^+) + α のポテンシャル．野沢善浩博士論文，平成 14 年，東北大学．

節の数	R(fm)	V_0(MeV)	KR/π
13	7.91	150	13.62
12	7.91	128	12.63
11	7.92	108	11.64
10	7.93	89.4	10.65
9	7.94	72.5	9.660
8	7.95	57.2	8.675
7	7.97	43.6	7.693
6	7.99	31.7	6.714
5	8.03	21.5	5.739
4	8.08	13.0	4.768
3	8.15	6.16	3.804
2	8.25	0.95	2.846
1	8.43	-2.65	1.894
0	8.77	-4.69	0.9461

$$KR \approx \left(n + \frac{1}{2}\right)\pi \qquad (10.121)$$

となり，半古典論に基づいて導いた量子化条件 (8.5) とよく一致していることが分かる．ちなみに，(10.117) 式の右辺にクーロン波動関数の漸近形

$$F_0 \sim \frac{1}{2}\beta e^{\alpha} \ ; \quad F_0' \sim \frac{1}{2}\beta^{-1}e^{\alpha} \ ; \quad G_0 \sim \beta e^{-\alpha} \ ; \quad G_0' \sim -\beta^{-1}e^{-\alpha} \qquad (10.122)$$

$$\alpha = 2\sqrt{2\eta\rho} - \pi\eta, \qquad \beta = (\rho/2\eta)^{1/4} \qquad (10.123)$$

を用いると，束縛状態に対する量子化条件 $KR \sim n\pi$ が導かれる．

(10.121) 式を用いて崩壊幅をトンネル効果の確率を用いて表現してみよう．(10.121) 式から，$\sin 2KR$ を 0 とおく．Q 値が小さい場合を考えることにすると，$kR \ll \eta$ で $|F_0(\eta, kR)| \ll |G_0(\eta, kR)|$ なので，F_0 は無視できる．また，積分の項も無視することにする．この時，(10.120) 式から，崩壊幅は近似的に

$$\Gamma \sim \frac{2\hbar^2 k}{\mu R}\frac{1}{G_0^2(\eta, kR)} \qquad (10.124)$$

で与えられる．一方，トンネル効果の確率 t は，外側の流れ $J_{II}^{(+)}$ と，$r = R$ における障壁に内側から外向きに入射する流れ $J_I^{(+)}$ の比で与えられる．$J_I^{(+)}, J_{II}^{(+)}$ は，

$$J_I^{(+)} = \int j_I^{(+)} dS = \int \frac{1}{r^2}\frac{\hbar K}{\mu}\left|\frac{N}{2K}\right|^2 r^2 d\Omega = 4\pi\frac{\hbar K}{\mu}\left|\frac{N}{2K}\right|^2 \qquad (10.125)$$

$$J_{II}^{(+)} = \int j_{II}^{(+)} dS = \int \frac{1}{r^2} r^2 d\Omega = 4\pi \qquad (10.126)$$

で与えられるので，トンネル効果の確率は

$$t_{GM}^{(D)} \equiv \frac{J_{II}^{(+)}}{J_I^{(+)}} \sim \frac{4k}{K}\frac{\sin^2 KR}{G_0^2(\eta, kR)} \sim \frac{4k}{K}\frac{1}{G_0^2(\eta, kR)} \qquad (10.127)$$

となる．(10.123) 式で与えられる漸近形 $G_0 \sim \beta e^{-\alpha}$; $\alpha = 2\sqrt{2\eta\rho} - \pi\eta$, $\beta = (\rho/2\eta)^{1/4}$ を用い，$kR \ll \eta = \frac{1}{2}kr_e$ の場合を考えることによって (8.13)〜(8.17) 式が得られる．

10.9　電磁遷移の基礎

10.9.1　全系のハミルトニアン

原子核の電磁遷移を議論するためには，原子核 (核子多体系) と電磁場からなる複合系を取り扱うことが必要である．系全体のハミルトニアンは

10.9 電磁遷移の基礎

$$\hat{H}_{tot} = \hat{H}_{nucl} + \hat{H}_{field} + \hat{H}_{int} \tag{10.128}$$

で与えられる．$\hat{H}_{nucl}$ は孤立した原子核 (核子系) のハミルトニアンで，核子の運動エネルギーおよび強い相互作用を表す．あるいは，殻模型や集団運動模型など適切な模型で表現し，その固有状態および対応する固有値は分かっているとして，以下のように表すとする：

$$\hat{H}_{nucl}\Psi_\alpha = E_\alpha \Psi_\alpha. \tag{10.129}$$

電磁場のハミルトニアン $\hat{H}_{field}$ および原子核 (核子系) と電磁場の相互作用 $\hat{H}_{int}$ は，電場の強さを $\mathbf{E}$，磁束密度を $\mathbf{B}$，原子核の電荷密度を ρ，流れの密度を $\mathbf{j}$ とすると，

$$\hat{H}_{field} = \frac{1}{8\pi} \int (\mathbf{E}^2(\mathbf{r},t) + \mathbf{B}^2(\mathbf{r},t))d\mathbf{r}, \tag{10.130}$$

$$\hat{H}_{int} = -\frac{1}{c} \int j_\mu A^\mu d\mathbf{r} \tag{10.131}$$

$$= \int \{\rho(\mathbf{r},t)\Phi(\mathbf{r},t) - \frac{1}{c}\mathbf{j}(\mathbf{r},t)\cdot\mathbf{A}(\mathbf{r},t)\}d\mathbf{r} \tag{10.132}$$

で与えられる．もともとの核子多体系の描像では，ρ は

$$\rho(\mathbf{r},t) = \sum_{i=1}^{A} e\left(\frac{1}{2} - t_3^{(i)}\right)\delta(\mathbf{r}-\mathbf{r}_i(t)) \tag{10.133}$$

で与えられ，$\mathbf{j}$ は，磁気モーメント $\boldsymbol{\mu}(\mathbf{r},t)$ を用いて

$$\mathbf{j}(\mathbf{r},t) = c\boldsymbol{\nabla} \times \boldsymbol{\mu}(\mathbf{r},t) \tag{10.134}$$

で与えられる．磁気モーメントは陽子の軌道運動と陽子および中性子のスピンに起因するので，$\mathbf{j}$ は2つの部分の和で与えられる．軌道運動に起因する $\mathbf{j}$ を $\mathbf{j}_c$ と表すと，

$$\mathbf{j}_c = \sum_{i=1}^{A} e\left(\frac{1}{2} - t_3^{(i)}\right)\frac{1}{2}(\mathbf{v}_i\delta(\mathbf{r}-\mathbf{r}_i(t)) + h.c.) \tag{10.135}$$

である．$\mathbf{v}_i$ は $\mathbf{v}_i = \frac{i}{\hbar}\left[\hat{H}_{nucl}, \mathbf{r}_i\right]$ で与えられ，$\hat{H}_{nucl}$ 中のポテンシャルが運動量に依存しなければ，$\mathbf{v}_i = \mathbf{p}_i/M_N$ で与えられる．一方，核子のスピンに起因する磁気モーメントを $\boldsymbol{\mu}_s$ と表すことにすると，$\boldsymbol{\mu}_s$ は，陽子および中性子の g 因子 (g-factor) $g_p = 2.792847 \times 2 \sim 5.586, g_n = -1.9130427 \times 2 \sim -3.826$ を用いて

$$\boldsymbol{\mu}_s(\mathbf{r},t) = \sum_{i=1}^{A} \delta(\mathbf{r}-\mathbf{r}_i(t))\frac{e\hbar}{2M_N c}\left\{\left(\frac{1}{2} - t_3^{(i)}\right)g_p + \left(\frac{1}{2} + t_3^{(i)}\right)g_n\right\}\mathbf{s}_i \tag{10.136}$$

で与えられる．

10.9.2 光子の波動関数：ベクトル球面調和関数

a. クーロンゲージ

電磁遷移を議論するためには，クーロンゲージ (Coulomb gauge：あるいは横波表示)[43]：

$$\boldsymbol{\nabla} \cdot \mathbf{A} = 0 \tag{10.137}$$

を採用すると便利である．この時，輻射場のハミルトニアンは

$$\hat{H}_{field} = \frac{1}{8\pi} \int \left(\frac{1}{c^2} \dot{\mathbf{A}}^2 + (\boldsymbol{\nabla} \times \mathbf{A})^2 \right) d\mathbf{r} \tag{10.138}$$

で与えられ，ベクトルポテンシャル $\mathbf{A}$ は波動方程式

$$\Delta \mathbf{A} - \frac{1}{c^2} \frac{\partial^2}{\partial t^2} \mathbf{A} = 0 \tag{10.139}$$

に従う．時間依存性を e^{-ickt} とおくとヘルムホルツ方程式

$$(\Delta + k^2) \mathbf{A} = 0 \tag{10.140}$$

が得られる．(10.137) 式は，波の振動方向が波の進行方向と直角である ($\mathbf{k} \perp \mathbf{A}$) (横波) ことを表すことに注意しよう．

b. ベクトル波動関数の回転に対する変換と光子のスピンおよび内部波動関数

場がスカラー場であれば，極座標表示をとり部分波展開したときの ℓ 波に対するヘルムホルツ方程式 (10.140) の解は $j_\ell(kr)$ に他ならない．

実際には，光子はベクトル場で記述されるため，以下に示すようにスピン 1 をもつ．そのため，波動関数を $\hat{\mathbf{L}}^2, \hat{\mathbf{S}}^2, \hat{\mathbf{J}}^2$ および $\hat{J}_z$ の同時固有関数になるように拡張する必要がある．

(1) ベクトル関数の変換性 まず，ベクトル関数 $\mathbf{V}(r,\theta,\varphi)$ が回転によってどのように変換されるかをみてみよう．この時，回転によるベクトル成分の変換と，座標の変換の両方を考慮する必要がある．例として，座標系を z 軸の周りに α だけ回転させる場合，新しい座標系でのベクトル成分は

$$\begin{pmatrix} V_x'(r,\theta,\varphi) \\ V_y'(r,\theta,\varphi) \\ V_z'(r,\theta,\varphi) \end{pmatrix} = \begin{pmatrix} \cos\alpha & \sin\alpha & 0 \\ -\sin\alpha & \cos\alpha & 0 \\ 0 & 0 & 1 \end{pmatrix} \begin{pmatrix} V_x(r,\theta,\varphi+\alpha) \\ V_y(r,\theta,\varphi+\alpha) \\ V_z(r,\theta,\varphi+\alpha) \end{pmatrix} \tag{10.141}$$

で与えられる．

α が小さいとき，(10.141) 式は，

$$\mathbf{V}' = (1 + i\alpha \hat{J}_z)\mathbf{V} + \mathcal{O}(\alpha^2) \tag{10.142}$$

と表すことができる．ここで，$\hat{J}_z$ は

$$\hat{J}_z = -i\frac{\partial}{\partial\varphi} + i\mathbf{e}_z \times \tag{10.143}$$

$$= -i\left(x\frac{\partial}{\partial y} - y\frac{\partial}{\partial x}\right) + i\mathbf{e}_z \times \tag{10.144}$$

$$= \hat{L}_z + i\mathbf{e}_z \times \tag{10.145}$$

で与えられる．$\mathbf{e}_z \times$ は，z 方向の単位ベクトル $\mathbf{e}_z$ と (10.142) 式で右側から現れるベクトル $\mathbf{V}$ の外積をとることを表す．

[課題] (10.141) 式から，

$$V'_x(r,\theta,\varphi) = V_x(r,\theta,\varphi) + \alpha\frac{\partial}{\partial\varphi}V_x + \alpha V_y, \tag{10.146}$$

$$V'_z(r,\theta,\varphi) = V_z(r,\theta,\varphi) + \alpha\frac{\partial}{\partial\varphi}V_z \tag{10.147}$$

であること，および

$$\mathbf{e}_z \times \mathbf{V} = \mathbf{e}_y V_x - \mathbf{e}_x V_y \tag{10.148}$$

に注目して，(10.143) 式を証明せよ．

(2) 光子のスピン (10.145) 式から，光子の内部スピン演算子が

$$\hat{S}_x = i\mathbf{e}_x\times,\quad \hat{S}_y = i\mathbf{e}_y\times,\quad \hat{S}_z = i\mathbf{e}_z\times \tag{10.149}$$

で与えられることが分かる．また，全角運動量は

$$\hat{\mathbf{J}} = \hat{\mathbf{L}} + \hat{\mathbf{S}} \tag{10.150}$$

で与えられる．

[課題] (10.149) 式で定義される $\hat{\mathbf{S}}$ が角運動量演算子の交換関係を満たすことを示せ．

(3) 光子の内部スピンの固有ベクトル 一般的に，ベクトルの x,y,z 成分をランク 1 のテンソルの $1,0,-1$ 成分と関係付けると同じように，x,y,z 方向の単位ベクトルを用いて

$$\mathbf{e}_{+1} = -\frac{1}{\sqrt{2}}(\mathbf{e}_x + i\mathbf{e}_y),\qquad \mathbf{e}_0 = \mathbf{e}_z,\qquad \mathbf{e}_{-1} = \frac{1}{\sqrt{2}}(\mathbf{e}_x - i\mathbf{e}_y) \tag{10.151}$$

を定義すると，

$$\hat{\mathbf{S}}^2\mathbf{e}_q = 2\mathbf{e}_q,\qquad \hat{S}_z\mathbf{e}_q = q\mathbf{e}_q \qquad (q = \pm1, 0) \tag{10.152}$$

を示すことができる．(10.152) 式は，光子の内部スピンの大きさが 1 であること，および，$S_z = q$ に対応する固有ベクトルが $\mathbf{e}_q$ であることを表している．

c. ベクトル球面調和関数

(1) 定義　前節の結果から，通常の角運動量の合成則に従って，$\hat{\mathbf{L}}^2, \hat{\mathbf{S}}^2, \hat{\mathbf{J}}^2$ および $\hat{J}_z$ の同時固有関数としての光子の波動関数は

$$\boldsymbol{\mathcal{Y}}_{J\ell M}(\theta,\varphi) = \sum_{m,q} \langle \ell 1 mq | JM \rangle Y_{\ell m}(\theta,\varphi) \mathbf{e}_q \tag{10.153}$$

で与えられる．$\boldsymbol{\mathcal{Y}}_{J\ell M}(\theta,\varphi)$ はベクトル球面調和関数 (vector spherical harmonics) と呼ばれる．

ベクトル球面調和関数は以下の性質をもつことを容易に示すことができる．

$$\hat{\mathbf{J}}^2 \boldsymbol{\mathcal{Y}}_{J\ell M}(\theta,\varphi) = J(J+1)\boldsymbol{\mathcal{Y}}_{J\ell M}(\theta,\varphi), \tag{10.154}$$

$$\hat{J}_z \boldsymbol{\mathcal{Y}}_{J\ell M}(\theta,\varphi) = M\boldsymbol{\mathcal{Y}}_{J\ell M}(\theta,\varphi), \tag{10.155}$$

$$\hat{\mathbf{L}}^2 \boldsymbol{\mathcal{Y}}_{J\ell M}(\theta,\varphi) = \ell(\ell+1)\boldsymbol{\mathcal{Y}}_{J\ell M}(\theta,\varphi), \tag{10.156}$$

$$\hat{\mathbf{S}}^2 \boldsymbol{\mathcal{Y}}_{J\ell M}(\theta,\varphi) = 2\boldsymbol{\mathcal{Y}}_{J\ell M}(\theta,\varphi), \tag{10.157}$$

$$\int d\Omega\, \boldsymbol{\mathcal{Y}}^*_{J\ell M}(\theta,\varphi) \cdot \boldsymbol{\mathcal{Y}}_{J'\ell' M'}(\theta,\varphi) = \delta_{JJ'}\delta_{\ell\ell'}\delta_{MM'}. \tag{10.158}$$

それぞれの J, M に対して軌道角運動量の異なる 3 種類の球面調和関数 $\boldsymbol{\mathcal{Y}}_{JJM}(\theta,\varphi), \boldsymbol{\mathcal{Y}}_{JJ\pm 1M}(\theta,\varphi)$ が存在することに注意しよう．それらは，パリティの違いによって，次の 2 つの組に分けることができる：

- $\boldsymbol{\mathcal{Y}}_{JJM}(\theta,\varphi)$：パリティ $(-1)^J$

これは，電気的多重極放射の磁場および磁気的多重極遷移の電場に対応する．

- $\boldsymbol{\mathcal{Y}}_{JJ\pm 1M}(\theta,\varphi)$：パリティ $(-1)^{J+1}$

これは，電気的多重極放射の電場および磁気的多重極遷移の磁場に対応する．

(2) 球面調和関数からの生成法　ベクトル球面調和関数は，通常の球面調和関数から次の演算によって生成することができる：

$$\boldsymbol{\ell} Y_{\ell m}(\theta,\varphi) = \sqrt{\ell(\ell+1)}\boldsymbol{\mathcal{Y}}_{\ell\ell m}(\theta,\varphi), \tag{10.159}$$

$$\frac{\mathbf{r}}{r} Y_{\ell m} = -\left[\frac{\ell+1}{2\ell+1}\right]^{1/2} \boldsymbol{\mathcal{Y}}_{\ell\ell+1 m}(\theta,\varphi) + \left[\frac{\ell}{2\ell+1}\right]^{1/2} \boldsymbol{\mathcal{Y}}_{\ell\ell-1 m}(\theta,\varphi) \tag{10.160}$$

(3) グラジエント (gradient) 公式

$$\nabla \Phi(r) Y_{\ell m} = -\left[\frac{\ell+1}{2\ell+1}\right]^{1/2}\left(\frac{d}{dr} - \frac{\ell}{r}\right)\Phi \boldsymbol{\mathcal{Y}}_{\ell\ell+1 m}(\theta,\varphi)$$

$$+ \left[\frac{\ell}{2\ell+1}\right]^{1/2}\left(\frac{d}{dr} + \frac{\ell+1}{r}\right)\Phi \boldsymbol{\mathcal{Y}}_{\ell\ell-1 m}(\theta,\varphi) \tag{10.161}$$

$$\nabla \times (\Phi(r)\boldsymbol{\mathcal{Y}}_{\ell\ell+1 m}) = i\left(\frac{d}{dr} + \frac{\ell+2}{r}\right)\Phi \left[\frac{\ell}{2\ell+1}\right]^{1/2} \boldsymbol{\mathcal{Y}}_{\ell\ell m}(\theta,\varphi) \tag{10.162}$$

d. 光子の固有関数

(1) 一般形　c で述べたように，光子の全角運動量が決められた値 (I とする) である場合，軌道角運動量の違いによって 3 つの独立なヘルムホルツ方程式の解が存在する．光子の波動関数であるためには，それらは，さらに，横波の条件 ($\boldsymbol{\nabla}\cdot\mathbf{A}=0$) を満たさなければならない．(10.159) 式から，$j_I(kr)\boldsymbol{\mathcal{Y}}_{IIM}(\theta,\varphi)$ は，その条件を満たしていることが分かる．この波動関数に直交するもう一つの波動関数は $j_{I+1}(kr)\boldsymbol{\mathcal{Y}}_{II+1M}(\theta,\varphi)$ と $j_{I-1}(kr)\boldsymbol{\mathcal{Y}}_{II-1M}(\theta,\varphi)$ の線形結合で与えられるが，そのうち，横波の条件を満たす唯一の波動関数は

$$\frac{i}{k}\boldsymbol{\nabla}\times j_I(kr)\boldsymbol{\mathcal{Y}}_{IIm} = \sqrt{\frac{I}{2I+1}}j_{I+1}(kr)\boldsymbol{\mathcal{Y}}_{II+1m} \\ -\sqrt{\frac{I+1}{2I+1}}j_{I-1}(kr)\boldsymbol{\mathcal{Y}}_{II-1m} \quad (10.163)$$

である．

それらを，磁気的輻射および電気的輻射と読んで区別し，それぞれ添字 M, E を用いて

$$\begin{aligned}\mathbf{A}_{MkIM}(\mathbf{r}) &= \mathcal{N}j_I(kr)\boldsymbol{\mathcal{Y}}_{IIM}(\theta,\varphi) \\ &= \frac{\mathcal{N}}{\sqrt{I(I+1)}}\frac{1}{i}(\mathbf{r}\times\boldsymbol{\nabla})j_I(kr)Y_{IM}(\theta,\varphi)\end{aligned} \quad (10.164)$$

$$\begin{aligned}\mathbf{A}_{EkIM}(\mathbf{r}) &= \frac{i}{k}(\boldsymbol{\nabla}\times\mathbf{A}_{MkIM}(\mathbf{r})) \\ &= -\frac{\mathcal{N}}{\sqrt{I(I+1)}}\frac{1}{k}\left\{\boldsymbol{\nabla}\left(Y_{IM}(\theta,\varphi)\frac{\partial}{\partial r}(rj_I(kr))\right)\right. \\ &\quad \left. + k^2\mathbf{r}j_I(kr)Y_{IM}(\theta,\varphi)\right\}\end{aligned} \quad (10.165)$$

と表すことにする．$\mathcal{N}$ は，規格化定数である．

(2) 波数の量子化　波数 k は，半径 R の完全導体球を考え[*11)]，その表面で成り立つ境界条件[43)]

$$\mathbf{E}_{//} = 0, \quad \mathbf{B}_\perp = 0 \quad (10.166)$$

を課すことによって量子化される．クーロンゲージでは $\mathbf{E}=-\frac{1}{c}\frac{\partial\mathbf{A}}{\partial t}, \mathbf{B}=\boldsymbol{\nabla}\times\mathbf{A}$ なので，(10.164) 式と (10.165) 式から，磁気的輻射および電気的輻射は，それぞれ

[*11)] R は量子化のために導入するものであり，原子核の半径に比べはるかに大きくとり，後で $R\to\infty$ の極限を考える．

$$\begin{cases} j_I(k_n R) = 0 & (\text{磁気的輻射}) \\ \left[\frac{\partial}{\partial r}(r j_I(k_n R))\right]_{r=R} = 0 & (\text{電気的輻射}) \end{cases} \tag{10.167}$$

のように量子化される.

(3) 規格化　　規格化定数は, $\lambda = M, E$ として

$$\int_0^R r^2 dr \int d\Omega\, \mathbf{A}^*_{\lambda' k' I' M'}(\mathbf{r}) \cdot \mathbf{A}^*_{\lambda \mathbf{k} \mathbf{I} \mathbf{M}}(\mathbf{r}) = \frac{2\pi\hbar \mathbf{c}}{\mathbf{k}} \delta_{\lambda\lambda'}\delta_{\mathbf{k}\mathbf{k}'}\delta_{\mathbf{I}\mathbf{I}'}\delta_{\mathbf{M}\mathbf{M}'} \tag{10.168}$$

のように決める. このとき, $R \to \infty$ の極限で j の漸近形と境界条件 (10.167) を用いて

$$\mathcal{N} = \sqrt{\frac{4\pi\hbar ck}{R}} \tag{10.169}$$

のように求まる.

10.9.3　多重極展開と量子化

横波の条件を満たすヘルムホルツ方程式の最も一般的な解は,

$$\hat{\mathbf{A}}(\mathbf{r}, t) = \sum_{\lambda k I M} \{\mathbf{A}_{\lambda k I M}(\mathbf{r}) e^{-ickt} \hat{a}^\dagger_{\lambda k I M} + \mathbf{A}^*_{\lambda k I M}(\mathbf{r}) e^{ickt} \hat{a}_{\lambda k I M}\} \tag{10.170}$$

で与えられる. 係数 $\hat{a}^\dagger, \hat{a}$ は電磁場を記述する独立変数であり, ボース統計の交換関係

$$[\hat{a}_{\lambda k I M}, \hat{a}_{\lambda' k' I' M'}] = 0, \quad \left[\hat{a}_{\lambda k I M}, \hat{a}^\dagger_{\lambda' k' I' M'}\right] = \delta_{\lambda\lambda'}\delta_{kk'}\delta_{II'}\delta_{MM'} \tag{10.171}$$

に従うものとする.

$\hat{a}^\dagger, \hat{a}$ を用いて, 輻射場のハミルトニアンと電磁相互作用のハミルトニアンは

$$\hat{H}_{field} = \sum_{k\lambda} \hbar kc \sum_{IM} \left\{\hat{a}^\dagger_{\lambda k I M} \hat{a}_{\lambda k I M} + \frac{1}{2}\right\}, \tag{10.172}$$

$$\hat{H}_{int} = -\frac{1}{c} \sum_{\lambda k I M} \left\{\hat{a}^\dagger_{\lambda k I M} \int \mathbf{j} \cdot \mathbf{A}_{\lambda k I M}(\mathbf{r}) d\mathbf{r} e^{-ikct} + h.c.\right\} \tag{10.173}$$

のように与えられる. また, 輻射場の固有状態は占拠数表示を用いて

$$|\ldots n_{\lambda k I M} \ldots\rangle \tag{10.174}$$

で与えられる.

$$|\langle\ldots n_{\lambda k I M} - 1\ldots|\hat{a}_{\lambda k I M}|\ldots n_{\lambda k I M}\ldots\rangle|^2 = n_{\lambda k I M}, \tag{10.175}$$

$$|\langle\ldots n_{\lambda k I M} + 1\ldots|\hat{a}^\dagger_{\lambda k I M}|\ldots n_{\lambda k I M}\ldots\rangle|^2 = n_{\lambda k I M} + 1 \tag{10.176}$$

なので, (10.173) 式中の $\hat{a}^\dagger, \hat{a}$ を通して, 光子の生成, 消滅が行われる. 一方, $\mathbf{j}$ を通して原子核の状態が変化する.

10.10 相対論的運動方程式およびディラック方程式の記号

ここでは，本書で用いたディラック方程式の記号と基礎的演算についてまとめておく．

$$x^\mu = (ct, \mathbf{x}), \qquad x_\mu = (ct, -\mathbf{x}), \tag{10.177}$$

$$p^\mu = (E/c, \mathbf{p}), \qquad p_\mu = (E/c, -\mathbf{p}), \tag{10.178}$$

$$\partial^\mu \equiv \frac{\partial}{\partial x_\mu} = \left(\frac{\partial}{c\partial t}, -\nabla\right), \qquad \partial_\mu \equiv \frac{\partial}{\partial x^\mu} = \left(\frac{\partial}{c\partial t}, \nabla\right), \tag{10.179}$$

$$g^{\mu\nu} = g_{\mu\nu} = \begin{pmatrix} 1 & 0 & 0 & 0 \\ 0 & -1 & 0 & 0 \\ 0 & 0 & -1 & 0 \\ 0 & 0 & 0 & -1 \end{pmatrix}, \tag{10.180}$$

$$a \cdot b = a_\mu b^\mu = a^\mu g_{\mu\nu} b^\nu = a^0 b^0 - \mathbf{a} \cdot \mathbf{b}, \tag{10.181}$$

$$\partial^\mu \partial_\mu = \partial^2/c^2 \partial t^2 - \boldsymbol{\nabla}^2, \tag{10.182}$$

$$\boldsymbol{\alpha} = \begin{pmatrix} 0 & \boldsymbol{\sigma} \\ \boldsymbol{\sigma} & 0 \end{pmatrix}, \qquad \beta = \begin{pmatrix} 1 & 0 \\ 0 & -1 \end{pmatrix}, \tag{10.183}$$

$$\gamma^0 = \beta, \quad \boldsymbol{\gamma} = \beta\boldsymbol{\alpha} = \begin{pmatrix} 0 & \boldsymbol{\sigma} \\ -\boldsymbol{\sigma} & 0 \end{pmatrix}, \quad \gamma^\mu = (\gamma^0, \boldsymbol{\gamma}), \tag{10.184}$$

$$\bar{\psi} = \psi^\dagger \gamma^0, \tag{10.185}$$

$$\hat{p}^\mu = i\hbar \frac{\partial}{\partial x_\mu} = \left(i\hbar \frac{\partial}{\partial(ct)}, i\hbar \frac{\partial}{\partial x_1}, i\hbar \frac{\partial}{\partial x_2}, i\hbar \frac{\partial}{\partial x_3}\right) \tag{10.186}$$

$$= i\hbar \vec{\nabla}^\mu = \left(i\hbar \frac{\partial}{\partial(ct)}, -i\hbar \frac{\partial}{\partial x}, -i\hbar \frac{\partial}{\partial y}, -i\hbar \frac{\partial}{\partial z}\right) \tag{10.187}$$

$$= i\hbar \left(\frac{\partial}{\partial(ct)}, -\boldsymbol{\nabla}\right). \tag{10.188}$$

文　　献

1) 八木浩輔『原子核物理学』(朝倉書店，基礎物理科学シリーズ 4, 1971 年)
2) 野上茂吉郎『原子核』(裳華房，基礎物理学選書，1973 年)
3) 杉本健三・村岡光男『原子核物理学』(共立出版，共立物理学講座 22, 1988 年)
4) 高田健次郎・池田清美『原子核構造論』(朝倉書店，朝倉物理学大系，2002 年)
5) 吉田思郎・河合光路『原子核反応論』(朝倉書店，朝倉物理学大系，2002 年)
6) 市村宗武・坂田文彦・松柳研一『原子核の理論』(岩波書店，岩波講座 現代の物理学 9, 1993 年)
7) 小林俊雄・田村裕和・清水肇著『ハイパー核と中性子過剰核』(朝倉書店，現代物理学 [展開シリーズ]，近刊)
8) J. M. Blatt and V. F. Weiskopf, "Theoretical Nuclear Physics"(Wiley, New York, 1952).
9) Aage Bohr and Ben R. Mottelson, "Nuclear Structure, Vol. I"(Benjamin, New York, 1969)
10) Aage Bohr and Ben R. Mottelson, "Nuclear Structure, Vol. II"(Benjamin, Reading, 1975)
11) P. Ring and P. Schuck, "The Nuclear Many-Body Problem"(Springer-Verlag, Berlin, 1980)
12) D. R. Tilley et al., Nucl. Phys. A708(2002)3.
13) C. M. Lederer and V. Shirley, "Table of Isotopes, Seventh Edition"(John Wiley and Sons, New York, 1978)
14) Review of Particle Physics(1957-2006), particle data group, J. of Physics G33(2006).
15) W. N. Cottingham and D. A. Greenwood, "An Introduction to Nuclear Physics, Second Edition" (Cambridge University Press, Cambridge, 2001)
16) T. De Forest, Jr. and J. D. Walecka, Advances in Physics 15(1966)1.
17) G. E. Brown, "Unified Theory of Nuclear Models and Forces"(North-Holland, Amsterdam, 1967)
18) G. E. Brown and A. D. Jackson, "The Nucleon-Nucleon Interaction"(North-Holland, Amsterdam, 1976)
19) W. S. C. Williams, "Nuclear and Particle Physics" (Oxford University Press, Oxford, 1991)
20) M. A. Preston, "Physics of the Nucleus" (Addison-Wesley, London, 1962)
21) N. A. Jelley, "Fundamentals of Nuclear Physics" (Cambridge Univerity Press, Cambridge, 1990)
22) W. Greiner and J. A. Maruhn, "Nuclear Models" (Springer, Berlin, 1995)
23) A. de-Shalit and I. Talmi, "Nuclear Shell Theory"(Academic Press, New York, 1963)

24) D. M. Brink and G. R. Satchler, "Angular Momentum" (Oxford University Press, Oxford, 1962)
25) Ken Kikuchi and Mitsuji Kawai, "Nuclear Matter and Nuclear Reactions" (North-Holland, Amsterdam, 1968)
26) G. R. Satchler, "Direct Nuclear Reactions" (Clarendon Press, Oxford, 1983).
27) P. Fröbrich and R. Lipperheide, "Theory of Nuclear Reactions" (Oxford Science Publications) (Clarendon Press, Oxford, 1996)
28) 久保謙一・鹿取謙二『スピンと偏極』(培風館, 新物理学シリーズ 27, 1994 年)
29) F. Iachello and A. Arima, "The Interacting Boson Model" (Cambridge University Press, Cambridge, 1987)
30) R. Vandenbosch and J. R. Huizenga, "Nuclear Fission" (Academic Press, New York and London, 1973)
31) J. D. Bjorken and S. D. Drell, "Relativistic Quantum Mechanics" (McGraw-Hill, New York, 1964)
32) F. Halzen and A. D. Martin, "Quarks and Leptons" (John Wiley and Sons, New York, 1984)
33) 市村　浩『統計力学』(裳華房, 1992 年)
34) A. Messiah, "Mecanique Quantique" [メシア (小出昭一郎・田村二郎訳)『量子力学 1～3』(東京図書, 1971-1972 年)]
35) J. J. Sakurai, "Modern Quantum Mechanics" (Addison-Wesley, New York, 1985)
36) 小谷正雄・梅沢博臣編『大学演習　量子力学』(裳華房, 1959 年)
37) 久保亮五編『大学演習　熱学・統計力学[修訂版]』(裳華房, 1998 年)
38) W. Greiner, "Relativistic Quantum Mechanics" (Springer, Berlin, 2000)
39) D. M. Brink and R. A. Broglia, "Nuclear Superconductivity: Pairing in Finite Systems" (Cambridge University Press, Cambridge, 2005)
40) P. J. Siemens and A. S. Jensen, "Elements of Nuclei" (Addison-Wesley, New York, 1987)
41) 恒藤敏彦『超伝導・超流動』(岩波書店, 岩波講座 現代の物理学, 1993 年)
42) M. Abramowitz and I. A. Stegun, "Handbook of Mathematical Functions with Formulas, Graphs, and Mathematical Tables" (Dover, London, 1965)
43) J. D. Jackson, "Classical Electrodynamics, Third Edition" (Wiley, New York, 1998)
44) A. H. Wapstra and G. Audi, Nucl. Phys. A432(1985)p.1.
45) G. Audi, A. H. Wapstra and C. Thibault, NPA729(2003)337.
46) P. Möller, J. R. Nix, W. D. Myers and W. J. Swiatecki, Atomic Data and Nuclear Tables. 59(1995)185; P. Möller and J. R. Nix, Nucl. Phys. A536(1992)20; H. Koura, M. Uno, T. Tachibana and M. Yamada, Nucl. Phys. A674(2000) ; Prog. Theor. Phys. 113(2005).
47) A. M. Lane and R. G. Thomas, Revs. Mod. Phys.30(1958)257.
48) A. Arima and H. Horie, Prog. Theor. Phys. 12(1954)623.
49) T. H. R. Skyrme, Phil. Mag.1(1956)1043; Proc. Phys. Soc.(London)A70(1957)433; Nucl. Phys.9(1959)615.
50) D. Vautherin and D. M. Brink, Phys. Rev.5(1972)626.
51) B. D. Serot and J. D. Walecka, Adv. Nucl. Phys. 16(1986)1.
52) P. Ring, Y. K. Gambhir and G. A. Lalazissis, Comp. Phys. Comm.105(1997)77; Y. K. Gambhir, P. Ring and A. Thimet, Ann. Phys.(N. Y.)198(1990)132.

53) S. G. Nilsson, Mat. Fys. Medd. Dan. Vid. Selsk.29(1955)No.16.
54) B. R. Mottelson and S. G. Nilsson, Mat. Fys. Skr. Dan. Vid. Selsk.1, no.8(1959); C. Gustafson, I. L. Lamm, B. Nilsson and S. G. Nilsson, Arkiv Fysik 36, 613(1967).
55) V. M. Strutinsky, Yad. Fiz.3(1966)614;Sov. J. Nucl. Phys.3(1966)449; Nucl. Phys. A95(1967)420; Nucl. Phys. A122(1968)1.
56) D. M. Brink and N. Takigawa, Nucl. Phys. A279(1977)p.159.
57) D. M. Brink, "Semi-Classical Methods for Nucleus-Nucleus Scattering"(Cambridge University Press, London, 1985)
58) P. Hänggi, P. Talkner and M. Borkovec, Rev. Mod. Phys.62(1990)251 および引用文献.
59) U. Weiss, "Quantum Dissipative Systems" (World Scientific, Singapore, 1999)
60) 戸田盛和・斎藤信彦・久保亮五・橋爪夏樹『統計物理学』(岩波書店，新装版 現代物理学の基礎 5，2011 年)
61) H. Risken, "The Fokker - Planck Equation" (Springer-Verlag, Berlin, 1989)
62) R. P. Feynman and A. R. Hibbs, "Quantum Mechanics" and Path Integrals(Mc Graw-Hill, New York, 1965)
63) D. D. Clayton, "Principles of Stellar Evolution and Nucleosynthesis"(The University of Chicago Press, Chicago, 1968)p.366
64) C. E. Rolfs and W. S. Rodney, "Cauldrons in the Cosmos"(The University of Chicago Press, Chicago, 1988)
65) I. J. Thompson and F. M. Nunes, "Nuclear Reactions for Astrophysics: Principles, Calculation and Applications of Low-Energy Reactions" (Cambridge University Press, Cambridge, 2009)
66) ビデオ『元素誕生の謎にせまる　増補版』(理化学研究所・望月優子・谷畑勇夫・矢野安重監修，2002 年制作)

索　引

$1/v$ 則　53, 197

Argonne v_{18}　73

BCS 理論　151
β 崩壊　6
β^+ 崩壊　40
β^- 崩壊　40
bimodal fission　184
BNL　11
breathing mode　133

CERN　11
charge exchange　62
CIB　82
CNO サイクル　31
color singlet　114
CSB　82

D_{3h}　35, 36
Δ　1, 3
δ 型残留相互作用　119
$dt\mu$ 反応　34

e 質量　142
E 状態　61
E2 遷移の演算子　192

g 因子　92, 223
G 行列　85–87
G 行列理論　85, 130
γ 過程　199
GSI　123

HFB 理論　151

J-PARC　9

k 質量　142

Lattice QCD 計算　80
LHC　11
LS-splitting　36

NS anomaly　82

O 状態　61
off-shell 効果　81
ω 質量　142
ω 中間子　80
OPEP　79, 84

p 過程　199
$pd\mu$ 反応　34
π 中間子　58, 78
plum pudding 模型　12
pp チェイン　31

Q 値　42
QCD　10, 87
QCD 相図　10

r 過程　37, 194, 198
R 行列理論　106, 180
raisin bread 模型　12
RHIC　11
ρ 中間子　80
rp 過程　199

s 過程　40, 194, 198, 199
S 行列の極　106, 175
SHIP　123
Si 燃焼反応　36
σ 粒子　80
σ, ω, ρ 模型　143
spin exchange　62
spin flip　77

T 行列　85
TOF 法　56

UMOA　87
WKB 近似　178, 204–206, 208, 211, 213

ア　行

アイコナール近似　24, 209
アイソスカラー型　133
アイソスピン　2–4, 78
　——一重項　39, 61, 63
　——演算子　2
　——空間　2
　——空間の波動関数　61
　——交換演算子　62
　——三重項　39, 61, 63
　——射影演算子　63
アイソトープシフト　148
アイソマー状態　113
アクチナイド核　172
浅いポテンシャル　179, 221
熱い核融合　121
圧縮性の振動励起　135, 136
圧縮率　130
圧力　136
有馬朗人　113
アルカリ金属クラスターの魔法数　108
アルゴンヌポテンシャル　81
アルファ核　30
アルファクラスター構造　182
アルファ崩壊　43, 123, 174, 177, 221
　——の Q 値　175
　——の半減期　43
アルファ崩壊幅　175, 182, 220
　——の公式　181
アルファ粒子の非弾性散乱　167

236　　　　　　　索　　引

アルファ粒子模型　34, 165
亜鈴型構造　165
アレニウス因子　184
安定線　39
安定な原子核　174
鞍点　46
鞍点法　196, 202

イェンゼン　108
生き残る確率　123
池田図　185
異常磁気能率 (異常磁気モーメント)　4, 5, 91, 92, 114
位相空間での等価ポテンシャル　214
位相のずれ　71, 76, 201
位相のずれ解析 (位相差解析)　71, 75
一重三重偶状態　62
一体のスピン・軌道相互作用　116
一様近似　48, 208
一様近似の式　43, 48, 183
1粒子準位の占拠確率　154
1粒子的　189
1粒子模型　110
因子 N　176

ウィグナー・エッカートの定理　187, 217, 218
ウィグナー極限　181
ウィグナーの $\mathcal{D}$ 関数　192
ウィグナー変換　213
ウィグナー力　74
ヴィルダームート条件　179
ヴェスマン機構　34
渦なし　192
宇宙の年齢　174
ウッズ・サクソン型　20
ウッズ・サクソンポテンシャル　101
運動エネルギー密度　132
運動量依存性　126

エアリー関数　208
液相・気相相転移　140
液滴模型　25, 42, 51, 54, 99, 107, 168

エネルギー依存性　126
エネルギー依存ポテンシャル　212
エネルギー密度　139
エネルギー問題　33
エリオットの SU_3 模型　35

オイラー角　161, 192
オイラー・ラグランジュ方程式　79, 144
オブレイト型　170
オブレイト型軸対称変形　162
オブレイト変形　97, 166
重い元素の合成　40, 198

カ　行

ガイガー・ヌッタル則　183
回折効果　15
回折的アイコナール近似　25
回折模様　15, 19, 24
回転運動　157, 193
回転座標変換　160
回転スペクトル　35
回転帯　56
回転変換　214
　　――に対する生成演算子　215
カイラル摂動論　80
ガウス型　21, 87
核エネルギー　51
殻効果　8, 42, 50, 54, 168
　　――による核分裂障壁　121
殻構造　173
拡散方程式　184
核子　2
　　――の構造　4, 16
核子・核子散乱　66
　　――の位相差　75
核子間の平均間隔　26
核磁気共鳴法　94
核磁気モーメント　68
核磁子　4
核子・振動運動相互作用　142
核子数密度　25, 26
核図表　8
角相関　89
拡張されたトーマス・フェルミ

近似　139
核内での有効相互作用　85, 87
核破砕過程　141
核破砕反応　135, 136, 140
核物質　126, 133, 136, 139
　　――の非圧縮率　133
核物質近似　128
核分裂　41, 99, 174, 183
　　――に対するポテンシャル面　169
　　――の閾値　49
　　――の半減期　49
核分裂異性体 (核分裂アイソマー)　54, 56, 172
核分裂障壁　46, 51, 55
　　――の高さ　134
核分裂性パラメーター　44–46, 49, 51
核分裂片　41, 44
核変換　54
殻補正　44, 51
殻補正エネルギー　54
殻模型　20, 34, 107, 180
核融合反応　30, 40, 214
確率微分方程式　123
核力　58
　　――の荷電依存性　82
　　――の荷電対称性　64
　　――の荷電対称性の破れ　82
　　――の荷電独立性　72
　　――の荷電独立性の破れ　81
　　――の交換性　87
　　――の状態依存性　60, 72
　　自由空間での――　84
核力パラメーター　73
核力ポテンシャル　85
暈原子核　21
重なり関数　25
カスケードガンマ線　89
形の相転移　159
荷電
　　――空間　2
　　――交換演算子　62
　　――(スピン) 一重項　39, 61, 63
　　――(スピン) 演算子　2
　　――(スピン) 三重項　64
　　――(スピン) 多重項　64

索引

荷電依存性　82
荷電対称性　64
　——の破れ　82
荷電独立性　64
　——の破れ　81
荷電半径の同位体変化　172
ガモフ因子　179, 181, 182, 195
ガモフエネルギー　196
ガモフピーク　195, 196
ガモフ模型　176, 177, 181, 220
カラー(色)の自由度　114
軽い核の変分計算　88
換算行列要素　217
換算遷移確率　185, 187, 188
換算幅　181
慣性閉じ込め　33
慣性能率(慣性モーメント)　149, 157, 193
完全核融合反応　185
完全剛体球模型　129
ガンマ線　174
ガンマ(線)遷移　174, 188
ガンマ線放射　185

幾何学因子　217
幾何学的集団運動模型　161, 191
奇核の基底状態　167
擬核分裂反応　185
奇・奇核　30
擬スピン法　121, 154
擬スピン理論　150, 151
既存在因子　180, 182
希土類原子核　172
既約テンソル　150, 216, 217
ギャップパラメター　154, 155, 170, 171
ギャップ方程式　154, 170, 171
吸収材　51, 52
吸収断面積　70
吸熱反応　37, 42
球面スピノル関数　146
球面調和関数　217, 226
キュムラント展開　25
鏡映核　22, 64

強結合状態　97
共鳴群の方法　179, 211
共鳴状態　106, 175
局所運動量　206
局所運動量近似　214
局所ポテンシャル　211
局所密度近似　126
極変形状態　56
巨視的-微視的方法　51, 168
巨大共鳴　16
巨大四重極共鳴　193
金属クラスター　169
金属の超伝導　150
金属マイクロクラスター　36

空間交換演算子　63
空間対称性　34, 36
　——の破れ　35
空間的に局在化した二体相関　156
偶奇性質量パラメター　30
クエンチング効果　92, 113
クォーク　1
クォーククラスター模型　80
クォーク・グルーオン・プラズマ　10
クォーク模型　3, 4, 114
屈折効果　15
クーパー対　121
　——の空間構造　156
クライン・ゴルドン方程式　59, 78, 145
グラウバー理論　24, 25, 209
グラジエント公式　226
クラスター構造　34, 88
クラスター崩壊　174
クラスター放射能　174
クラスター模型　35, 165, 180
クラマース因子　184
クラマースの式　184
グリッチ　150
グリーン関数　60
グリーン関数法　60
クレブシュ・ゴルダン係数　96
グローリー散乱　202
クーロンエネルギー　38, 39, 45
クーロンゲージ　224

クーロン散乱　13, 193
クーロン障壁　7, 28, 195
クーロン波動関数の漸近形　222

軽元素の合成　40
形状因子　17, 18
経路積分法　185
ゲージ粒子　58, 60
ケスター線　143
結合エネルギー　29, 67, 72, 100, 168
　——の飽和性　30, 99
結合チャネル法　123
原子核の形　191
原子核の対相関　150
原子核の表面張力　38
現実的な現象論的ポテンシャル　82
現実的なポテンシャル　81
原子の魔法数　100
原子番号　1
原子模型　12
減少率法　23
現象論的核力　81, 87
現象論的ポテンシャル　87
　現実的な——　82
現象論的有効相互作用　87
原子力発電　51
原子炉　48, 51
元素記号　1
減速材　51, 52, 54
元素合成　198, 199
　初期宇宙での——　194
元素生成反応　194
元素存在量　10, 198
元素の周期律表　108

高エネルギー散乱　73, 202
高エネルギー重イオン衝突　11
高エネルギー電子散乱　4
高エネルギーのガンマ線　187
高温核融合　33
高温高密度　140
光学極限　25, 209
光学定理　202, 210
交換演算子　60, 62
交換関係　27

交換特性　129
交換力　73
光子
　——の固有関数　227
　——のスピン　224
　——の内部スピン　225
　——の内部スピン演算子　225
　——の波動関数　224, 226
高スピン状態　172
構成子クォーク　114
合成テンソル　218
拘束条件付ハートリー・フォック計算　169
高速炉　54
高密度領域の飽和性　129
呼吸　100
古典軌道　13
古典的転回点　48, 176, 206
ゴニー力　88
コヒーレンス長　156
固有電気四重極モーメント　97
コンプトン波長　7, 58–60, 69, 80

サ　行

再活性化　34
再配向効果　193
サーバー交換ポテンシャル　117
サーバー力　75, 87
作用積分　204, 205, 207
三軸非対称変形　162
三重水素　30
三重陽子　30
三体力　130, 138
散乱行列　201
散乱長　71, 73
散乱半径　71, 72
散乱振幅　201, 209
残留相互作用　112, 119, 149

磁化電流　91
時間反転　64, 152
時間反転の演算子　152
磁気 2^λ 重極演算子　94, 187
磁気双極子　66, 67

磁気双極子モーメント　3, 4, 89, 90, 96, 111
磁気的遷移　187
磁気的多重極遷移　226
磁気的輻射　186, 227
磁気能率 (磁気モーメント)　4, 68
軸対称四重極変形　192
自己相互作用　144
自己無撞着の条件　163
四重極モーメント　69, 89, 90, 93, 219
指数関数因子　177
指数関数前因子　177
質量　29
質量公式　37–39
質量数　1, 8
質量非対称性分裂　56
質量パラメター　51
質量分布　23
シニョーリティ　151
自発核分裂　41, 42, 184
　——の寿命　49
自発対称核分裂　42, 44
磁場による閉じ込め　33
射影演算子　60, 63
射影演算子法　87, 154
射影定理　68, 111, 218
弱結合状態　97
遮蔽エネルギー　195
遮蔽効果　27, 28, 33, 196
遮蔽長　28
重イオン核反応　185
重イオン核融合反応　157, 193
重イオン散乱　214
自由空間での核力　84
終状態の密度　186
重水素　30
集団運動　157, 188, 191
集団運動的　189
集団運動模型　90, 191
集団運動励起　110
重陽子　1, 8, 30, 66
重粒子崩壊　174, 182
重力　6, 58
重力崩壊　37
重力崩壊型超新星爆発　36
十六重極変形　160

十六重極変形パラメター　44
縮退圧　27, 37
縮退極限　137
主系列星　30
シュミット線　111
準安定状態　175, 176
準位間隔　115
準位構造　191
準位密度　142
準位密度パラメター　142
状態方程式　129, 135, 136, 139
焦点現象　202
蒸発過程　123
蒸発残留核　123
蒸発理論　53
障壁透過確率　208
初期宇宙での元素合成　194
芯外中性子　108
親核　174
振動子パラメター　103
振動数パラメター　163
振動励起　158, 191
侵入者状態　107
芯の部分　108
深部非弾性散乱　185, 214
芯 (の) 偏極 (芯のくずれ)　111, 112, 189

酔歩現象　185
スカーム・ハートリー・フォック計算　128, 132
スカーム力　88, 129
　——のパラメター　134
スカラー積　218
スカラー場　146
ストラチンスキー (の殻補正) 法 (ストラチンスキーの処方箋)　168
ストレンジネス　3
ストレンジネス数　9
スピノダル線　139, 141
スピン
　——一重項　61, 63
　——交換演算子　62
　——三重項　61, 63
　——射影演算子　63
　——波動関数　61

スピン g 因子　91
スピン依存力　70
スピン・軌道相互作用　36, 66, 105, 107, 116, 147, 165
スピン偏極　77
スピン密度　132
スレーター行列式　124

制御棒　52
性質の良いポテンシャル　129
静的近似　79
静的ポテンシャル　64
赤色巨星　194
積分表示　202
斥力芯　37, 75, 76, 80–82, 85, 129, 138, 179
　——の位置　84
　——の半径　77, 129
摂動角相関法　94
節の数　179
遷移状態の方法　184
線形拘束法　169
選択則　95, 187, 214
全断面積　202
全非弾性散乱の断面積　202

双極子型の形状因子　22
相互作用するボソン模型　161
相図　10
相対論的平均場理論　143, 170
　——の入力パラメター　149
即発中性子　52
阻止能　34
ソフトコアポテンシャル　81
存在量　9
ゾンマーフェルトパラメター　195
ゾンマーフェルト・ワトソン変換　203

タ 行

待機点　198
待機点核　198
対称エネルギー　38, 40
対称エネルギー項　38, 39
対称エネルギー補正　38
対称核分裂　42, 184

対称性　34, 35, 63
体積項　38
タイヒマン・ウィグナー和則　181
太陽中の陽子・陽子衝突　7
太陽ニュートリノ　33
太陽ニュートリノ問題　32
太陽の中心温度　7, 32
対流電流　91
多次元空間の量子トンネル効果　43, 46, 184
多次元脱出経路法　184
多重極遷移　185
多重極遷移演算子　186, 187
多重極対相関　150
多重極展開　228
多重散乱　85, 86
多層核図表　9
多体効果　130
正しい漸近形　208
谷・フォルディ・ボートホイゼン変換　147
たまねぎ構造　36
ダランベールの (方程) 式　59, 145
単極子振動　135
単極子振動運動　133
単極子対相関近似　154
単極子対相関模型　150
単極子対相関　150
弾性散乱　201, 202
炭素爆燃型超新星爆発　36
短波長近似　204
単粒子評価　188
単粒子模型　188, 191

遅発中性子　52
チャネル結合効果　182
チャネル半径　180
中間子効果　113
中間子　84
中間子論　4, 78, 87
中高エネルギー原子核・原子核衝突　135, 140, 141
中心力　84
中心力ポテンシャル　64
中性子　1
　——の量　20

——の結合エネルギー　48
——のベータ崩壊　6
中性子畳原子核　21
中性子過剰核　100, 134, 198
中性子吸収断面積　52
中性子欠損核　100
中性子散乱　23
中性子数　1, 8
中性子スキン　20
中性子星　6, 136, 139, 150, 199
中性子ドリップライン　20
中性子物質　134
中性子分布　20, 170
中性子崩壊　106
中性子捕獲反応　37, 40, 194, 197
中性子誘起核分裂反応　54
中性子・陽子散乱　73
超重核　8, 121
超重元素　8, 121
超新星爆発　27, 36, 135, 136, 139, 194, 198
長波長近似　186, 187
超微細構造　92
超変形回転帯　172
超変形状態　56, 172, 173
　——の変形度　173
超流動状態　121, 150
　$^3P_2$ の——　150
　$^1S_0$ の——　150
超流動性　171
調和振動子模型　102, 104, 192
直接積分法　125, 147

対相関　38, 49, 110, 118, 119, 121, 149, 171
　——の強さ　155
対相関エネルギー　31
対相関長　156
冷たい核融合　121
強い相互作用　1, 6, 7
強い力　58
　——の場　59

低エネルギー散乱　73
定常位相近似　202

定数 Δ 法　170, 171
定数 G 法　170
ディラック方程式　144
　——の記号　229
ディラック理論　4, 91
鉄の芯　36
デバイ・ヒュッケルの式　28
転回点　48, 206
展開法　125
電荷分布　23
電荷密度重　89
電気 2^l 重極演算子　187
電気双極子モーメント　90
電気的遷移　187
　——の演算子　191
電気的多重極放射　226
電気的輻射　227
電気四重極モーメント　68, 90, 96, 157, 192
点群　35, 36
電磁気力　58
電子散乱　15
電磁遷移　185, 188, 222
電磁遷移確率　191
電磁相互作用　6
　——のハミルトニアン　89, 228
電磁多重極演算子　94
電磁多重極モーメント　89
電子の磁気モーメント　4
電子のドブロイ波長　16
電子捕獲　27, 40
電子捕獲反応　37, 40
テンソル　160
テンソル演算子　65, 214, 215
テンソル性　95, 214
テンソル積　65, 218
テンソル代数　214
テンソル力　66, 67, 80, 84, 107, 116
天体現象　199
天体物理因子　195
天然原子炉　54
電流密度　89

同位核　8
同位体　8
同位体変化　158, 172

透過因子　181
等価局所ポテンシャル　125, 128, 213
透過係数　181
等価な微分方程式　211
等価な有効局所ポテンシャル　211, 214
等価半径　21, 191
透過率関数　24
動径形状因子　87
同重核　8, 64
同重体　8
同調核　8
同調体　8
ドゥブナ　123
独立粒子模型　107
土星型原子模型　12
トーマス・フェルミ近似　25, 28, 38, 132
　拡張された——　139
ドリップライン　21, 25
ドリップライン近傍核　170
トンネル効果　8, 43, 50, 175, 195, 222
　——の確率　176, 178

ナ 行

内向波境界条件　197
内部転換　193
内部転換係数　193
内部四重極モーメント　97, 192, 219
ナイメーヘンポテンシャル　81

2 核子移行反応　149
2 核子系の状態分類　60
虹散乱　202
2 次の拘束法　169
2 次のスピン軌道相互作用　83
二重拘束法　154
二重畳み込みポテンシャル　210
二重閉殻核　108
二重魔法数核　108
二体のスピン・軌道相互作用　116
2 ポテンシャル法　178

2 陽子放出崩壊　174
ニルソン準位　165–167

熱核融合反応　194
熱中性子　41, 49, 52, 71, 72
熱中性子反応　52
熱中性子誘起核分裂　41, 53
熱崩壊　183
粘性係数　184

濃縮ウラン　52

ハ 行

配位混合　112
媒質効果　129
ハイゼンベルク演算子　62
ハイゼンベルクの谷　39, 40
ハイパー核　9
ハイブリッド模型　36
パウリ禁止状態　179, 221
パウリ原理　26
パウリ効果　39
パウリスピン演算子　2
パウリ（の）排他律　86, 100, 179
崩壊連鎖　123
爆縮　37
爆発的な天体現象　194
箱型井戸模型　101
はしご散乱　85
長谷川・永田力　88
八重極振動　161
八重極変形　45
発熱反応　42
ハードコア　85
ハードコアポテンシャル　81
ハートリー・フォック＋BCS 理論　153, 170
ハートリー・フォック計算　88
ハートリー・フォック方程式　125
ハートリーポテンシャル　125
バートレット演算子　62
浜田・ジョンストンポテンシャル　81, 82
ハミルトン・ヤコビの式　205
パラ水素分子　72

パリティ選択則　188
パリティ二重項　56
パリティ二重項回転運動模型　56
パリティー変換　64
パリポテンシャル　81
パルサー　150
半径パラメター　21
半減期　43, 51, 175
半古典論　24, 43, 176, 204, 206
反対称化　179
　——の効果　214
反転対称性　45
反応率　196
反復法　125, 147

非圧縮性　44
　——の条件　163
非圧縮性流体　192
非圧縮率　130, 133–135, 139, 144
比較方程式　207, 208
比較方程式法　206
光吸収　188
光分解反応　37, 199
光誘起核分裂　47, 49
非局所性　81, 211
　——の度合い　213
非局所ポテンシャル　125, 211, 214
飛行時間法　56
彦坂忠義　107
微細構造　55, 92
微小回転の演算子　216
微積分方程式　211
非線形項　144
非相対論的近似　147
非相対論的ハートリー・フォック理論　143
非対称核分裂　41, 42, 99, 184
非弾性散乱　201, 202
非中心力ポテンシャル　64, 65
ビッグバン　194
ビッグバン元素合成　194
微分断面積の極小点 (dip)　20
標準密度　138

表面エネルギー　45
表面項　38
表面効果　107
表面の厚み　141, 144
表面のぼやけ　38
　——のパラメター　20
ビリアル定理　115

ファデーエフ　130
不安定原子核　20, 107, 156, 170, 198
ファン・デル・ワールスの状態方程式　140
フェッシュバッハ　87
フェルミ運動量　25, 26
フェルミエネルギー　26, 101
フェルミ気体模型　25
フェルミの黄金律　185
フェルミ波数　26
フェルミ面での核子のスピード　26
フォッカー・プランク方程式　184
フォック項　128, 211
フォックポテンシャル　125
深いポテンシャル　179, 180, 221
不確定性関係 (不確定性原理)　27, 59
複合核間のポテンシャル　179
複合核反応　99, 180
輻射場のハミルトニアン　224, 228
複素エネルギー面　106
複素スケーリング則　175
付着率　34
物質内での核反応　34
物質の相図　10
物体固定系　161
部分波展開　71, 201, 202
不変性　63
ブラウン運動　184
フラウンホーファー回折　19, 24
フラウンホーファー散乱　23
フーリエ変換法　59
ブリンク・ベーカー力　88
ブルックナー・ハートリー・フォック計算　143
ブルックナー理論　85
振る舞いの良いポテンシャル　129
フレネル回折　15
フレネル散乱　15
フレーバー空間　114
フレロフ原子核反応研究所　121
プロレイト型　170
プロレイト型軸対称変形　162
プロレイト変形　97, 166
分岐比　175
分子構造模型　34
分子線法　94
分子的構造　35
分子的描像　34
分配関数　185
分離エネルギー　29
分離型　213
分裂点　42, 44

平均寿命　3
平均的な結合エネルギー　51
平均的ポテンシャル　101
平均二乗根半径　21
平均二乗半径　115
平均場理論　85, 143, 145
並進変換　214
　——を記述するユニタリー演算子　215
ベクトル演算子　217
ベクトル関数　224
　——の変換性　224
ベクトル球面調和関数　224, 226
ベクトル場　146
ベクトル波動関数　224
ベータ崩壊　40, 174, 198
ベーテ・ゴールドストーン方程式　86
ベルヌーイの公式　137, 138
ヘルムホルツ方程式　224
偏極　70, 187
偏極現象　143
偏極電子　4
変形殻模型　163, 166, 173
変形共存　159

変形した調和振動子場 163
変形している原子核の存在領域 159
変形度 163, 191
変形パラメター 44, 159
変形パラメター (β, γ) 162
変分法 88

ボーア磁子 4
ポアソンの和公式 23, 204
ボーア・モッテルソン模型 191
ホイッタカー関数 208
ホイル状態 35
崩壊を試みる回数 177
放射性中性子捕獲 89
放射性廃棄物 54
放射能 174
飽和性 88, 129, 136, 138, 143
飽和密度 134
星の中での元素合成 194
ポテンシャル障壁 44
堀江久 113
ボルコフ力 88, 117
ボルン近似 210
ボンポテンシャル 81

マ 行

マグネトン 3
摩擦係数 184
マックスウェル・ボルツマン分布 196
魔法数 9, 66, 99, 100, 103, 104, 198
マヨラナ演算子 63
マヨラナ力 74

密度依存性 87
密度依存力 138
密度の飽和性 21, 25, 87, 99
ミネソタ力 88
ミュー粒子原子 22, 34
ミュー粒子触媒核融合反応 33

無限核物質 129
無限小並進変換の生成演算子 214
無限の箱型井戸模型 104
娘核 43, 174
無撞着条件 173

メイヤー 108
切断点 42

モット散乱断面積 18

ヤ 行

山之内恭彦 107
ヤーン・テラー効果 36, 165

誘起核分裂 41, 42
有効核力 85, 87
　　核内での―― 87
有効距離 71–73
　　――の理論 70, 71, 73
有効三体力 132
有効質量 51, 126–128, 132, 134, 142, 146, 211
有効質量パラメター 213
有効相互作用 88
　　核内での―― 85
有効多体相互作用 129
有効電荷 189, 191
有効半径 21
湯川型 60, 87
輸送理論 123
ユニタリティ 202

陽子 1, 8
陽子過剰核 100, 174, 199
陽子・原子核散乱 143
陽子数 1, 8
陽子分布 20, 170
陽子崩壊 106
陽子放出崩壊 174, 180
陽子・陽子連鎖反応 31
横波表示 224
4つの力 5, 58
余分な状態 179
弱い相互作用 6, 58
四重極振動 161, 192
四重極遷移確率 191
四重極対相関 150

四重極変形 160
四重極変形パラメター 44
[44] 対称性 36

ラ 行

ラグランジアン密度 78, 143
ラグランジュ乗数 169
ラザフォード散乱 12–14
　　――の微分断面積 18
ラビの再収斂法 94
ランガーの置き換え 204, 205
ランク k の既約テンソル 216
ランク 1 のテンソル 217
ランジュバン方程式 185
ランタノイド 191

理化学研究所（理研） 121
力学的に不安定な領域 140
力学的不安定性 141
リードソフトコアポテンシャル 81
リードハードコアポテンシャル 81
リードポテンシャル 83
粒子数の揺らぎ 154
粒子崩壊 187
流体模型 193
量子拡散理論 123
量子化条件 176, 222
量子効果 42, 193
量子色力学 1, 80
量子的な液体 21
量子電磁力学 4
量子トンネル効果 28, 43, 183
　　多次元空間の―― 43, 46, 184
量子崩壊 183
量子揺らぎ 185
量子流体 21, 193
臨界温度 139, 183
臨界値 46
臨界量 52

励起関数 47
レイリー・シュレディンガー摂動論 85

レインポテンシャル 116, 117
連鎖反応 51, 52

ローゼンフェルト力 87
ローレンスリバモア国立研究所 123

ワ 行

ワイスコップ単位 188, 189

ワイツゼッカー項 141
ワイツゼッカー・ベーテの質量公式 37
ワイツゼッカー補正 140

著者略歴

滝川　昇（たきがわ　のぼる）

1943 年　茨城県に生まれる
1971 年　東京大学大学院理学系研究科博士課程修了
現　在　東北大学名誉教授
　　　　東北工業大学教授
　　　　理学博士

現代物理学［基礎シリーズ］8
原子核物理学

定価はカバーに表示

2013 年 4 月 25 日　初版第 1 刷
2018 年 7 月 25 日　　　第 2 刷

著　者　滝　川　　　昇
発行者　朝　倉　誠　造
発行所　株式会社　朝　倉　書　店

東京都新宿区新小川町 6-29
郵便番号　　162-8707
電　話　03(3260)0141
Ｆ Ａ Ｘ　03(3260)0180
http://www.asakura.co.jp

〈検印省略〉

Ⓒ 2013　〈無断複写・転載を禁ず〉　　　　中央印刷・渡辺製本

ISBN 978-4-254-13778-1　C 3342　　Printed in Japan

JCOPY ＜(社)出版者著作権管理機構 委託出版物＞

本書の無断複写は著作権法上での例外を除き禁じられています．複写される場合は，そのつど事前に，(社)出版者著作権管理機構（電話 03-3513-6969, FAX 03-3513-6979, e-mail: info@jcopy.or.jp）の許諾を得てください．

好評の事典・辞典・ハンドブック

物理データ事典	日本物理学会 編	B5判 600頁
現代物理学ハンドブック	鈴木増雄ほか 訳	A5判 448頁
物理学大事典	鈴木増雄ほか 編	B5判 896頁
統計物理学ハンドブック	鈴木増雄ほか 訳	A5判 608頁
素粒子物理学ハンドブック	山田作衛ほか 編	A5判 688頁
超伝導ハンドブック	福山秀敏ほか 編	A5判 328頁
化学測定の事典	梅澤喜夫 編	A5判 352頁
炭素の事典	伊与田正彦ほか 編	A5判 660頁
元素大百科事典	渡辺 正 監訳	B5判 712頁
ガラスの百科事典	作花済夫ほか 編	A5判 696頁
セラミックスの事典	山村 博ほか 監修	A5判 496頁
高分子分析ハンドブック	高分子分析研究懇談会 編	B5判 1268頁
エネルギーの事典	日本エネルギー学会 編	B5判 768頁
モータの事典	曽根 悟ほか 編	B5判 520頁
電子物性・材料の事典	森泉豊栄ほか 編	A5判 696頁
電子材料ハンドブック	木村忠正ほか 編	B5判 1012頁
計算力学ハンドブック	矢川元基ほか 編	B5判 680頁
コンクリート工学ハンドブック	小柳 洽ほか 編	B5判 1536頁
測量工学ハンドブック	村井俊治 編	B5判 544頁
建築設備ハンドブック	紀谷文樹ほか 編	B5判 948頁
建築大百科事典	長澤 泰ほか 編	B5判 720頁

価格・概要等は小社ホームページをご覧ください．